"十三五"职业教育系列教材

普通高等教育"十一五"国家级规划教材（高职高专教育）

自动控制原理

（第三版）

主　编　张建民

副主编　白　晶

编　写　曹　艳　刘海波

中国电力出版社
CHINA ELECTRIC POWER PRESS

内 容 提 要

本书为普通高等教育"十一五"国家级规划教材（高职高专教育）。

本书阐述了经典控制理论的基本概念、原理和各种分析方法，主要内容有系统数学模型的建立方法，线性连续系统的时域和频域理论，如系统的动态性能、静态性能、稳定性及校正方法；同时适当地介绍了离散控制系统的分析方法、自动控制系统设计实例。本书力求突出物理概念、尽量减少烦琐的数学推导，内容叙述深入浅出，通俗易懂。

本书可作为高职高专、成人高校以及本科院校举办的二级职业技术学院供用电专业、电气技术专业、工业电气自动化专业、机电类专业及信息类专业的教材，也可作为有关专业的师生和从事各专业工作的工程技术人员的参考用书。

图书在版编目（CIP）数据

自动控制原理/张建民主编．—3 版．—北京：中国电力出版社，2019.11（2021.7 重印）

"十三五"职业教育规划教材　普通高等教育"十一五"国家规划教材．高职高专

ISBN 978-7-5198-1631-5

Ⅰ.①自… Ⅱ.①张… Ⅲ.①自动控制理论－高等职业教育－教材　Ⅳ.①TP13

中国版本图书馆 CIP 数据核字（2019）第 002234 号

出版发行：中国电力出版社
地　　址：北京市东城区北京站西街 19 号（邮政编码 100005）
网　　址：http://www.cepp.sgcc.com.cn
责任编辑：罗晓莉（010-63412547）
责任校对：王小鹏
装帧设计：赵姗姗
责任印制：吴　迪

印　　刷：北京雁林吉兆印刷有限公司
版　　次：2007 年 4 月第一版　2019 年 11 月第三版
印　　次：2021 年 7 月北京第八次印刷
开　　本：787 毫米×1092 毫米　16 开本
印　　张：13.5
字　　数：326 千字
定　　价：34.00 元

版 权 专 有　侵 权 必 究
本书如有印装质量问题，我社营销中心负责退换

前　　言

随着科学技术的迅猛发展，自动控制技术的应用领域日益广阔。它不仅大量应用于空间科技、冶金、轻工、机电工程及交通管理、环境保护等领域，而且正不断向生物、人类社会等其他领域渗透。自动控制技术的广泛应用，不但使得生产设备或生产过程实现自动化，大大提高了劳动生产率和产品质量，改善了劳动条件，同时，在人类征服大自然，改善居住、生活条件等方面也发挥了非常重要的作用。

自动控制技术的主要作用是不需要人的直接参与，而控制某些物理量按照指定的规律变化。由于自动控制技术在各个行业的广泛渗透，控制理论已逐渐成为许多学科共同的专业基础课，且愈来愈占有重要的位置。

自动控制技术的研究对象为自动控制系统。分析和设计自动控制系统的理论基础就是自动控制原理。自动控制原理一般分为"经典控制理论"和"现代控制理论"。本书主要介绍经典控制理论的内容。

根据高职高专学校教学改革的方向，本书按如下思路安排章节次序：首先对自动控制系统的基本概念作了必要的叙述，继而讨论实际系统的数学模型的建立方法，在此基础上，用时域法引出系统稳定性、快速性、准确性的基本概念，并分析了低阶系统的各项性能指标。为了突出重点，在编写中舍去了根轨迹法而着重介绍了工程上常用的频率特性法，并结合了工程实际介绍了自动控制系统的校正方法。由于计算机控制技术的发展，本书用适当的篇幅介绍了线性离散控制系统的分析方法。利用实例，介绍了自动控制理论在自动控制系统的分析和设计中的应用考虑到计算机仿真技术在自动控制系统分析中应用得越来越广泛，已成为分析自动控制系统的有力工具，在附录Ⅰ中简要地介绍了自动控制系统的计算机仿真方法，以帮助初学者入门。

本书在编写过程中，注意了高职高专教育的特点，适当地降低了理论深度，内容编写力求深入浅出，循序渐进，注意物理概念的阐述，尽量避免烦琐的数学推导，紧密结合具体的自动控制系统介绍经典控制理论的最基本的内容，使抽象的控制理论与系统分析、设计相结合，理论和实践相结合，为读者学习后续专业课程奠定基础。

本书第三版由张建民教授主编并统稿、白晶为副主编，参加本书编写的人员有张建民（第二章、第三章）、曹艳（第一章、第四章、第五章）、白晶（第六章、第七章）、刘海波（附录）。全书由李文秀、曲永印教授主审。

由于编者水平有限，书中一定存在错误和不妥之处，殷切期望使用本书的教师和读者提出批评指正。

本书在编写过程中，参考了同行们的论著，在此，编者对他们表示由衷的谢意。

编　者

目　　录

第一章 自动控制系统的基本概念

在科学技术飞速发展的今天，自动控制技术也得到了迅猛的发展，并且应用在各行各业。无论是在航空航天领域、军事领域，还是民用领域、工业领域，自动控制技术所取得的成就都是惊人的。自动控制技术的理论基础是自动控制理论，而自动控制技术的发展反过来又促进了自动控制理论的进一步完善。

本章阐述自动控制的基本理论知识，以便为读者深入学习自动控制理论打下坚实的基础。

第一节 自动控制与自动控制系统

一、自动控制与自动控制系统的含义

所谓自动控制，是指在没有人直接参与的情况下，利用外加的设备或装置（控制器或控制装置），使机器设备或生产过程（统称被控对象）的某个工作状态或参数（即被控量）自动地按照预定的规律运行。将控制装置和被控对象按照一定的方式连接起来，组成一个整体从而实现各种复杂的自动控制任务，就是自动控制系统。

下面以车身焊接机器人的机械臂运动控制系统（见图 1-1）为例，说明自动控制及自动控制系统概念。

图 1-1　车身焊接机器人的机械臂运动控制系统
1—视觉传感器；2—机械臂；3—焊枪；4—控制器；5—车身焊件

图 1-1 所示系统的控制目标是通过控制机械臂的伸缩，使得装在臂上的焊枪对车身上的焊缝进行焊接。在系统中机械臂上的焊枪为被控对象，焊枪的位置为被控量，能够焊到车身焊缝的焊枪期望位置为给定值，焊接过程中电弧电压及电流的波动为系统的干扰。机械臂的末端装有一个视觉传感器，可以检测焊缝及焊枪的位置，根据焊缝的位置可以确定焊枪期望位置，焊枪实际位置与焊枪期望位置进行比较，根据比较结果，控制器发出控制信号。当

焊枪实际位置与期望位置不一致时，控制器控制机械臂伸缩带动焊枪，对焊枪的位置进行调节。这样就实现了无人直接参与的车身焊接机器人机械臂的自动运动控制。机械臂、焊枪、控制器、视觉传感器等装置组成一个整体完成焊接车身的任务，构成车身焊接机械臂自动运动控制系统。

二、常用术语和系统方框图

1. 常用术语

为了便于研究，下面介绍一些自动控制的常用术语。

（1）控制对象，指被控设备或物体，也可以是被控过程。

（2）控制器，指使被控对象具有所要求的性能或状态的控制设备。它接收输入信号或偏差信号，按控制规律给出控制量，经功率放大后驱动执行装置以实现对被控对象的控制。

（3）系统输出（被控制量），用来表征对象或过程的状态和性能，是实现控制的重点。

（4）参考输入，由人为给定，由它决定系统预期的输出。

（5）干扰，指干扰并破坏系统，使系统不能按预期性能输出的信号。

（6）特性，用来描述系统输出与输入的关系。它可分为静态特性和动态特性，通常用特性曲线来描述。

1）静态特性，指当系统稳定后，输出与输入表现出来的关系。在系统中通常表现为静态放大倍数、稳态误差。

2）动态特性，指当系统由静止状态突加给定信号或运行期间出现干扰时，系统进行动态调节时输出与输入表现出来的关系。

2. 系统方框图

系统方框图是从具体的控制过程中抽象出来的，它以图形的方式直观地表示出系统的工作原理，突出了系统各环节输入和输出之间的关系及相互影响。这样便于进行定性的分析。在方框图中，使用含有文字或符号的方框表示系统的某一部分功能称为环节，用比较符号⊗及＋、－符号实现信号的加减运算，用有向线段表示各部分间的连接关系及信号流向。下面的分析中会多次使用这种图形。车身焊接机器人的机械臂运动控制系统方框图如图1-2所示。

图1-2　车身焊接机器人的机械臂运动控制系统方框图

三、自动控制的方式

1. 开环控制

图1-3　开环控制示意图

若系统中的信号只从控制装置向被控对象传递，而无反向传递，则称其为开环控制，如图1-3所示。

开环控制中输出对输入无影响，一个确定的输入量只对应一个确定的输出量，系统准确度将取决于控制器及被控对象参数稳定性。也就是说，欲使开环准确度高，则系统各部分参数值必须保持在事先校准的值上，于是对元件质量提出较高要求。另外，该系统不能克服干扰，当输出量波动时系统分不清是干扰引起的还是给定变化引起的。

图 1-4 所示为一个炉温开环控制系统，其对应的系统方框图如图 1-5 所示。自耦变压器滑动端的位置（按工艺要求设置）对应了一个电压值 u_c，也就对应了一个电阻炉的温度值 T_c，改变 u_c 也就改变了 T_c。当系统中出现外部扰动（如炉门开、关的频度变化）或内部扰动（如电源电压波动）时，T_c 将偏离 u_c 所对应的数值。

图 1-4 炉温开环控制系统

1—自耦变压器；2—加热器

图 1-5 炉温开环控制系统方框图

2. 闭环控制

通过测量装置检测输出量，并与输入信号进行比较，从而使控制装置按照两者差值来调节被控对象的输出量。系统中存在信号的反向传递，通过测量装置使信号流构成了闭合回路，故名闭环控制，如图 1-6 所示。

图 1-6 闭环控制示意图

图 1-7 所示为一个炉温闭环控制系统，其对应的系统方框图如图 1-8 所示。炉温的给定值由电位器 RP 滑动端位置所对应的电压值 u_g 给出，热电偶将炉温实际值检测出来并转换成电压 u_f，此值被反馈到输入端并与给定电压 u_g 进行比较（通过两者极性反接实现），得到实际炉温与给定炉温的偏差信号 $\Delta u = u_g - u_f$。由于扰动（例如电源电压波动或加热物件多少等）影响，炉温偏离了给定值，该偏差电压经过放大后，控制可逆伺服电动机 M 转动，带动自耦变压器的滑动端改变电压 u_c，使炉温保持在给定温度上。

图 1-7 炉温控制系统图

1—热电偶；2—加热器；3—自耦变压器

图 1-8 炉温闭环控制系统方框图

下面再举一个闭环控制的例子。图 1-9 所示闭
环调速系统其对应的系统方框图如图 1-10 所示。测
速发电机 TG 将电动机的转速 n 转换成电压 u_f，反馈
到输入端并与给定电压 u_n 相比较得出偏差 $\Delta u = u_n - u_f$。该偏差经过运算放大器放大后，用来控制整流触
发电路的输出电压 u_d 和电动机的转速 n，从而克服
干扰的影响，减小或消除转速偏差，使电动机的转速
近似保持为给定速度不变。

图 1-9　闭环调速系统

图 1-10　闭环调速控制系统方框图

由于引入负反馈，系统的被控信号对被包围在闭合回路中的来自外界的干扰变化不敏
感，即闭环控制抗干扰性强，有可能采用成本低的元部件，但闭环控制存在稳定性的
问题。

一般来说，若系统控制量的变化规律事先知道，并且对系统可能出现的干扰可以抑制
时，采用开环控制具有优越性，特别是被控量不易测量时，如自动售货机、自动洗衣机及自
动车库等。在系统的控制量和干扰量均无法预先知道的情况下，采用闭环控制具有优越性。

闭环控制系统具有如下特点：

(1) 闭环控制系统的控制作用是通过给定值与反馈量的差值进行的，故这种控制常称为
偏差控制或反馈控制。

(2) 这类系统具有两种传输信号的通道：由给定值至被控量的通道称为前向通道，由被
控量至系统输入端的通道叫反馈通道。

(3) 不论取什么物理量进行反馈，作用在反馈环内前向通道上的扰动所引起的被控量的
偏差值，都会得到减小或消除，使得系统的被控量基本不受该扰动的影响。

正是由于这种特性，使得闭环控制系统在控制工程中得到了广泛的应用。自动控制原理
中所讨论的系统主要是闭环控制系统。

3. 复合控制

开环控制的缺点是准确度低，优点是控制稳定，不会产生闭环控制的振荡及不稳定现
象。而闭环控制（负反馈控制）的优点是抗干扰能力强，控制准确度高。这样，将两种控制
作用以适当的方式结合到一起，就能发挥两者的优点而克服各自的缺点。这种将开环控制与
闭环控制相结合的控制方式，称为复合控制。在一个系统中同时引入开环控制和闭环控制的
系统，通常称为复合控制系统。

将给定或扰动直接折算到系统输入端，对控制量的大小进行修正，这种控制方式称
为补偿控制。图 1-11（a）所示为通过输入补偿装置来实现对输入信号的补偿控制方框

图；图 1-11（b）所示为通过扰动补偿装置来实现对扰动信号的补偿控制方框图。因这种控制没有在系统中形成信号流的闭合回路，所以是一种开环控制，又称为前馈控制。在图 1-11 所示系统中，既有开环控制又有闭环控制，因此两个系统皆为复合控制系统。

图 1-11　复合控制方框图
（a）按给定补偿方式；（b）按扰动补偿方式

第二节　闭环控制系统的组成

闭环控制又称反馈控制，是自动控制中最经典的应用，也是最实用的一种控制方式。

一、系统组成

闭环控制系统基于偏差控制原理，即根据实际输出与期望输出的偏差去不断修正输出，从而控制输出保持在期望值上。故不管具体的控制任务，这种闭环控制系统都可以抽象成图 1-12 所示的组成形式。

图 1-12　闭环控制系统组成方框图

图 1-12 所示闭环控制系统主要由给定环节、检测装置、比较环节、放大环节、校正环节、功放环节及执行机构等组成。

1. 给定环节

为闭环控制系统设定一输入信号，以决定系统的期望输出。不同类型的系统给定方式可能不同。如恒值控制系统通常用电位器给定，程序控制系统则是通过程序产生一特定的给定序列值。因系统中给定元件相对简单，故系统框图中一般不单独将其列出。

2. 检测装置（反馈元件）

检测装置检测被控量，并将其数值传给比较环节。通常检测装置还要完成量纲的转换。如被控量是转速，其量纲是 r/min。此时检测装置检测该转速的同时还将其转换为电压值，因为通常比较环节比较的是电压值。

因为检测装置的误差无法通过闭环控制得到修正，故实际系统对检测装置的准确度有较高的要求。

3. 比较环节

比较环节将给定环节输出的给定值与检测装置测得的输出值（反馈值）进行比较，从而产生期望值与实际值的偏差。通常是用给定值减去反馈值，以使闭环系统构成负反馈。

4. 放大环节

放大环节将比较环节输出的偏差信号进行放大，以满足后续环节的需要。

5. 校正环节

校正环节按某种规律对偏差信号进行运算，用运算的结果控制执行机构，以改善被控制量的稳态和暂态性能。

6. 执行机构

执行机构是指控制被控对象的行为，以改变其输出值的机构。

7. 功放环节

执行机构直接作用于被控对象，而被控对象可能是一些大型设备或机器，因此驱动执行机构的信号也需要较大的功率。功放环节的作用就是提升控制信号的功率，以推动执行机构。

图 1-13　简化的闭环控制系统组成方框图

这些环节并非在任何系统中都孤立存在，可能某一部件承担几种作用。图 1-13 所示为进行一般分析时常采用的简化闭环控制系统组成方框图。

二、系统中的信号名称

1. 输入信号 $r(t)$

输入信号由给定环节提供，作为系统的给定信号，决定系统的期望输出。对于不同类型系统，输入信号形式不尽相同。如恒值调节系统中该信号是一常数值。输入信号常称为输入量。

2. 反馈信号 $f(t)$

反馈信号是测量元件的输出，反映被控制量的实际值并送给比较元件，以修正控制量。

3. 偏差信号 $\varepsilon(t)$

偏差信号 $\varepsilon(t) = r(t) - f(t)$，反映当前控制存在的偏差。该值越大，被控量实际值与期望值相差越大，同时控制器的调节作用越强，以便被控量尽快接近期望值。

4. 控制信号 $u(t)$

通常是放大元件或校正元件的输出，也是整个控制器的输出。控制信号反映了对被控量进行调节的规律。该信号经功率放大后，即可驱动执行元件来调节被控对象。

5. 输出信号 $c(t)$

输出信号指被控对象的输出量，也称被控量。

6. 干扰信号 $n(t)$

自动控制系统的任务是使输出信号达到或接近输入信号对应的输出期望值。任何影响这一任务的信号都可以称为干扰信号，只不过有的影响大一些，有的影响小一些。对于影响小的干扰信号通常在系统分析时忽略不计，对于影响大的干扰信号才定量分析其影响。一个系统克服干扰影响的能力，称为系统的抗干扰能力。

7. 误差信号 $e(t)$

误差信号 $e(t) = c(\infty) - c(t)$，其中 $c(\infty)$ 为系统输出信号的期望值。误差 $\lim\limits_{t \to \infty} e(t) = e_{ss}$ 反映了系统实际输出值与期望值间的差值。要注意误差与偏差的区别与联系。区别是数学定义不同，联系是当系统是单位负反馈系统时，$e(t) = \varepsilon(t)$。由于误差在实际中很难测量，因此在分析系统时，误差就用偏差来代替。

第三节　自动控制系统的类型

自动控制系统按不同分类方法可分为多种类型，常见的分类方法有如下五种。

一、按给定信号形式分类

1. 恒值调节系统

恒值调节系统的特点是给定输入一经设定就维持不变，希望输出维持在某一特定值上。系统主要任务就是当被控量受某种干扰而偏离期望值时，通过自动调节作用，使它尽可能地恢复到期望值。系统的结构设计好坏，直接影响到恢复的精度。例如，轧钢厂里的钢板加热炉控制和轧机的辊缝控制，生活小区的衡压给水控制等。

2. 随动系统

随动系统的特点是给定信号的变化规律是不确定的。随动系统的任务是使输出量快速、准确地跟随输入量的变化而变化，故跟随性能是这类系统中要解决的主要矛盾。例如，火炮自动瞄准系统就是典型的随动系统。

3. 程序控制系统

程序控制系统的输入信号是事先确定好的，使被控量按预定的规律变化。由于变化规律确定，故其只适用于特定的生产工艺过程，典型的例子如数控车床、全自动洗衣机等。

二、按元件特性分类

1. 线性系统

当自动控制系统各元件输出与输入满足线性关系，并可用线性微分（或差分）方程来描述时，则称这种系统为线性系统。通常构成线性系统的元件都是线性元件。线性系统的突出特点是满足叠加定理。叠加定理要求满足叠加性和齐次性。叠加性指当多个输入信号同时作用于系统时，其总输出等于各个输入信号单独作用时所产生输出的总和。齐次性指系统输入增大或缩小 n 倍，则系统输出也增大或缩小 n 倍。

2. 非线性系统

含有非线性元件的自动控制系统称为非线性系统。系统可用非线性微分方程来描述，此时系统不再满足叠加定理。在一定的条件下，非线性系统可采用描述函数法和相平面法等近似的分析方法来进行研究。

三、按系统参数是否随时间变化分类

1. 定常系统

从自动控制系统的数学模型来看，若系统微分（或差分）方程的系数均为常数，则称其为定常系统。该系统输出只取决于具体的输入，而与输入的时间起点无关，即无论何时注入输入信号，只要所加信号一致，其相应输出就是确定的。

2. 时变系统

若自动控制系统微分（或差分）方程的系数有的是以时间 t 为自变量的函数，则称其为时变系统。因为方程系数随时间改变而改变，故该系统较定常系统分析要困难。

四、按信号形式分类

1. 连续系统

若自动控制系统中各元件的输入信号与输出信号都是时间的连续函数，则称这类系统为连续控制系统。这类系统通常用微分方程来描述，如早期的轧钢机直流调速系统。

2. 离散系统

当自动控制系统中的信号含有脉冲或数码形式时，称这种系统为离散系统。离散系统使用差分方程来描述，如全数字直流调速系统。

五、其他分类方法

1. 集中参数系统和分布参数系统

一般讨论的自动控制系统都是集中参数系统，它可以用常微分方程来表述。分布参数系统通常用偏微分方程来描述，研究分布参数系统时必须考虑分布参数。

2. 单变量系统（SISO）和多变量系统（MIMO）

单变量系统只有一个输入量和一个输出量，是古典控制理论主要研究的类型，本书讨论的就是这类系统。当系统中输入量和输出量不止一个时，称之为多变量系统。多变量系统由于各输入量和输出量间都存在耦合，分析起来具有一定的难度。一些复杂控制，如航空航天系统、导弹制导系统、生物系统、经济系统等就属于这类系统。有关多变量系统的知识主要在现代控制理论中研究。

3. 有差系统和无差系统

按自动控制系统的静态特性指标稳态误差 e_{ss} 是否等于零来划分，可将系统分为两类，$e_{ss}=0$ 的系统称为无差系统，否则称为有差系统。

第四节　对自动控制系统的基本要求

在控制过程中，一个理想的控制系统，始终应使其被控量（输出）等于给定值（输入）。但是，由于机械部分质量、惯量的存在，电路中储能元件的存在以及能源功率的限制，使得运动部件的加速度受到限制，其速度和位置难以瞬时变化。所以，当给定值变化时，被控量不可能立即等于给定值，而需要经过一个过渡过程，即动态过程。所谓动态过程就是指系统受到外加信号（给定值或扰动）作用后，在输出量到达稳定值之前被控量随时间变化的全过程。而把被控量处于相对稳定的状态称为静态或稳态。

对恒值调节系统与随动系统的具体要求是不同的，但共同的基本要求是一样的，即稳定性、快速性和准确性。实际应用中又以二阶系统应用最广泛，且许多高阶系统都可以用二阶系统来近似分析，下面以二阶系统为例来分析基本要求。

1. 稳定性

稳定性是表示系统受到外力作用后，其动态过程的振荡倾向和系统恢复平衡的能力。如果系统受外力作用后，经过一段时间，其被控量可以达到某一稳定状态，则称系统是稳定的，否则称为不稳定的。稳定性是系统工作的先决条件，是大前提，实用的系统必须是稳定的。

若将单位阶跃输入信号 $r(t)$ 作用于某恒值调节系统，那么它的理想输出信号 $c(t)$ 应该也是一个阶跃信号，如图 1-14（a）所示。可是由于系统具有惯性、能量有限等因素，$c(t)$ 不可能达到图 1-14（a）的效果，一般会出现如图 1-14（b）～（f）所示的几种动态过程。

图 1-14（b）中，$c(t)$ 没有发生振荡，而是随 t 的增长呈指数曲线趋近于 $c(\infty)$，即理想的输出值，这种情况下，系统是稳定的。

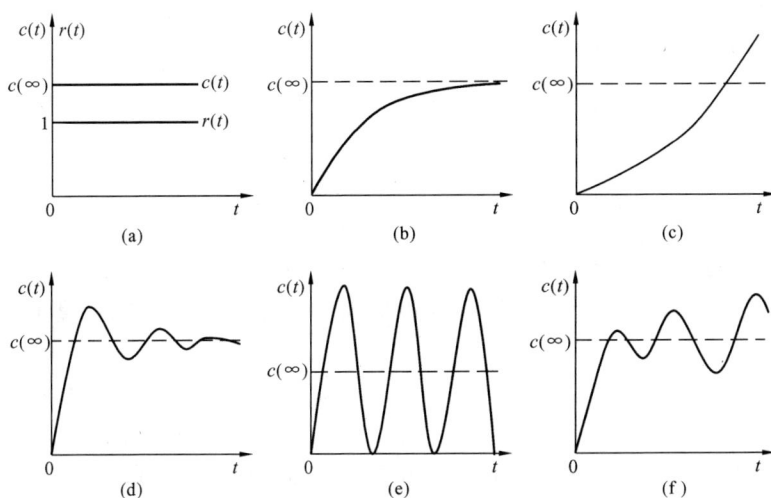

图 1-14　系统单位阶跃响应曲线

（a）输出理想阶跃信号；（b）无振荡稳定系统；（c）无振荡不稳定系统；（d）振荡稳定系统；
（e）振荡且振幅稳定下的不稳定系统；（f）振荡且振幅不稳定下的不稳定系统

图 1-14（c）中，$c(t)$ 也没有发生振荡，但是随 t 的增长而不断增长，并没有向 $c(\infty)$ 趋近。这种情况下，系统是不稳定的。

图 1-14（d）中，$c(t)$ 发生振荡，但振幅随 t 的增长逐渐衰减，并且 $c(t)$ 逐渐趋近于 $c(\infty)$。这种情况下，系统是稳定的。

图 1-14（e）中，$c(t)$ 出现了振荡，且振幅恒定。图 1-14（f）中，$c(t)$ 也发生振荡，且振幅随 t 的增长越来越大。在图 1-14（e）、（f）这两种情况下，系统都是不稳定的。

综上分析，系统是否稳定不取决于 $c(t)$ 是否出现振荡，而仅取决于 $c(t)$ 是否趋近于 $c(\infty)$，若 $c(t)$ 能趋近于 $c(\infty)$，则系统是稳定的，否则系统就是不稳定的。

需要注意，系统是否稳定仅取决于系统的元件参数，也就是其固有特性，而与输入信号的形式无关。另外，若系统是稳定的，但稳定的程度不高，这样的系统也无实用价值。因系统所处环境因素影响系统元件性能参数，性能参数的改变可能使系统由稳定变为不稳定。

2. 快速性

稳定性是首要的、必须的。在满足稳定性的前提下，实际系统还要满足一定的快速性。快速性是由动态过程长短来表征的，它反映的就是 $c(t)$ 趋向于 $c(\infty)$ 所用的时间。时间越短，快速性越好。如轧钢中的线材轧制，线材以每秒十几米的速度进料，快速性差的系统根本无法满足生产和工艺要求。

快速性反映系统的动态性能，反映系统输出对输入响应及输出对干扰反映的快慢程度。

3. 准确性

如某一系统可以趋近于 $c(\infty)$，而最终它趋近于 $c(\infty)$ 的程度反映的就是系统的准确性。准确性是由输入给定值与输出响应的终值之间的差值来表征的，它反映的是系统的静态性能。

这三个基本要求只是定性的描述，在性能指标中将给出定量的描述。另外，对于同一控制系统，这三个要求通常是相互制约的。例如，提高了快速性，通常会导致振荡加剧，而降低了稳定性；而单纯提高准确性，又会导致快速性下降。所以，在实际系统设计时，三方面性能要有所侧重，折中考虑。

小　结

(1) 所谓自动控制，就是在没有人直接参与的情况下，利用控制器来调节被控对象，使其按照预先给定的规律运行，与其对应的是人工控制。人工控制精度低，自动控制精度高。

(2) 自动控制按其控制方式不同可分为开环控制、闭环控制和复合控制等。开环控制的输出信号不会反过来影响控制器的给定值，即信号是单向流动的。闭环控制则存在信号的反向流动，输出信号会参与系统的调节过程。开环控制与闭环控制按特定方式结合便构成了复合控制，适用于特殊场合。

(3) 闭环控制常见的是反馈控制，又称偏差控制，即将输出信号与输入信号进行比较，产生偏差，利用该偏差去调节控制器的输出，从而调节被控对象的输出实际值接近期望值。偏差越大，控制作用越强。自动控制原理中主要讨论闭环控制方式，其主要特点是抗扰动能力强，控制精度高，但存在能否稳定的问题。

(4) 不同的分类方法，对应地可把系统划分为多种类型，便于对不同类型的系统采用不同的分析方法。常见的分类如恒值调节系统、随动系统与程序控制系统，线性系统与非线性系统，定常系统与时变系统，连续系统与离散系统等。

(5) 对控制系统的三个基本要求是稳定性、快速性和准确性。稳定性是前提，不稳定则其他指标无从谈起。快速性反映系统动态过程的快慢。准确性反映系统的静态性能。

习　题

1-1　请举几个开环控制系统与闭环控制系统的例子，画出方框图，并说明工作原理。

1-2　何谓自动控制? 典型自动控制系统由哪些环节组成? 各环节在系统中起什么作用?

1-3　负反馈控制系统的特点是什么? 指出反馈在系统中的作用。

1-4　下列各式是描述系统的微分方程，其中，$r(t)$ 为输入量，$c(t)$ 为输出量。试判断哪些是线性定常或时变系统? 哪些是非线性系统?

$$(1)\ \frac{\mathrm{d}^3 c(t)}{\mathrm{d}t^3} + 5\frac{\mathrm{d}^2 c(t)}{\mathrm{d}t^2} + 8\frac{\mathrm{d}c(t)}{\mathrm{d}t} + 2c(t) = r(t);$$

(2) $t\dfrac{\mathrm{d}c(t)}{\mathrm{d}t} + 2c(t) = r(t) + 3\dfrac{\mathrm{d}r(t)}{\mathrm{d}t}$；

(3) $3\dfrac{\mathrm{d}c(t)}{\mathrm{d}t} + 2\sqrt{c(t)} = kr(t)$。

1-5　图 1-15 所示为水位自动控制系统的示意图，图中 Q_1、Q_2 分别为进水流量和出水流量。控制的目的是保持水位为一定的高度。试说明该控制系统的工作原理并画出其方框图。

图 1-15　水位自动控制系统示意图

1-6　图 1-16 所示为液位自动控制系统的示意图，要求液位保持不变。试说明该控制系统的工作原理，画出其方框图，并与图 1-10 所示系统作比较，其控制效果有何不同？

1-7　图 1-17 所示为仓库大门自动控制系统的示意图。试说明该控制系统的工作原理，并画出其方框图。

图 1-16　液位自动控制系统的示意图

图 1-17　仓库大门自动控制系统的示意图

1-8　图 1-18 所示为自动平衡仪表，实质上是一个电压随动系统。试画出该系统的控制方框图，并说明工作原理。

1-9　图 1-19 所示为电压负反馈转速自动控制系统的部分原理图。试分析其工作原理并绘制系统方框图。

图 1-18　自动平衡仪表示意图

图 1-19　电压负反馈转速自动控制系统的部分原理图

1-10　图 1-20 所示为晶体管直流稳压电路原理图。试画出其方框图并说明稳压原理，指出在该系统中，哪些元件起测量、放大及执行的作用。欲改变稳压电路的输出电压，应如何操作？

图 1-20 晶体管直流稳压电路原理图

第二章　自动控制系统的数学模型

为了能够定性和定量地分析及计算系统的稳定性、快速性和准确性，首先要建立系统的数学模型。

控制系统的数学模型，是描述系统输入变量、输出变量以及内部各变量之间关系的数学表达式。常用的数学模型有微分方程、传递函数、差分方程等。

建立合理的数学模型，对于系统的分析研究是至关重要的，一般应根据系统的实际结构参数及计算所需的精度，略去一些次要因素，使模型既能准确地反映系统的动态本质，又能简化计算工作。系统数学模型可用解析法或实验法建立，解析法是对自动控制系统各部分机理进行分析，根据自动控制系统所遵循的物理或化学规律经过推导求出数学模型。实验法是在自动控制系统输入端口加入测试信号，测出自动控制系统的输出信号，再根据输入端加入测试信号，测出自动控制系统的输出信号，再根据输入输出特性辨识确定数学模型。本章仅讨论解析法。

第一节　系统微分方程式的编写

【例 2 - 1】　试列写图 2 - 1 所示 RC 无源网络的微分方程式。u_i 为输入量，u_o 为输出量。

解　根据基尔霍夫定律有

$$Ri + u_o = u_i \tag{2 - 1}$$

而

$$i = C\frac{\mathrm{d}u_o}{\mathrm{d}t} \tag{2 - 2}$$

将式（2-2）代入式（2-1）得

$$RC\frac{\mathrm{d}u_o}{\mathrm{d}t} + u_o = u_i$$

$$T\frac{\mathrm{d}u_o}{\mathrm{d}t} + u_o = u_i \tag{2 - 3}$$

式中，$T = RC$ 称为该网络的时间常数。

式（2-3）为 RC 无源网络的运动方程，即所求微分方程式。

图 2 - 1　RC 无源网络　　　　图 2 - 2　R、L、C 串联电路

【例 2 - 2】　如图 2 - 2 所示，由 R、L、C 组成的串联电路，其输入量是电压 u_1，输出量是电压 u_2。试列写其微分方程式。

解　根据基尔霍夫定律有

$$Ri + L\frac{\mathrm{d}i}{\mathrm{d}t} + u_2 = u_1 \tag{2-4}$$

$$i = C\frac{\mathrm{d}u_2}{\mathrm{d}t} \tag{2-5}$$

将式（2-5）代入式（2-4）得微分方程为

$$LC\frac{\mathrm{d}^2 u_2}{\mathrm{d}t^2} + RC\frac{\mathrm{d}u_2}{\mathrm{d}t} + u_2 = u_1 \tag{2-6}$$

通过上面两例子可知，列写系统或元件微分方程的一般步骤是：

（1）根据实际工作情况，确定系统和各元件的输入变量及输出变量。

（2）从输入端开始，按照信号的传递顺序，依据各变量所遵循的物理（或化学）定律，列写出在变化（运动）过程中的动态方程，一般为微分方程组。

（3）消去中间变量。

（4）标准化。将与输入有关的各项放在等号右侧，与输出有关的各项放在等号左侧，并按降幂排列，最后将系数归化为具有一定物理意义的形式。

图 2-3　弹簧—质量块—阻尼器系统

【例 2-3】　设有一弹簧—质量块—阻尼器动力系统，如图 2-3 所示。当外力 $F(t)$ 作用于系统时，系统将产生运动。试列写出外力 $F(t)$ 与质量块（m）、位移 $y(t)$ 之间的微分方程式。

解　根据牛顿第二定律有

$$F(t) + F_1(t) + F_2(t) = m\frac{\mathrm{d}^2 y(t)}{\mathrm{d}t^2} \tag{2-7}$$

式中　$F_1(t)$——阻尼器阻力；

　　　　$F_2(t)$——弹簧恢复力。

由弹簧、阻尼器的特性可写出

$$F_1(t) = -f\frac{\mathrm{d}y(t)}{\mathrm{d}t} \tag{2-8}$$

$$F_2(t) = -ky(t) \tag{2-9}$$

式中　f——阻尼系数；

　　　　k——弹簧系数。

将式（2-8）和式（2-9）代入式（2-7），标准化后有微分方程为

$$\frac{m}{k}\frac{\mathrm{d}^2 y(t)}{\mathrm{d}t^2} + \frac{f}{k}\frac{\mathrm{d}y(t)}{\mathrm{d}t} + y(t) = \frac{1}{k}F(t) \tag{2-10}$$

比较式（2-6）和式（2-10）可以发现，R、L、C 电路与弹簧—质量块—阻尼器系统是两个不同属性的系统，但其微分方程式却相同，称这样的系统为相似系统。

【例 2-4】　试列写图 2-4 所示电枢控制的他励直流电动机的微分方程。输入量为电枢电压，输出量为电动机转速。

图 2-4　他励直流电动机示意图

解　由图 2-4 可列出电压平衡方程式

$$E + i_a R_a + L_a \frac{\mathrm{d}i_a}{\mathrm{d}t} = u_a \qquad (2\text{-}11)$$

式中　E——电动机电枢反电动势；

　　　R_a——电动机电枢回路电阻；

　　　L_a——电动机电枢回路电感；

　　　i_a——电动机电枢回路电流。

因为反电动势 E 与电动机转速成正比，所以

$$E = C_e n \qquad (2\text{-}12)$$

式中　C_e——电动机电动势常数；

　　　n——电动机转速。

将式（2-12）代入式（2-11）得

$$C_e n + i_a R_a + L_a \frac{\mathrm{d}i_a}{\mathrm{d}t} = u_a \qquad (2\text{-}13)$$

电动机的机械运动方程式推导如下：

当略去电动机的负载力矩和黏性摩擦力矩时，机械运动微分方程式为

$$M = \frac{GD^2}{375} \frac{\mathrm{d}n}{\mathrm{d}t} \qquad (2\text{-}14)$$

式中　M——电动机的转矩；

　　　GD^2——电动机的飞轮惯量。

由于电动机转矩是电枢电流的函数，所以

$$M = C_m i_a \qquad (2\text{-}15)$$

式中　C_m——电动机转矩常数。

将式（2-15）代入式（2-14）得

$$i_a = \frac{GD^2}{375 C_m} \frac{\mathrm{d}n}{\mathrm{d}t} \qquad (2\text{-}16)$$

$$\frac{\mathrm{d}i_a}{\mathrm{d}t} = \frac{GD^2}{375 C_m} \frac{\mathrm{d}^2 n}{\mathrm{d}t^2} \qquad (2\text{-}17)$$

将式（2-16）、式（2-17）代入式（2-13）得

$$C_e n + \frac{GD^2}{375 C_m} R_a \frac{\mathrm{d}n}{\mathrm{d}t} + L_a \frac{GD^2}{375 C_m} \frac{\mathrm{d}^2 n}{\mathrm{d}t^2} = u_a \qquad (2\text{-}18)$$

将式（2-18）标准化得微分方程式为

$$\frac{L_a}{R_a} \frac{GD^2}{375} \frac{R_a}{C_m C_e} \frac{\mathrm{d}^2 n}{\mathrm{d}t^2} + \frac{GD^2 R_a}{375 C_m C_e} \frac{\mathrm{d}n}{\mathrm{d}t} + n = \frac{1}{C_e} u_a$$

式中，$\frac{L_a}{R_a} = T_d$，称为电机电磁时间常数；$\frac{GD^2 R_a}{375 C_m C_e} = T_m$，称为电机机电时间常数。

则得微分方程式为

$$T_d T_m \frac{\mathrm{d}^2 n}{\mathrm{d}t^2} + T_m \frac{\mathrm{d}n}{\mathrm{d}t} + n = \frac{1}{C_e} u_a \qquad (2\text{-}19)$$

当考虑负载转矩，即 $M_L \neq 0$ 时，式（2-19）可写成

$$T_m T_d \frac{\mathrm{d}^2 n}{\mathrm{d}t^2} + T_m \frac{\mathrm{d}n}{\mathrm{d}t} + n = \frac{u_a}{C_e} - \frac{R_a}{C_m C_e}\left(M_L + L_a \frac{\mathrm{d}M_L}{\mathrm{d}t}\right) \qquad (2\text{-}20)$$

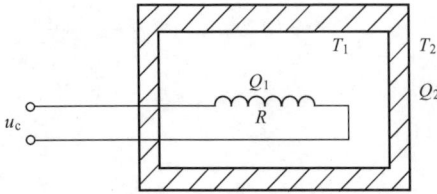

图 2-5　电阻炉

由式（2-20）可知，转速 n 是电枢电压 u_a 和负载转矩 M_L 共同作用的结果。在实际工程中，人们常常是通过改变电枢电压来控制电机的转速，此时负载转矩 M_L 即为干扰。

【**例 2-5**】　试列写图 2-5 所示电阻炉的微分方程式。电阻炉由电阻丝和加热容器组成。设电阻炉温度为 T_1，电阻丝产生热量为 Q_1，环境温度为 T_2，炉内向外散出的热量为 Q_2。

解　设输入量为加热电压 u_c，输出量为炉温 T_1。

根据热平衡原理有

$$Q_1 - Q_2 = C\frac{dT_1}{dt} \tag{2-21}$$

式中　C——电炉热容量，即炉温上升 1℃所需热量。

将式（2-21）写成增量形式

$$\Delta Q_1 - \Delta Q_2 = C\frac{d\Delta T_1}{dt} \tag{2-22}$$

已知

$$Q_2 = \frac{T_1 - T_2}{R} \tag{2-23}$$

$$\Delta Q_2 = \frac{\Delta T_1 - \Delta T_2}{R} \tag{2-24}$$

式中　R——热阻。

设周围环境温度不变，$\Delta T_2 = 0$，式（2-24）变为

$$\Delta Q_2 = \frac{\Delta T_1}{R} \tag{2-25}$$

将式（2-25）代入式（2-22）得微分方程式为

$$RC\frac{d\Delta T_1}{dt} + \Delta T_1 = R\Delta Q_1 \tag{2-26}$$

已知

$$Q_1 = 0.24\frac{u_c^2}{r} \tag{2-27}$$

式中　r——电阻丝电阻；

u_c——外加电压。

由式（2-27）可知，Q_1 与 u_c 之间为非线性关系，必须线性化。这里采用小偏差线性化法。

设工作点为（Q_{10}，u_{c0}），在此点附近将非线性函数展成泰勒级数，略去二次以上的高次项，得

$$\Delta Q_1 = \frac{dQ_1}{du_c}\bigg|_{u_c=u_{c0}} \Delta u_c = \frac{0.48u_{c0}}{r}\Delta u_c \tag{2-28}$$

将式（2-28）代入式（2-26）得线性化后的微分方程为

$$RC\frac{d\Delta T_1}{dt} + \Delta T_1 = \frac{0.48u_{c0}}{r}\Delta u_c \tag{2-29}$$

【例 2-6】 试列写图 2-6 所示炉温控制系统的微分方程式。

在此系统中，温度给定值由电位器 RP 设定，给定值为 u_T^*，炉温由热电偶测量，并转换成电压 u_T，再将 u_T 与 u_T^* 比较，由于给定发生变化或扰动的影响，u_T^* 和 u_T 之间产生偏差，经放大后，控制执行机构（可逆电机），带动供电自耦调压器的滑动端，改变加热电压，实现炉温的自动调节。

图 2-6 炉温控制系统

解 设系统输入量为 u_T^*，输出量为炉温 T_1。

将系统分为以下环节，并分别求各环节的微分方程式。

(1) 电阻炉。由 [例 2-5] 可知，电阻炉微分方程式为

$$T \frac{\mathrm{d}T_1}{\mathrm{d}t} + T_1 = K u_c \tag{2-30}$$

(2) 执行元件。由于电阻炉惯性较大，因此电机的惯性可忽略不计（$T_d = T_m = 0$），则有

$$\omega = K_1 u_{ct} \tag{2-31}$$

减速器有

$$\alpha = K_2 \int_0^t \omega \mathrm{d}t \tag{2-32}$$

式中 α——减速器输出角位移；

  K_2——减速比。

调压器有

$$u_c = K_3 \alpha \tag{2-33}$$

执行元件方程为

$$u_c = K_1 K_2 K_3 \int_0^t u_{ct} \mathrm{d}t = K_m \int_0^t u_{ct} \mathrm{d}t \tag{2-34}$$

式中，$K_m = K_1 K_2 K_3$。

(3) 比较放大环节有

$$u_{ct} = K_a (u_T^* - u_T) \tag{2-35}$$

式中，$K_a = R_1 / R_0$。

(4) 反馈环节有

$$u_T = K_{fT} T_1 \tag{2-36}$$

式中 K_{fT}——反馈电压与炉温的比例系数。

消去中间变量后有

$$T \frac{\mathrm{d}^2 T_1}{\mathrm{d}t^2} + \frac{\mathrm{d}T_1}{\mathrm{d}t} + K K_m K_a K_{fT} T_1 = K K_m K_a u_T^* \tag{2-37}$$

式 (2-37) 即为炉温控制系统的微分方程式。

【例 2 - 7】 试列写图 2-7 所示闭环调速控制系统的微分方程。

图 2-7 闭环调速控制系统

解 设输入量为给定电压 u_n、输出量为电动机转速 n。将系统划分为以下环节，并分别列写其微分方程式。

(1) 比较放大环节

令 $R_{01}=R_{02}$，有

$$u_{ct} = K_1(u_n - u_f) \tag{2-38}$$

其中，$K_1=-R_{12}/R_{01}$。

(2) 功率放大环节（晶闸管整流装置）

当不计晶闸管整流电路的时间滞后和非线性时有

$$u_d = K_s u_{ct} \tag{2-39}$$

式中 K_s——电压放大系数。

(3) 控制对象（直流电动机）

由前面分析可知，电动机微分方程式为

$$T_d T_m \frac{d^2 n}{dt^2} + T_m \frac{dn}{dt} + n = \frac{u_d}{C_e} \tag{2-40}$$

(4) 反馈环节（测速发电机）

$$u_n = K_{fn} n \tag{2-41}$$

式中 K_{fn}——电动机反馈电压与转速之间的比例系数。

消去中间变量得闭环系统的微分方程式为

$$\frac{T_d T_m}{1+K} \frac{d^2 n}{dt^2} + \frac{T_m}{1+K} \frac{dn}{dt} + n = \frac{K_1 K_s u_n}{C_e(1+K)} \tag{2-42}$$

式中

$$K = \frac{K_1 K_s K_{fn}}{C_e}$$

通过以上几例微分方程式的建立可知，系统的微分方程是由输出量的各阶导数和输入量的各阶导数以及系统的一些参数构成。不同类型的物理环节和系统，可以有形式相同的微分方程。

第二节　传　递　函　数

描述环节或系统的动态特性，最基本的形式是用微分方程，分析自动控制系统性能最直接的方法，就是求解微分方程式。但是求解微分方程比较烦琐，特别是高阶微分方程求解更加困难。因此用微分方程来分析和设计系统往往是不方便的。在数学中利用拉氏变换可将时间域的微分方程变换成复数域的代数方程，可以大大简化求解过程。由此将拉氏变换引入到控制理论中来，导出了传递函数的概念。经典控制理论中的主要研究方法都是建立在传递函数基础上的，因此说，传递函数是经典控制理论中最重要的数学模型。

一、传递函数的基本概念

设一线性环节（或系统）其输入变量为 $r(t)$，输出变量为 $c(t)$，其动态特性用微分方程表示为

$$a_n \frac{\mathrm{d}^n c(t)}{\mathrm{d}t^n} + a_{n-1} \frac{\mathrm{d}^{n-1} c(t)}{\mathrm{d}t^{n-1}} + \cdots + a_1 \frac{\mathrm{d}c(t)}{\mathrm{d}t} + a_0 c(t)$$

$$= b_m \frac{\mathrm{d}^m r(t)}{\mathrm{d}t^m} + b_{m-1} \frac{\mathrm{d}^{m-1} r(t)}{\mathrm{d}t^{m-1}} + \cdots + b_1 \frac{\mathrm{d}r(t)}{\mathrm{d}t} + b_0 r(t) \qquad (2\text{-}43)$$

当初始条件为零时，对式（2-43）两边进行拉氏变换，可得

$$(a_n s^n + a_{n-1} s^{n-1} + \cdots + a_1 s + a_0) C(s)$$

$$= (b_m s^m + b_{m-1} s^{m-1} + \cdots + b_1 s + b_0) R(s) \qquad (2\text{-}44)$$

令

$$W(s) = \frac{b_m s^m + b_{m-1} s^{m-1} + \cdots + b_1 s + b_0}{a_n s^n + a_{n-1} s^{n-1} + \cdots + a_1 s + a_0} = \frac{C(s)}{R(s)} \qquad (2\text{-}45)$$

式中　$W(s)$ ——变量 s 的有理分式，由环节（或系统）结构和参数决定，与输入输出变量无关。

图 2-8　传递函数表示信号传递关系

式（2-45）可以写成 $C(s) = W(s)R(s)$，用图 2-8 所示方框图表示输入和输出之间关系，可以形象地看出，输出 $C(s)$ 是由输入 $R(s)$ 经过 $W(s)$ 的传递而得到的，所以称 $W(s)$ 为传递函数。

由式（2-45）可以给出传递函数的定义：在线性定常系统（或环节）中，当初始条件为零时，系统（或环节）输出变量的拉氏变换与输入变量拉氏变换之比，称之为该系统（或环节）的传递函数。

二、关于传递函数的几点说明

（1）传递函数是经拉氏变换导出的，因此只适用于线性定常系统。

（2）传递函数中各项系数值完全取决于系统的结构参数，并且和微分方程式中各项系数对应相等，这表明传递函数可以作为系统的动态数学模型。

（3）传递函数是在零初始条件下定义的，即在零时刻之前，系统对所给定的平衡工作点是处于相对静止状态的。

（4）传递函数分子多项式阶次总是小于或等于分母多项式阶次，即 $m \leqslant n$。这是由于系统中总是含有较多的惯性元件以及受到能源限制所造成的。

（5）一个传递函数只能表示一个输入对一个输出的关系，至于信号传递通道中的中间变量，用同一个传递函数无法全面反映。

（6）将式（2-45）写成如下形式

$$W(s) = \frac{K(s-z_1)(s-z_2)\cdots(s-z_m)}{(s-p_1)(s-p_2)\cdots(s-p_n)}$$ (2-46)

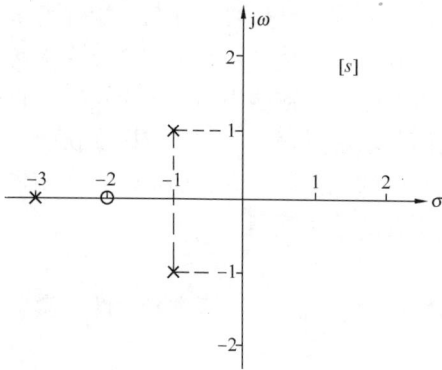

式中　　　　K——常数；

z_1、$\cdots$、z_m——传递函数的零点；

p_1、$\cdots$、p_n——传递函数的极点。

将零、极点标在复平面上，则得传递函数的零极点分布图，如图2-9所示。图中零点用"○"表示，极点用"×"表示。

（7）传递函数的拉氏反变换是系统的脉冲响应。

图 2-9　零极点分布图

三、典型环节传递函数及阶跃响应

在控制系统中环节的种类繁多，尽管它们的物理性能不同，但当它们的传递函数有相同的形式时，其动态特性也就具有类似的特征。现按照环节传递函数的异同，归纳为几种典型的类型，称为典型环节。一些更复杂的环节和系统都是由这些典型环节所组成，所以研究和掌握这些典型环节的特性是很重要的。

（一）比例环节

1. 比例环节的传递函数

比例环节又称为比例放大环节，其输出量与输入量的关系为

$$c(t) = Kr(t)$$ (2-47)

式中　K——放大系数。

两边取拉氏变换得

$$C(s) = KR(s)$$

传递函数为

$$W(s) = \frac{C(s)}{R(s)} = K$$ (2-48)

图2-10所示为比例环节的实例。

图 2-10　比例环节实例

（a）杠杆；（b）齿轮传动；（c）线性放大器；（d）液压缸

2. 比例环节的阶跃响应

在阶跃信号作用下，环节输出变化的动态过程称为环节的阶跃响应。

设阶跃信号为

$$r(t) = A \times 1(t)$$ (2-49)

其拉氏变换为

$$R(s) = \frac{A}{s}$$

由 $c(t) = Kr(t)$ 的关系，可得比例环节的阶跃响应如图2-11所示。

（二）惯性环节

1. 传递函数

惯性环节是最常见的环节。这种环节具有储能元件，其特点是当输入变量 $r(t)$ 作阶跃变化时，其输出变量 $c(t)$ 不是立刻达到相应的平衡状态，而是要经过一定的时间。其运动方程表示为

$$T\frac{\mathrm{d}c(t)}{\mathrm{d}t} + c(t) = Kr(t)$$

对上式进行拉氏变换，并设初始条件为零，则得

$$TsC(s) + C(s) = KR(s)$$

传递函数为

$$W(s) = \frac{C(s)}{R(s)} = \frac{K}{Ts+1} \tag{2-50}$$

2. 阶跃响应

当输入信号为阶跃信号时有

$$R(s) = \frac{A}{s}$$

$$C(s) = \frac{K}{Ts+1}R(s) = \frac{K}{Ts+1}\frac{A}{s}$$

对上式进行拉氏反变换得

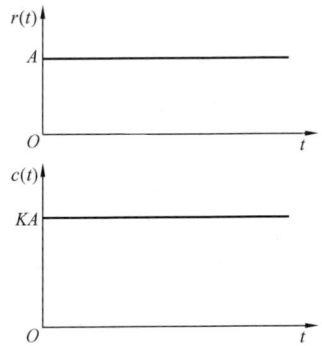

图 2-11　比例环节阶跃响应

$$c(t) = KA(1 - \mathrm{e}^{-\frac{t}{T}}) \tag{2-51}$$

惯性环节阶跃响应曲线如图 2-12 所示。

下面分析阶跃响应的特征。

（1）由式（2-51）知

$$\frac{\mathrm{d}c(t)}{\mathrm{d}t} = \frac{AK}{T}\mathrm{e}^{-\frac{t}{T}}$$

当 $t=0$ 时，变化速度最大，其值为 $\frac{KA}{T}$，它反映了输出量 $c(t)$ 的初始响应速度。时间常数 T 越大，响应速度越慢；T 越小，响应速度越快。当 $T=0$ 时，为比例环节，响应速度最快。

（2）放大系数 K。放大系数 $K = c(\infty)/r(t)$，它是影响新稳态值的特征参数，表示了环节的静态特性，是环节的静态参数。

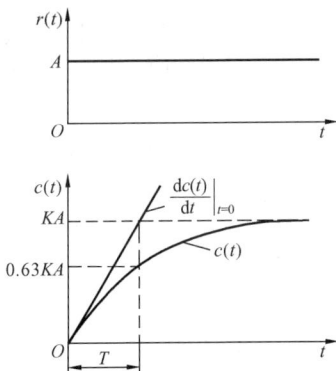

图 2-12　惯性环节阶跃响应曲线

（3）时间常数 T。时间常数 T 是影响输出变量变化速度的特征参数，表征了环节的动

态性能，是环节的动态参数。

由式（2-51）可知，当 $t=T$ 时，$c(t)=0.632KA$ ，因此时间常数 T 的物理意义可理解为：环节在阶跃作用后，输出变量变化到新稳态值 KA 的 63.2％时所经历的时间。

图 2-1 所示 RC 无源网络及图 2-5 所示电阻炉（线性化后）都是惯性环节。

（三）积分环节

1. 传递函数

积分环节的输出量为输入量的积分，其微分方程式为

$$c(t) = \frac{1}{T_i} \int r(t) \mathrm{d}t$$

在零初始条件下取拉氏变换得

$$C(s) = \frac{1}{T_i s} R(s)$$

传递函数为

$$W(s) = \frac{1}{T_i s} \qquad (2-52)$$

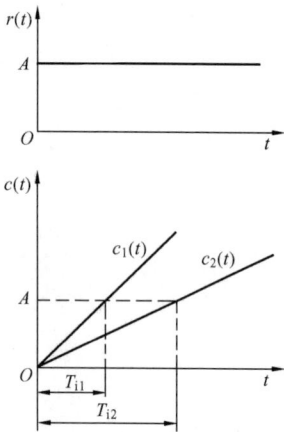

式中 T_i——积分时间（常数）。

2. 阶跃响应

$$
\begin{aligned}
C(s) &= \frac{1}{T_i s} R(s) \\
&= \frac{1}{T_i s} \cdot \frac{A}{s} = \frac{A}{T_i s}
\end{aligned}
$$

其拉氏反变换为

$$c(t) = \frac{A}{T_i} t \qquad (2-53)$$

积分环节阶跃响应如图 2-13 所示。输出变量为等速变化过程，其变化速度为 $\frac{A}{T_i}$ 。T_i 越小，输出变化越快。

当 $t=T_i$ 时，$c(t)=A$ 。因此 T_i 的物理意义可以理解为：在阶跃信号作用下，输出变量变化到阶跃信号的数值时所需要的时间。

图 2-13 积分环节阶跃响应

积分环节的特点是：其输出变量为输入变量对时间的积累，因此输出量对输入量有积累特点的元件和设备，一般都含有积分环节。常见积分环节实例如图 2-14 所示。

图 2-14 积分环节实例
(a) 储槽；(b) 电容器；(c) 积分电路；(d) 电动机

（四）微分环节

1. 传递函数

微分环节是自动控制系统中经常应用的环节，其特点是在暂态过程中，输出量为输入量的微分。其微分方程为

$$c(t) = T_d \frac{\mathrm{d}r(t)}{\mathrm{d}t}$$

传递函数为

$$W(s) = \frac{C(s)}{R(s)} = T_d s \qquad (2-54)$$

式中 T_d——微分时间（常数），是反映微分作用强弱的特征参数，T_d 越大，微分作用越强。

2. 阶跃响应

当 $r(t) = A \times 1(t)$ 时有

$$c(t) = T_d A \delta(t) \qquad (2-55)$$

微分环节阶跃响应如图 2-15 所示。由图可见，微分环节的阶跃响应只是在阶跃信号输入瞬间跳跃一下便立即消失，是一个脉冲函数。这种理想的纯微分环节是不存在的，实际中所采用的微分环节具有如下形式的传递函数

$$W(s) = \frac{KTs}{Ts+1} \qquad (2-56)$$

式（2-56）称为实际微分环节。常见实际微分环节实例如图 2-16 所示。

图 2-15 微分环节阶跃响应

图 2-16 实际微分环节实例

(a) RC 网络；(b) 实际微分电路；(c) 测速机

（五）振荡环节

1. 传递函数

振荡环节的微分方程一般可表示为

$$T^2 \frac{\mathrm{d}^2 c(t)}{\mathrm{d}t^2} + 2\zeta T \frac{\mathrm{d}c(t)}{\mathrm{d}t} + c(t) = r(t) \qquad (2-57)$$

在零初始条件下，对式（2-57）进行拉氏变换，可求出其传递函数

$$W(s) = \frac{C(s)}{R(s)}$$

$$= \frac{1}{T^2 s^2 + 2\zeta Ts + 1} \qquad (2-58)$$

式中 T——振荡环节时间常数；

ζ——振荡环节阻尼比。

设 $\omega_n = \dfrac{1}{T}$，则式（2-58）变为

$$W(s) = \frac{\omega_n^2}{s^2 + 2\zeta\omega_n s + \omega_n^2} \tag{2-59}$$

式中　ω_n——振荡环节的无阻尼自然振荡角频率。

　　2. 阶跃响应

振荡环节传递函数的特征方程式为

$$s^2 + 2\zeta\omega_n s + \omega_n^2 = 0 \tag{2-60}$$

由于 $0 < \zeta < 1$，所以振荡环节的根为一对共轭复数根，即

$$p_{1,2} = -\zeta\omega_n \pm j\omega_n \sqrt{1-\zeta^2} \tag{2-61}$$

因此当输入信号为阶跃函数时，有

$$
\begin{aligned}
C(s) &= W(s)R(s) \\
&= \frac{\omega_n^2}{s^2 + 2\zeta\omega_n s + \omega_n^2} \frac{A}{s} \\
&= \frac{\omega_n^2}{s(s-p_1)(s-p_2)}
\end{aligned}
$$

$$c(t) = A\left[1 - \frac{e^{-\zeta\omega_n t}}{\sqrt{1-\zeta^2}} \cdot \sin(\omega t + \varphi)\right] \tag{2-62}$$

其中，$\omega = \omega_n \sqrt{1-\zeta^2}$；$\varphi = \arctan \dfrac{\sqrt{1-\zeta^2}}{\zeta}$。

图 2-17　振荡环节阶跃响应曲线

由式（2-62）可以看出，振荡环节的阶跃响应为一个衰减振荡过程，其振荡频率为 ω，相角为 φ，如图 2-17 所示。

图 2-2 和图 2-3 所示环节都为振荡环节。

（六）滞后环节

1. 传递函数

滞后环节的特点是：当输入变量在某一时刻产生变化后，其输出变量不立即反应，而是要经过一段时间 τ 以后才等量地复现输入变量。其时域数学模型可描述为

$$c(t) = \begin{cases} 0 & (0 \leqslant t \leqslant \tau) \\ r(t-\tau) & (t > \tau) \end{cases} \tag{2-63}$$

式（2-63）在零初始条件下进行拉氏变换，可得出其传递函数为

$$W(s) = \frac{C(s)}{R(s)} = e^{-\tau s} \tag{2-64}$$

式中　τ——滞后时间。

　　2. 阶跃响应

滞后环节的阶跃响应如图 2-18 所示。

生产中常见的滞后环节如图 2-19 所示，它是带钢厚度检测环节。带钢在 A 点轧出时，

产生厚度偏差 Δh_d，这一厚度偏差在到达 B 点才为测厚仪所检测。若测厚仪距机架的距离为 l，带钢运动速度为 v，则时滞为

$$\tau = \frac{l}{v}$$

图 2-18 滞后环节阶跃响应

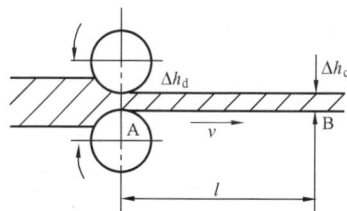

图 2-19 带钢厚度检测示意图

第三节 系统动态结构图及其等效变换

微分方程和传递函数都是系统的数学模型，在求取微分方程和传递函数时，都需要用消元的方法消去中间变量，这不仅是一项乏味费时的工作，而且消元之后只剩下系统的输入和输出两个变量，不能直观地显示出系统中其他变量间的关系以及信号在系统中的传递过程。动态结构图是系统数学模型的另一种形式，用它来表示控制系统，不仅能简明地表示出系统中各变量之间的数学关系及信号的传递过程，而且还能根据结构图的等效变换法则，方便地求出系统的传递函数。

一、系统动态结构图的概念

系统的动态结构图是物理系统的数学图形，它描述了系统中各组成元件或环节间信号传递的数学变换关系，即表示了环节或系统的输入量与输出量之间的因果运算关系。所以动态结构图是系统的图形化数学模型。

下面以图 2-20 所示 RC 网络为例说明动态结构图的组成。RC 网络的微分方程组为

图 2-20 RC 网络

$$\begin{cases} u_\mathrm{i} = Ri + u_\mathrm{o} \\ i = C\dfrac{\mathrm{d}u_\mathrm{o}}{\mathrm{d}t} \end{cases}$$

对以上两式取拉氏变换得

$$\begin{cases} U_\mathrm{i}(s) = RI(s) + U_\mathrm{o}(s) \\ I(s) = CsU_\mathrm{o}(s) \end{cases}$$

经整理得

$$\frac{U_\mathrm{i}(s) - U_\mathrm{o}(s)}{R} = I(s)$$

$$U_\mathrm{o}(s) = I(s)\frac{1}{Cs}$$

用方框图表示上述数学表达式，如图 2-21 所示。

图 2-21 中，符号 $\otimes$ 表示信号的代数和，称作相加点或综合点。由 $\otimes$ 输出的信号为

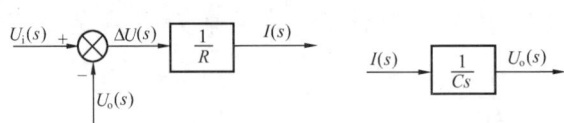

图 2-21　用方框图表示各变量关系

$\Delta U(s)$，$\Delta U(s) = U_r(s) - U_c(s)$，故在代表 $U_c(s)$ 信号的箭头附近标以负号。

$\Delta U(s)$ 经 $\dfrac{1}{R}$ 转换为电流 $I(s)$，而电流 $I(s)$ 经 $\dfrac{1}{Cs}$ 转换为端电压 $U_c(s)$。

　　再根据信号的流向，将各方框图依次连接起来，即得 RC 网络的动态结构图，如图 2-22 所示。

　　由上可见，动态结构图是由许多对信号进行单向运算的方框和一些连线组成的，它包含有下面四种基本单元：

　　(1) 信号线：带有箭头的直线，箭头表示信号的传递方向。

　　(2) 引出点：表示信号引出的位置，从同一位置引出的信号在数值和性质方面完全相同。

　　(3) 比较点（综合点）：对两个以上的信号进行代数求和运算，"＋"表示相加，"－"表示相减，通常"＋"号省略不写，如图 2-23 所示。

图 2-22　RC 网络的动态结构图

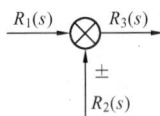

图 2-23　信号综合

这时　　　　　　$R_3(s) = R_1(s) \pm R_2(s)$

　　(4) 方框（环节）：表示对信号进行的数学变换。方框中写入元部件或系统的传递函数。显然，方框的输出变量就等于方框的输入变量与方框中的传递函数的乘积。如图 2-24 所示，其运算法则是

图 2-24　单元方框图

$$C(s) = W(s) \cdot R(s)$$

二、系统动态结构图的建立

绘制动态结构图的一般步骤如下：

　　(1) 首先按照系统的结构和工作原理，分解出各环节，并确定各环节的传递函数。

　　(2) 绘出各环节的动态方框图，结构图中标明其传递函数，并以箭头和字母符号表明其输入量和输出量。

　　(3) 根据信号在系统中的流向，依次将各结构图连接起来。

　　下面用实例说明控制系统动态结构图建立的方法和步骤。

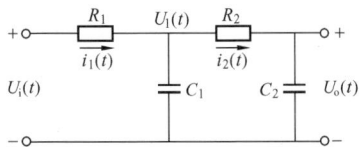

图 2-25　RC 滤波网络

　　【例 2-8】　试绘制图 2-25 所示 RC 滤波网络的动态结构图。

　　解　将此网络看成是一个系统，电路中元件就是系统的组成元件。应用运算阻抗概念，并将电路中各变量（即系统中的信号）用其拉氏变换式表示。根据电路理论列出原

始方程

$$[U_i(s) - U_1(s)]/R_1 = I_1(s)$$

$$[I_1(s) - I_2(s)]/(C_1 s) = U_1(s)$$

$$[U_1(s) - U_o(s)]/R_2 = I_2(s)$$

$$U_o(s) = I_2(s)/(C_2 s)$$

由上列各式，画出各元件的方框图，分别示于图 2-26（a）～图 2-26（d）中，然后根据信号传递关系，将这些单元方框图连接起来（即把相同变量的信号线连在一起），便得到 RC 滤波网络的结构图，如图 2-26（e）所示。

图 2-26 RC 滤波网络的结构图

(a) $I_1(s)$ 方框图；(b) $U_1(s)$ 方框图；(c) $I_2(s)$ 方框图；
(d) $U_0(s)$ 方框图；(e) 结构图

【例 2-9】 试绘制图 2-27 所示双容液面系统的结构图。

解 这是一个两储液箱互相影响的系统，不能简单看成两个储液箱的串联。按照给定的符号及意义，可以列出原始方程式（为简便计，省略增量符号，直接用小写字母表示该变量的微偏量）为

$$\frac{h_1 - h_2}{R_1} = q_1$$

$$C_1 \frac{\mathrm{d}h_1}{\mathrm{d}t} = q - q_1$$

$$\frac{h_2}{R_2} = q_2$$

$$C_2 \frac{\mathrm{d}h_2}{\mathrm{d}t} = q_1 - q_2$$

图 2-27 双容液面系统结构图

Q_0—稳态流量（发生变化前的稳定流量）；Δq，Δq_1，Δq_2—相应流量对稳态流量的微偏量；Δh_1，Δh_2—相应的液位对其稳态值的微偏量；H_{10}，H_{20}—稳态液位（发生变化前的稳定液位）；C_1，C_2—容容，单位液位变化所需的储液箱流量的变化，本例即液箱横断面积；R_1，R_2—液阻，产生单位流量变化所需的液位差变化量

在零初始条件下对上列各式取拉氏变换,并据此画出单元结构图,分别示于图 2 - 28 (a) ～图 2 - 28 (d) 中,然后将各单元结构图中相同变量的信号线连接起来,就得到双容液面系统的结构图,如图 2 - 28 (e) 所示。

图 2 - 28　双容液面系统动态结构图

(a) $Q_1(s)$ 单元结构图; (b) $H_1(s)$ 单元结构图; (c) $Q_2(s)$ 单元结构图;

(d) $H_2(s)$ 单元结构图; (e) 双容液面系统动态结构图

三、结构图的等效变换

系统的结构图既已做出,便可直观了解系统内部各变量之间的动态关系,但一般地说,并不能立即求出系统输入量与输出量之间的传递函数。为了便于分析系统和求出其传递函数,常需将复杂的动态结构图进行化简。

1. 典型连接的等效变换

(1) 串联连接的等效变换。两个方框按信号传递方向连接在一起,即前一方框的输出信号作为后一方框的输入信号,其间不存在负载效应和信号的引出,这种连接称为串联。串联连接可用一等效方框代替,等效方框的传递函数等于各个方框传递函数的乘积。图 2 - 29 (a) 所示为两个环节的串联连接。

由图 2 - 29 (a) 可得

$$C(s) = W_2(s)U(s)$$

$$U(s) = W_1(s)R(s)$$

用代入法消去中间变量 $U(s)$,得

$$C(s) = W_1(s)W_2(s)R(s)$$

图 2 - 29　串联连接

(a) 串联连接; (b) 等效图

由此得串联连接的等效传递函数为

$$W(s) = \frac{C(s)}{R(s)} = W_1(s)W_2(s)$$

因而可等效成图 2 - 29 (b) 所示结构。如有 n 个环节相串联,则等效传递函数为各环节传递函数的乘积,即

$$W(s) = \prod_{i=1}^{n} W_i(s)$$

(2) 并联连接的等效变换。两个
方框有相同的输入量，而输出量又是
相同类型的物理量，以两个方框输出
量的代数和输出，这种连接称为并联
连接。并联连接可用一等效方框代
替，等效方框的传递函数等于各方框
传递函数的代数和。图 2 - 30（a）所
示为两个环节的并联连接。

图 2 - 30　并联连接
(a) 并联连接；(b) 等效图

由图 2 - 30（a）有

$$C(s) = C_1(s) \pm C_2(s)$$
$$= R(s)W_1(s) \pm R(s)W_2(s) = W(s)R(s)$$

即有

$$W(s) = \frac{C(s)}{R(s)} = W_1(s) \pm W_2(s)$$

因而图 2 - 30（a）可等效成图 2 - 30（b）所示的结构。

当有 n 个环节并联时，等效传递函数等于各并联环节的传递函数的代数和，即

$$W(s) = \sum_{i=1}^{n} W_i(s) \tag{2 - 65}$$

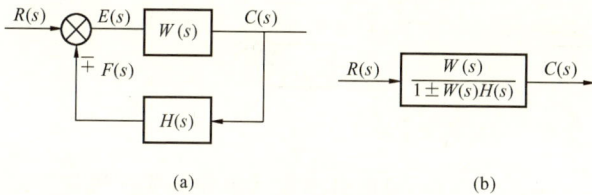

图 2 - 31　反馈连接
(a) 反馈连接；(b) 等效图

(3) 反馈连接的等效变换。在自
动控制系统中，常将系统中的某个信
号引出送回到输入端，构成闭环，借
以改善系统的特性。图 2 - 31（a）所
示连接称为反馈连接。信号从输入端
沿箭头方向到达输出端的传输通路称
为前向通道，通道中的传递函数称为
前向传递函数；信号从输出端沿箭头方向返回输入端的传输通路称为反馈通道，通道中的传
递函数称为反馈传递函数。在图2 - 31（a）中，$W(s)$ 为正向传递函数，$H(s)$ 为反向传递函
数。当 $H(s) = 1$ 时，称为单位反馈。

根据图 2 - 31（a）有

$$C(s) = E(s)W(s)$$
$$= [R(s) \mp F(s)]W(s)$$
$$= R(s)W(s) \mp H(s)C(s)W(s) \tag{2 - 66}$$

即有

$$\frac{C(s)}{R(s)} = \frac{W(s)}{1 \pm W(s)H(s)} \tag{2 - 67}$$

其中，"+"号对应负反馈；"-"号对应正反馈。因而由式（2 - 67）可做出图 2 - 31（b）
所示的等效图。

2. 综合点和引出点的移动

在复杂的自动控制系统中，往往具有几个局部反馈通路，即构成局部闭环系统，这种系
统称为多回路系统。简化多回路系统的结构图，特别是简化有互相交错局部反馈的多回路系

统的结构图,有时需要移动比较点或引出点的位置。移位的原则是:移位前后应保持信号的等效性,即移位前后其输入输出信号均不变。

图 2-32　综合点后移变位运算

（1）综合点相对方框的移动。

1）综合点从单元的输入端移到输出端,如图 2-32 所示。

变位前

$$C(s) = W(s)[R(s) \pm F(s)]$$

变位后

$$C(s) = W(s)R(s) \pm W(s)F(s)$$

由此可见,变位前后,输出信号 $C(s)$ 保持不变,所以这一变位是等效的。

2）综合点从单元的输出端移到输入端,如图 2-33 所示。两者是等效的。

图 2-33　综合点前移变位运算

（2）引出点相对方框的移动。

1）引出点从单元的输入端移到输出端,如图 2-34 所示。两者是等效的。

图 2-34　引出点后移的变位运算

图 2-35　引出点前移的变位运算

2）引出点从单元的输出端移到输入端,如图 2-35 所示。两者是等效的。

（3）综合点之间或引出点之间的位置交换。相邻综合点之间的位置交换或合并如图2-36（a）所示。引出点之间的位置交换如图 2-36（b）所示。可见,位置交换前后是等效的。

(a)

(b)

图 2-36　引出点之间或综合点之间的位置交换

(a) 综合点位置交换；(b) 引出点位置交换

（4）综合点与引出点之间一般不能互相变位,这一点应该特别注意。如图 2-37 所示,这种变位是错误的，因为变换前后输出量发生了变化。

图 2-37　综合点和引出点错误变位

下面举例说明系统动态结构图的等效变换。

【例 2-10】　试化简图 2-38 所示多回路系统结构图，并求出传递函数 $\dfrac{C(s)}{R(s)}$。

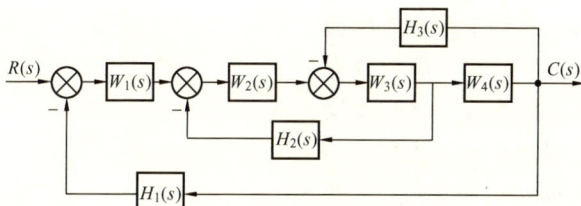

图 2-38　多回路系统结构图

解　观察结构图后可知，只要 $H_3(s)$ 环节的输出信号线前移至 $W_2(s)$ 环节输入端处的综合点（综合点前移），或者把 $H_2(s)$ 环节的输入信号线改为从 $W_4(s)$ 环节输出端引出（引出点后移），就能消除相互交错，等效变换为无交错的多回路系统，然后按反馈等效或串并联等效规则，逐步简化为等效的单回路系统。其简化过程如图 2-39 所示。

图 2-39　图 2-38 结构图的简化过程

图 2 - 39 中

$$W(s) = \frac{W_4(s)W_2(s)W_3(s)}{1 + W_3(s)W_4(s)H_3(s) + W_2(s)W_3(s)H_2(s)}$$

最后求得，系统的传递函数为

$$\frac{C(s)}{R(s)} = \frac{W_1(s)W_2(s)W_3(s)W_4(s)}{1 + W_2(s)W_3(s)H_2(s) + W_3(s)W_4(s)H_3(s) + W_1(s)W_2(s)H_3(s)W_4(s)H_1(s)}$$

【例 2 - 11】 试简化图 2 - 26（e）所示结构图，求 RC 滤波网络的传递函数 $\dfrac{U_o(s)}{U_i(s)}$。

解 由于有相互交错的局部反馈闭环，若不移动引出点或比较点，就无法进行方框的等效运算。因此，对于具有交错局部反馈的多回路系统，需经等效变位，先简化成无交错的多回路系统，然后用等效串并联及反馈连接的方法化简成单回路系统，从而求得系统的传递函数。本例简化过程如图 2 - 40 所示。

最后求得此系统的传递函数为

$$\frac{U_o(s)}{U_i(s)} = \frac{1}{T_1 T_2 s^2 + (T_1 + T_2 + T_{12})s + 1}$$

其中，$T_1 = R_1 C_1$，$T_2 = R_2 C_2$，$T_{12} = R_1 C_2$。

图 2 - 40　图 2 - 26（e）结构图简化过程

四、用梅逊公式求多回路系统的传递函数

对于多回路系统，可以不经简化应用梅逊公式直接从结构图计算出系统的传递函数。梅逊增益公式是利用拓扑的方法推导出来的，公式表述为

$$W(s) = \frac{C(s)}{R(s)} = \frac{1}{\Delta} \sum_{k=1}^{n} T_k \Delta_k \tag{2-68}$$

式中　$C(s)$ ——系统的输出量；

　　　$R(s)$ ——系统的输入量；

　　　T_k ——第 k 条前向通道的传递函数；

　　　n ——从输入到输出的前向通道数；

　　　Δ ——系统的特征式；

　　　Δ_k ——第 k 条前向通路特征式的余因子，它是将 Δ 中与第 k 条前向通道相接触的回路所有项去掉（即将其置零）之后的剩余部分。回路为信号沿箭头方向传输，最终返回到此信号的起点，且中间每个环节只允许通过一次，这样所经过的通路。

系统的特征式为

$$\Delta = 1 - \sum L_i + \sum L_i L_j - \sum L_i L_j L_z + \cdots$$

式中　$\sum L_i$ ——各回路传递函数之和，回路传递函数是指回路内前向通道和反馈通道传递函数的乘积；

　　　$\sum L_i L_j$ ——两两互不相接触回路的传递函数乘积之和；

$\sum L_iL_jL_z$——所有三个互不相接触回路的传递函数乘积之和。

上述公式中的接触回路，是指具有共同引出点（或比较点）的回路，反之称为不接触回路。

【例 2 - 12】　利用梅逊公式求图 2 - 38 所示系统的传递函数。

解　该系统有一条前向通道

$$T_1 = W_1W_2W_3W_4$$

系统有三个回路

$$L_a = W_2W_3H_2$$
$$L_b = W_3W_4H_3$$
$$L_c = W_1W_2W_3W_4H_1$$

上述各回路互相接触，因此

$$\sum L_i = L_a + L_b + L_c$$
$$= -W_2W_3H_2 - W_3W_4H_3 - W_1W_2W_3W_4H_1$$
$$\sum L_iL_j = 0, \quad \sum L_iL_jL_z = 0$$

由此得系统的特征式为

$$\Delta = 1 - \sum L_i = 1 + W_2W_3H_2 + W_3W_4H_3 + W_1W_2W_3W_4H_1$$

上述各回路都与前向通道相接触，因此得

$$\Delta_1 = 1$$

根据梅逊公式求得系统传递函数为

$$W(s) = \frac{C(s)}{R(s)} = \frac{T_1\Delta_1}{\Delta} = \frac{W_1W_2W_3W_4}{1 + W_2W_3H_2 + W_3W_4H_3 + W_1W_2W_3W_4H_1}$$

【例 2 - 13】　求如图 2 - 41 所示系统的传递
函数 $W(s) = \dfrac{C(s)}{R(s)}$。

解　该系统有两条前向通道

$$T_1 = W_1W_3W_5$$
$$T_2 = W_2W_4W_5$$

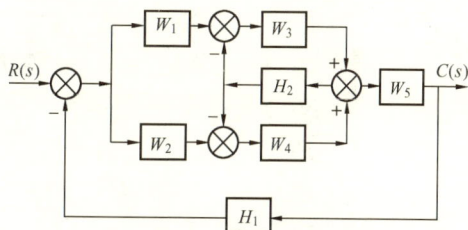

图 2 - 41　系统结构图

系统有四个回路

$$L_a = -W_1W_3W_5H_1$$
$$L_b = -W_2W_4W_5H_1$$
$$L_c = -W_3H_2$$
$$L_d = -W_4H_2$$

上述各回路互相接触，因此

$$\sum L_i = L_a + L_b + L_c + L_d$$
$$= -W_1W_3W_5H_1 - W_2W_4W_5H_1 - W_3H_2 - W_4H_2$$
$$\sum L_iL_j = 0, \quad \sum L_iL_jL_z = 0$$

由此得系统的特征式

$$\Delta = 1 - \sum L_i = 1 + (W_1W_3 + W_2W_4)W_5H_1 + (W_3 + W_4)H_2$$

上述各回路都与前向通道 T_1 和 T_2 相接触，因此得

$$\Delta_1 = \Delta_2 = 1$$

根据梅逊公式求得系统传递函数为

$$W(s)=\frac{C(s)}{R(s)}=\frac{T_1\Delta_1+T_2\Delta_2}{\Delta}$$

$$=\frac{(W_1W_3+W_2W_4)W_5}{1+(W_1W_3+W_2W_4)W_5H_1+(W_3+W_4)H_2}$$

第四节　自动控制系统的传递函数

一个闭环自动控制系统的典型结构可用图 2-42 表示。

研究系统被控量 $C(s)$ 的变化规律，不仅要考虑给定信号 $R(s)$ 的作用，往往还要考虑扰动信号 $N(s)$ 的作用。下面介绍反馈控制系统传递函数的一般概念。

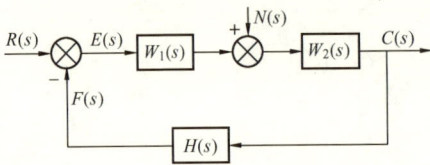

图 2-42　闭环控制系统的典型结构图

一、系统的开环传递函数

将反馈回路断开，系统反馈量 $F(s)$ 与误差信号 $E(s)$ 的比值，称为系统的开环传递函数，其值为前向通道的传递函数与反馈通道的传递函数的乘积。以 $W_k(s)$ 表示开环传递函数，则

$$W_k(s)=\frac{F(s)}{E(s)}=W_1(s)W_2(s)H(s)=W_g(s)H(s)=W_g(s)W_f(s) \qquad (2-69)$$

式中　$W_1(s)W_2(s)$——前向通道传递函数，记为 $W_g(s)$；

$H(s)$——反馈通道传递函数，记为 $W_f(s)$；

$R(s)$——输入量或给定值；

$C(s)$——输出量或被控制量；

$N(s)$——扰动量；

$F(s)$——反馈信号；

$E(s)$——误差信号，$E(s)=R(s)-F(s)$。

二、系统的闭环传递函数

在初始条件为零时，系统的输出量与输入量的拉氏变换之比称为系统的闭环传递函数，以 $W_B(s)$ 表示。闭环传递函数是分析系统动态性能的主要数学模型。由于系统的输入量包括给定信号和干扰信号，因此对于线性系统，可以分别求出给定信号及干扰信号单独作用下系统的闭环传递函数。当两者同时作用于系统时，可以应用叠加原理，求出系统的输出量。

1. 给定信号作用下的闭环传递函数

令 $N(s)=0$,则图 2-42 可简化为图 2-43。由图 2-43 直接求得系统的闭环传递函数为

$$W_{Br}(s)=\frac{C(s)}{R(s)}=\frac{W_1(s)W_2(s)}{1+W_1(s)W_2(s)H(s)} \qquad (2-70)$$

则

$$W_{Br}(s)=\frac{W_g(s)}{1+W_g(s)W_f(s)}=\frac{W_g(s)}{1+W_k(s)}$$

在给定信号单独作用下，系统的输出信号可用下式求得

$$C_r(s)=W_{Br}(s)R(s)=\frac{W_1(s)W_2(s)}{1+W_1(s)W_2(s)H(s)}R(s) \qquad (2-71)$$

式（2-71）表明，系统的输出信号决定于闭环传递函数和输入信号的形式。

2. 干扰信号作用下的闭环传递函数

此时令 $R(s)=0$，并为便于观察，可将图 2-42 改画成图 2-44 所示形式。由图 2-44 可直接求得扰动作用下的闭环传递函数为

$$W_{\mathrm{Bn}}(s) = \frac{C(s)}{N(s)} = \frac{W_2(s)}{1 + W_1(s)W_2(s)H(s)} \tag{2-72}$$

在干扰信号单独作用下，系统的输出信号 $C_{\mathrm{n}}(s)$ 可由下式求得

$$C_{\mathrm{n}}(s) = W_{\mathrm{Bn}}(s)N(s) = \frac{W_2(s)}{1 + W_1(s)W_2(s)H(s)}N(s) \tag{2-73}$$

当给定信号和干扰信号同时作用时，系统的输出信号可应用叠加原理求得，即将式 （2-71）和式（2-73）相加求得

$$C(s) = C_{\mathrm{r}}(s) + C_{\mathrm{n}}(s) = \frac{W_2(s)}{1 + W_1(s)W_2(s)H(s)}\big[W_1(s)R(s) + N(s)\big]$$

图 2-43　给定信号作用下的闭环系统结构图　　　图 2-44　干扰信号作用下系统的结构图

对于恒值控制系统，系统的主要任务是抑制干扰信号对系统输出量的影响，即希望 $W_{\mathrm{Bn}}(s)=0$，如果满足系统开环传递函数的绝对值，即 $|W_1(s)W_2(s)H(s)|\gg 1$ 及 $|W_1(s)H(s)|\gg 1$ 的条件，系统抑制干扰的能力就很强。同样，当满足上述条件时， 则有

$$C(s) \approx R(s)/H(s)$$

系统的输出只取决于反馈通路的传递函数及给定信号，而与前向通路传递函数几乎无关。特别是单位反馈时，即 $H(s)=1$ 时，则 $C(s) \approx R(s)$，从而系统实现了对给定信号的很好复现，这正是随动控制系统所要求的。

三、闭环系统的误差传递函数

在系统分析时，因为系统误差的大小直接反映了系统工作的准确度，所以除了要了解输出量的变化规律之外，还经常要了解控制过程中误差的变化规律。系统的误差信号为 $E(s)$，误差传递函数也分为给定信号作用下的误差传递函数和扰动信号作用下的误差传递函数。

1. 给定信号作用下的误差传递函数

设 $N(s)=0$，将图 2-42 简化为如图 2-45 所示形式。依图 2-45 可求得给定信号作用下的误差传递函数为

$$W_{\mathrm{er}}(s) = \frac{E(s)}{R(s)} = \frac{1}{1 + W_1(s)W_2(s)H(s)} \tag{2-74}$$

2. 扰动信号作用下的误差传递函数

设 $R(s)=0$，将图 2-42 简化为如图 2-46 所示形式。依图 2-46 可求得扰动信号作用下的误差传递函数为

$$W_{en}(s) = \frac{E(s)}{N(s)} = \frac{-W_2(s)H(s)}{1+W_1(s)W_2(s)H(s)} \qquad (2-75)$$

图 2-45　$R(s)$ 作用下误
差输出的动态结构图

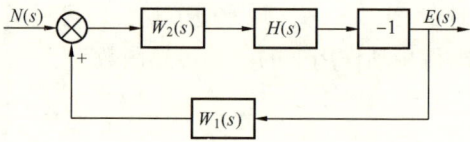

图 2-46　$N(s)$ 作用下误
差输出的动态结构图

3. 系统的总误差

根据叠加原理可得

$$E(s) = W_{er}(s)R(s) + W_{en}(s)N(s)$$

对比式（2-70）与式（2-72）及式（2-74）与式（2-75）可以看出，这些传递函数虽各不相同，但它们的分母却完全相同，即闭环特征多项式是一样的。因此，它们的输入与输出变量之间的动态变化必具有相似的特性。

四、控制系统数学模型的建立与化简举例

现以图 2-47 所示单闭环速度控制系统为例，说明系统数学模型的建立方法。

图 2-47　单闭环速度控制系统

（一）系统结构图的建立

该系统由给定环节、速度调节器、速度反馈环节、可控硅整流装置以及电动机等环节构成，输入为给定电压 U_n，输出为电动机转速 n。

首先分别求出各环节的动态结构图，然后根据信号传递关系，连接成整个系统的动态结构图。

1. 比较环节和速度调节器

该环节由给定电路、滤波电路及比例积分调节器组成，其输出信号为电压 U_{ct}，输入信号为给定电压 U_n 及转速反馈电压 U_f。应用运算阻抗法可求出它们之间的关系。设运算放大器为理想型的，则有

$$I_c(s) = I_r(s) - I_f(s) \qquad (2-76)$$

给定回路电流由下式决定

$$I_r(s) = \frac{U_n(s)}{R_0} \qquad (2-77)$$

转速反馈电流 $I_f(s)$ 由下式求出

$$I_f(s) = \frac{U_f(s)}{\dfrac{R_0}{2}+\dfrac{\dfrac{1}{C_0 s}\dfrac{R_0}{2}}{\dfrac{1}{C_0 s}+\dfrac{R_0}{2}}} \times \frac{\dfrac{1}{C_0 s}}{\dfrac{1}{C_0 s}+\dfrac{R_0}{2}}$$

$$= \frac{U_f(s)}{R_0 \left(\frac{R_0 C_0}{4} s + 1 \right)} = \frac{U_f(s)}{R_0 (T_0 s + 1)} \tag{2-78}$$

式中 T_0——滤波网络的时间常数，$T_0 = \frac{1}{4} R_0 C_0$。

流过运算放大器反馈支路的电流 $I_c(s)$ 由下式决定

$$I_c(s) = \frac{-U_{ct}(s)}{R_1 + \frac{1}{C_1 s}} = \frac{-\tau_1 s U_{ct}(s)}{(\tau_1 s + 1) R_1} \tag{2-79}$$

式中 τ_1——PI 调节器的积分时间常数，$\tau_1 = R_1 C_1$。

将式（2-77）～式（2-79）代入式（2-76）并加以整理，得

$$U_{ct}(s) = \frac{K_c(\tau_1 s + 1)}{\tau_1 s} \left[U_n(s) - \frac{U_f(s)}{T_o s + 1} \right]$$

式中 K_c——速度调节器的比例系数，$K_c = -\frac{R_1}{R_o}$。

这里负号表示运算放大器输出与输入反相。但比例系数为负值，可能给后述的稳定性判断等系统分析带来不便，故在系统分析中，常视 $K_c = \frac{R_1}{R_o}$，而反相关系一般只在具体电路的极性中考虑。

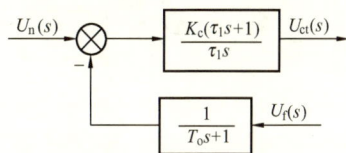

比较环节和速度调节器的方框图如图 2-48 所示。

图 2-48 比较环节和速度调节器的方框图

2. 可控硅整流装置

该环节的输入输出关系为

$$U_d(s) = \frac{K_s}{T_s s + 1} U_k(s) \tag{2-80}$$

式中 K_s——可控硅整流装置的电压放大系数；

T_s——可控硅整流电路的纯滞后时间。

3. 电动机部分

本章第一节已经建立了理想情况（$T_L = T_f = 0$）下他励直流电动机的微分方程，如果考虑负载转矩 T_L，而忽略摩擦转矩 T_f，则有关微分方程发生如下变化：

电动机电枢回路的动态微分方程式为

$$e_d + i_d R_d + L_d \frac{di_d}{dt} = U_d$$

取拉氏变换后得

$$E_d(s) + [R_d + L_d(s)] I_d(s) = U_d(s)$$

并可得

$$I_d(s) = \frac{1/R_d}{1 + T_d s} [U_d(s) - E_d(s)] \tag{2-81}$$

电动机轴转动部分的动态微分方程式为

$$M_d - M_L = \frac{GD^2}{375} \frac{dn}{dt}$$

其中

$$M_d = C_m i_d, \quad M_L = C_m i_L$$

则
$$i_d - i_L = \frac{1}{C_m} \frac{GD^2}{375} \frac{dn}{dt}$$

取拉氏变换后得

$$I_d(s) - I_L(s) = T_m \frac{C_e}{R_d} s N(s)$$

即
$$N(s) = \frac{R_d}{C_e T_m(s)} [I_d(s) - I_L(s)] \qquad (2-82)$$

其中，$T_m = \dfrac{GD^2 R_d}{375 C_m C_e}$。

电动机的反电动势与转速的关系式为

$$E_d = C_e n$$

取拉氏变换后得

$$E_d(s) = C_e N(s) \qquad (2-83)$$

将式（2-81）～式（2-83）各式用框图表示，如图 2-49 所示。

图 2-49 用框图表示各式

图 2-50 电动机的动态结构图

将各框图按相同的变量依次连接起来，即得电动机的动态结构图如图 2-50 所示。

4. 速度反馈环节

速度反馈环节的输入输出关系为

$$U_f(s) = K_{sf} N(s)$$

式中　K_{sf}——速度反馈系数。

将各环节的动态结构图连接起来，就构成了系统的动态结构图，如图 2-51 所示。

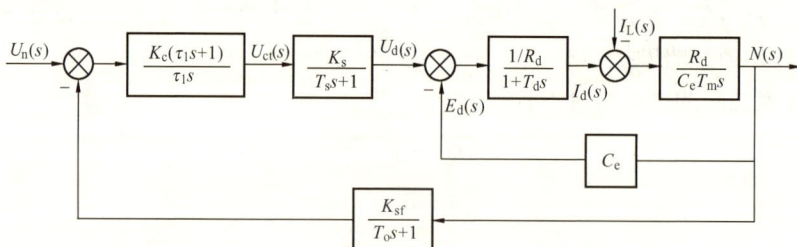

图 2-51 速度控制系统的动态结构图

（二）系统的传递函数

对图 2-51 进行等效变换和化简后，可得图 2-52。依图 2-52 可得

$$W_1(s) = \frac{K_c K_s (\tau_1 s + 1)}{R_d \tau_1 s (T_d s + 1)(T_s s + 1)}$$

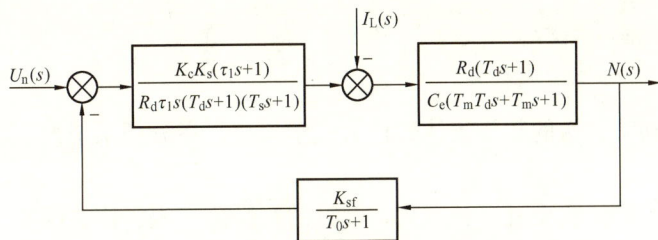

图 2-52　化简后的速度控制系统结构图

$$W_2(s) = \frac{R_d(T_d s + 1)}{C_e(T_m T_d s^2 + T_m s + 1)}$$

$$H(s) = \frac{K_{sf}}{T_0 s + 1}$$

$$W_g(s) = W_1(s)W_2(s) = \frac{K_c K_s(\tau_1 s + 1)}{C_e \tau_1 s(T_m T_d s^2 + T_m s + 1)(T_s s + 1)}$$

1. 系统的开环传递函数

依结构图可得该系统的开环传递函数为

$$W_k(s) = W_g(s)H(s) = \frac{K_c K_s K_{sf}(\tau_1 s + 1)}{C_e \tau_1 s(T_d T_m s^2 + T_m s + 1)(T_0 s + 1)(T_s s + 1)}$$

2. 系统的闭环传递函数

系统的闭环传递函数分为给定信号作用下的闭环传递函数和扰动信号作用下的闭环传递函数。

(1) 给定信号 $U_n(s)$ 作用时，设 $I_L(s) = 0$，闭环传递函数为

$$W_{Br}(s) = \frac{N(s)}{U_n(s)} = \frac{W_g(s)}{1 + W_g(s)H(s)}$$

$$= \frac{K_c K_s(\tau_1 s + 1)(T_0 s + 1)}{C_e \tau_1 s(T_d T_m s^2 + T_m s + 1)(T_0 s + 1)(T_s s + 1) + K_c K_s K_{sf}(\tau_1 s + 1)}$$

(2) 扰动信号 $I_L(s)$ 作用时，设 $U_n(s) = 0$，闭环传递函数为

$$W_{Bn}(s) = \frac{N(s)}{-I_L(s)} = \frac{W_2(s)}{1 + W_2(s)H(s)}$$

$$= \frac{R_d \tau_1 s(T_d s + 1)(T_0 s + 1)(T_s s + 1)}{C_e \tau_1 s(T_d T_m s^2 + T_m s + 1)(T_0 s + 1)(T_s s + 1) + K_c K_s K_{sf}(\tau_1 s + 1)}$$

3. 系统的误差传递函数

系统的误差传递函数也分为给定信号作用下的误差传递函数和扰动信号作用下的误差传递函数。

(1) $U_n(s)$ 作用时，设 $I_L(s) = 0$，给定信号 $U_n(s)$ 作用下的误差传递函数为

$$W_{er}(s) = \frac{E(s)}{U_n(s)} = \frac{C_e \tau_1 s(T_d T_m s^2 + T_m s + 1)(T_0 s + 1)(T_s s + 1)}{C_e \tau_1 s(T_d T_m s^2 + T_m s + 1)(T_0 s + 1)(T_s s + 1) + K_c K_s K_{sf}(\tau_1 s + 1)}$$

(2) $I_L(s)$ 作用时，设 $U_n(s) = 0$，系统在扰动信号 $I_L(s)$ 作用下的误差传递函数为

$$W_{en}(s) = \frac{E(s)}{-I_L(s)} = \frac{-W_2(s)H(s)}{1 + W_g(s)H(s)}$$

$$= \frac{-R_d K_{sf} \tau_1 s(T_d s + 1)(T_s s + 1)}{C_e \tau_1 s(T_d T_m s^2 + T_m s + 1)(T_0 s + 1)(T_s s + 1) + K_c K_s K_{sf}(\tau_1 s + 1)}$$

小　　结

（1）描述系统动态特性的数学表达式称为数学模型。在分析系统性能之前必须建立系统的数学模型。

（2）控制系统的数学模型有多种形式，常见的有微分方程、传递函数、动态结构图以及第四章将要介绍的频率特性等。各模型间可进行转换。微分方程是表述系统动态特性的基本形式；传递函数是零初始条件下，线性定常系统输出量的拉氏变换与系统输入量的拉氏变换之比。由传递函数可方便地导出动态结构图。动态结构图能反映系统各变量之间的数学关系，也能方便地求出系统的传递函数。

（3）对动态结构图可进行等效变换，即在保持被变换部分的输入量和输出量之间的数学关系不变的前提下，进行简化。这一过程对应着微分方程消除中间变量的过程。

（4）一个控制系统可看作由若干个典型环节组成，掌握这些典型环节的特性，有益于对整个系统的分析。

（5）系统的传递函数可分为开环传递函数、闭环传递函数、误差传递函数等。系统的传递函数可用结构图等效变换的方法或梅逊公式求出。

习　　题

2-1　试建立图 2-53 所示电路的动态微分方程，并求其传递函数。

(a)　　　　　　　　(b)　　　　　　　　(c)

图 2-53　习题 2-1 图

2-2　试求图 2-54 所示各有源网络的动态微分方程，并求各电路的传递函数。已知 u_i 为输入量，u_o 为输出量。

(a)　　　　　　　　　　　　　　(b)

图 2-54　习题 2-2 图

2-3　某系统在阶跃输入 $r(t) = 1(t)$ 时，已知其零初始条件下的响应为 $c(t) = 1 - e^{-2t}$，试求系统的传递函数。

2-4　设有一个初始条件为零的系统，当其输入端作用一个脉冲函数 $\delta(t)$ 时，它的输出响应 $c(t)$ 如图 2-55 所示，试求系统的传递函数。

2-5　画出图2-56所示网络的动态结构图，并求出传递函数 $U_o(s)/U_i(s)$。

图2-55　习题2-4图

图2-56　习题2-5图

2-6　已知系统的微分方程组的拉氏变换式为

$$X_1(s) = R(s)W_1(s) - W_1(s)[W_7(s) - W_8(s)]C(s)$$

$$X_2(s) = W_2(s)[X_1(s) - W_6(s)X_3(s)]$$

$$X_3(s) = [X_2(s) - C(s)W_5(s)]W_3(s)$$

$$C(s) = W_4(s)X_3(s)$$

试画出系统的动态结构图，并求出传递函数 $\dfrac{C(s)}{R(s)}$。

2-7　试用等效变换法和梅逊公式分别化简图2-57所示各动态结构图，并求系统传递函数 $\dfrac{C(s)}{R(s)}$。

图2-57　习题2-7图

2-8 求图 2-58 所示系统的传递函数 $\dfrac{C(s)}{R(s)}, \dfrac{C(s)}{N(s)}$。

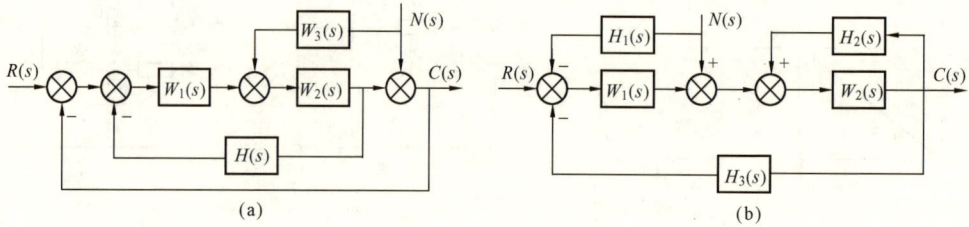

图 2-58 习题 2-8 图

2-9 系统的微分方程组如下

$$x_1(t) = r(t) - c(t)$$

$$x_2(t) = \tau \frac{\mathrm{d}x_1(t)}{\mathrm{d}t} + K_1 x_1(t)$$

$$x_3(t) = K_2 x_2(t)$$

$$x_4(t) = x_3(t) - x_5(t) - K_5 c(t)$$

$$\frac{\mathrm{d}x_5(t)}{\mathrm{d}t} = K_3 x_4(t)$$

$$K_4 x_5(t) = T \frac{\mathrm{d}c(t)}{\mathrm{d}t} + c(t)$$

其中，τ、K_1、K_2、K_3、K_4、K_5、T 均为正值常数。试建立系统 $r(t)$ 对 $c(t)$ 的动态结构图，并求系统的传递函数 $\dfrac{C(s)}{R(s)}$。

2-10 试求图 2-59 所示系统各个环节的传递函数，然后再求系统的闭环传递函数 $W_B(s) = \dfrac{U_o(s)}{U_i(s)}$(其中 $R_5 = R_6$)。

图 2-59 习题 2-10 图

第三章　自动控制系统的时域分析

在建立系统数学模型的基础上，就可以依据系统的数学模型对系统动态特性和静态特性进行分析。对于线性定常系统，常用的分析方法有时域分析、频率特性分析等。

本章讨论的时域分析，是一种直接分析法，它包括对简单系统的动态性能以及高阶系统动态特性的分析、系统稳定性的分析、稳态误差的近似分析计算等。

第一节　自动控制系统的时域指标

一、典型输入信号

为获得控制系统的动态性能指标，需要知道系统的动态响应。系统的动态响应不仅取决于系统的结构参数，还与系统的输入信号及初始状态有关。为了便于在统一的条件下进行分析和设计，通常规定控制系统的初始状态为零状态，输入使用典型输入信号。典型输入信号具有数学表达式简单、易于在实验室获得等特征，并且在该信号作用下系统显示出全部性能特性。

在控制中常采用下述五种信号作为典型输入信号。

1. 阶跃信号

阶跃信号是在时间 $t=0$ 时刻，信号值发生突变的一种信号。该信号的数学表达式为

$$r(t)=\begin{cases}0 & (t<0)\\ A & (t\geqslant 0)\end{cases} \tag{3-1}$$

相应的拉氏变换为

$$R(s)=\mathscr{L}[r(t)]=\frac{A}{s} \tag{3-2}$$

幅值 $A=1$ 的阶跃信号，称为单位阶跃信号，可表示为

$$R(t)=1(t)$$

$$R(s)=\frac{1}{s}$$

单位阶跃信号如图 3-1 所示。时域分析中，阶跃信号用得最为广泛，相当于一个恒值信号在 $t=0$ 时刻突然加到系统上。实际中，电源的突然接通、负载的突变等均可近似看作阶跃信号。

2. 斜坡信号

斜坡信号表示从时间 $t=0$ 时刻起，信号值随时间 t 线性增长的信号。该信号的数学表达式为

$$r(t)=\begin{cases}0 & (t<0)\\ At & (t\geqslant 0)\end{cases} \tag{3-3}$$

图 3-1　单位阶跃信号

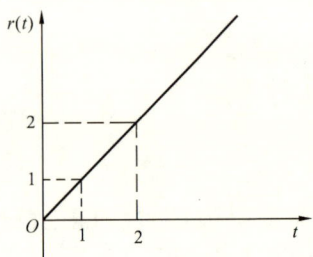

图 3-2 单位斜坡信号

相应的拉氏变换为

$$R(s) = \mathscr{L}[At] = \frac{A}{s^2} \tag{3-4}$$

幅值 $A=1$ 的斜坡信号，称为单位斜坡信号，其拉氏变换为 $R(s) = \frac{1}{s^2}$，其波形如图3-2所示。

斜坡信号相当于随动系统中加入一按恒速变化的位置信号。

3. 抛物线信号

抛物线信号是表示随时间等加速度增长的信号。该信号的数学表达式为

$$r(t) = \begin{cases} 0 & (t<0) \\ At^2 & (t \geqslant 0) \end{cases} \tag{3-5}$$

相应的拉氏变换为

$$R(s) = \mathscr{L}[At^2] = \frac{2A}{s^3} \tag{3-6}$$

幅值 $A=\frac{1}{2}$ 时的抛物线信号，称为单位抛物线信号，其拉氏变换为 $R(s) = \frac{1}{s^3}$，其波形如图 3-3 所示。

抛物线信号相当于在随动系统中加入等加速度变化的位置指令信号。

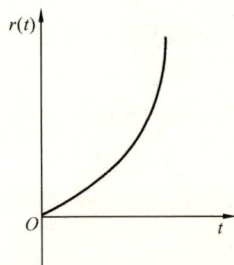

图 3-3 单位抛物线信号

4. 脉冲信号

脉冲信号表示持续时间极短，而幅值却相当大的信号。该信号的数学表达式为

$$r(t) = \begin{cases} \dfrac{A}{\varepsilon} & (0<t<\varepsilon) \\ 0 & (t<0, t>\varepsilon) \end{cases} \tag{3-7}$$

相应的拉氏变换为

$$R(s) = \mathscr{L}\left[\lim_{\varepsilon \to 0} \frac{A}{\varepsilon}\right] = A \tag{3-8}$$

当 $A=1$ 且 $\varepsilon \to 0$ 时的脉冲信号，称为单位脉冲信号，其波形如图 3-4 所示。单位脉冲信号用 $\delta(t)$ 表示，即

$$\delta(t) = \lim_{\varepsilon \to 0}\delta_\varepsilon(t) = \begin{cases} 0 & (t \neq 0) \\ \infty & (t=0) \end{cases} \tag{3-9}$$

其面积为

$$\int_{-\infty}^{+\infty} \delta(t)\mathrm{d}t = 1 \tag{3-10}$$

图 3-4 单位脉冲信号

相应的拉氏变换为

$$\mathscr{L}[\delta(t)] = 1 \tag{3-11}$$

$\delta(t)$ 所描述的脉冲信号实际上是无法得到的。在进行系统分析时，脉冲信号 $\delta(t)$ 可看

作是在间断点上单位阶跃信号对时间的导数，即

$$\delta(t) = \frac{\mathrm{d}}{\mathrm{d}t} 1(t)$$

反之，单位脉冲函数 $\delta(t)$ 的积分就是单位阶跃信号。

5. 正弦信号

正弦信号是一种幅值周期性变化的信号。该信号的数学表达式为

$$r(t) = \begin{cases} 0 & (t < 0) \\ A\sin\omega t & (t \geq 0) \end{cases} \qquad (3-12)$$

相应的拉氏变换为

$$R(s) = \frac{A\omega}{s^2 + \omega^2} \qquad (3-13)$$

其波形如图 3-5 所示。

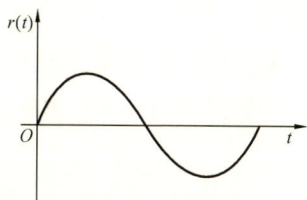

图 3-5　正弦信号

二、自动控制系统的时域指标

自动控制系统的时间响应，由动态过程和稳态过程两部分组成，因而时域性能指标也分为动态性能指标和稳态性能指标两类。

动态过程是指系统从加入输入信号的瞬时起，到系统输出量到达稳态值之前的响应过程。当系统的输出量达到与其稳态值之差不超过 2%～5% 时，通常认为动态过程已结束。动态过程的存在是因为实际系统的惯性、摩擦以及其他导致系统不能立即完全复现输入信号的因素造成的。动态过程表征系统的稳定性和对输入信号响应的快速性。

稳态过程是指动态过程结束后的系统运动状态。稳态过程表征系统输出量最终复现输入量的准确性。

图 3-6　系统的单位阶跃动态响应曲线

1. 动态性能指标

系统的时域动态性能指标，通常是以系统的单位阶跃响应为依据定出的。设在系统处于相对平衡状态下，在 $t=0$ 时刻加入单位阶跃函数，系统的动态响应曲线如图 3-6 所示。

评价系统动态性能的指标有：

(1) 最大超调量 $\delta\%$。最大超调量是输出最大值 $c_{\max}$ 与输出稳态值 $c(\infty)$ 的相对误差，即

$$\delta\% = \frac{c_{\max} - c(\infty)}{c(\infty)} \times 100\%$$

最大超调量反映了系统的平稳性，最大超调量越小，说明系统过渡过程越平稳。

(2) 上升时间 t_r。该时间是指系统的输出量第一次到达输出稳态值所对应的时刻。对于无振荡（单调过程）系统，常把输出量从输出稳态值的 10% 到输出稳态值 90% 所对应的时间叫做上升时间。它是衡量系统响应快慢的一个指标。显然，上升时间越短，系统对输入的响应越快。

(3) 调节时间 t_s。调节时间是指系统的输出量进入并一直保持在稳态输出值附近的允许

误差带内所需的时间。允许误差带宽度一般取稳态输出值的±2%或±5%。调节时间的长短反映了系统的快速性。调节时间 t_s 越小，系统的快速性越好。

（4）振荡次数 N。振荡次数是指在调节时间内，输出量在稳态值附近上下波动的次数。它也反映系统的平稳性，振荡次数越少，说明系统的平稳性越好。

2.稳态性能指标

描述系统稳态性能的指标是稳态误差，也称静差。它是指系统在典型输入信号（通常为阶跃、斜坡或抛物线信号）作用下，当时间趋于无穷时，系统的输出量与输入量或输入量的确定函数之间的差值。稳态误差是衡量系统复现输入信号的准确程度和抑制干扰能力的标志。

在同一个闭环控制系统中，上述性能指标之间往往存在着矛盾，必须兼顾它们之间的要求，根据具体情况合理地解决。

第二节　一阶系统的动态性能分析

凡是可用一阶微分方程描述的系统，称为一阶系统。在实际系统中，最常见的一阶系统相当于惯性环节，少量的相当于积分环节。一些控制部件或简单控制系统都属于一阶系统，如直流发电机、恒温箱、单容水位控制系统等。图 3-7 所示的 RC 网络，就是一阶系统的一个实例。

一、一阶系统的数学模型

描述一阶系统的标准微分方程式为

图 3-7　一阶系统

$$T\frac{\mathrm{d}c(t)}{\mathrm{d}t} + c(t) = r(t) \qquad (3-14)$$

式中　　$c(t)$——输出量；

　　　　$r(t)$——输入量；

　　　　T——时间常数，它是表征一阶系统惯性的重要参数，s。

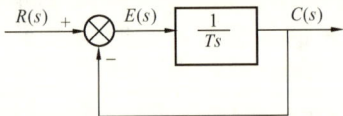

图 3-8　一阶系统的动态结构图

一阶系统的动态结构图如图 3-8 所示，其闭环传递函数为

$$W_{\mathrm{B}}(s) = \frac{C(s)}{R(s)} = \frac{1}{Ts+1} \qquad (3-15)$$

二、一阶系统的单位阶跃响应

设系统的输入信号为单位阶跃信号，即 $r(t)=1(t)$，则系统的输出量的拉氏变换式为

$$C(s) = W_{\mathrm{B}}(s)R(s) = \frac{1}{Ts+1} \cdot \frac{1}{s}$$

对上式取拉氏反变换，可求得系统单位阶跃响应为

$$c(t) = \mathcal{L}^{-1}[C(s)] = \mathcal{L}^{-1}\left[\frac{1}{Ts+1} \cdot \frac{1}{s}\right] = \mathcal{L}^{-1}\left[\frac{1}{s} - \frac{1}{s+\frac{1}{T}}\right]$$

则

$$c(t) = 1 - \mathrm{e}^{-\frac{1}{T}t} \qquad (3-16)$$

可写成

$$c(t) = c_{ss}(t) + c_{tt}(t)$$

其中，第一项 $c_{ss}(t) = 1$ 为稳态分量，第二项 $c_{tt}(t) = -e^{-t/T}$ 为暂态分量。据式（3-16）画出系统单位阶跃响应曲线，如图3-9所示。由图3-9可知，一阶系统的单位阶跃响应曲线是一条从零开始按指数规律上升，最后趋于1的曲线，输出响应在时间 $[0, +\infty)$ 区间内不会超过其稳态值，是一单调的非振荡过程，故称为非周期响应。

图3-9　一阶系统的单位阶跃响应

一阶系统的阶跃响应有两个特点：

（1）可以用时间常数 T 度量系统输出量的数值。T 与输出值的对应关系是

$t=T$ 时

$$c(T) = 0.632$$

$t=2T$ 时

$$c(2T) = 0.865$$

$t=3T$ 时

$$c(3T) = 0.950$$

$t=4T$ 时

$$c(4T) = 0.982$$

（2）响应曲线在 $t=0$ 处具有最大的变化率且等于 $1/T$，即

$$\left.\frac{dc(t)}{dt}\right|_{t=0} = \frac{1}{T}e^{-t/T}\bigg|_{t=0} = \frac{1}{T}$$

利用这个特点可以区分一阶系统的非周期响应与高阶系统的无超调响应，因为后者在 $t=0$ 处的变化率为零。

三、性能指标

由于一阶系统的单位阶跃响应没有超调，没有振荡，所以其性能指标主要是调节时间 t_s，用以表征过渡过程进行的快慢。从响应曲线上可知：

$t=3T$ 时，$c(t) = 0.95$，故 $t_s=3T$（按±5%误差带）；

$t=4T$ 时，$c(t) = 0.98$，故 $t_s=4T$（按±2%误差带）。

可见，一阶系统的性能主要由时间常数 T 确定。

另外，系统的输出量稳态值 $c(\infty) = 1$，而期望值也为1，故稳态误差 $e_{ss}=0$。

【例3-1】 一阶系统的结构图如图3-10所示。试求该系统单位阶跃响应的调节时间 t_s。如果要求 $t_s=0.2s$，试问系统的反馈系数应取何值？

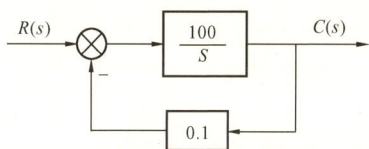

图3-10　[例3-1]一阶系统结构图

解 首先由系统结构图求得闭环传递函数为

$$W_B(s) = \frac{\dfrac{100}{s}}{1 + \dfrac{100}{s} \times 0.1} = \frac{10}{0.1s+1}$$

得时间常数

$$T = 0.1s$$

闭环系统的放大系数 $K = 10$，相当于串接一个 $K = 10$ 的放大器，故调节时间 t_s 与它无关，只取决于时间常数 T。调节时间为

$$t_s = 3T = 3 \times 0.1 = 0.3(s) \quad (按 5\% 误差带)$$

若要求 $t_s = 0.2s$，计算反馈系数 K_f 的值。

此时闭环传递函数为

$$W_B(s) = \frac{\dfrac{100}{s}}{1 + \dfrac{100}{s} \times K_f} = \frac{\dfrac{1}{K_f}}{\dfrac{0.01}{K_f}s + 1}$$

则有

$$T = \frac{0.01}{K_f}$$

而

$$t_s = 3T = \frac{3 \times 0.01}{K_f} = 0.2(s)$$

可得

$$K_f = \frac{3 \times 0.01}{0.2} = 0.15$$

第三节　典型二阶系统的动态性能分析

研究二阶系统的动态性能具有重要意义。这是因为在实际工作中二阶系统较为多见；另外，在一定条件下，通常可以忽略一些次要因素，把一个高阶系统降为二阶系统来处理。

凡是可以用二阶微分方程描述的系统，称为二阶系统。例如直流电动机、RLC 网络及机械位移系统等都是二阶系统的实例。

一、二阶系统的数学模型

典型二阶系统的结构如图 3-11 所示。根据图 3-11，可求出二阶系统传递函数的标准形式为：

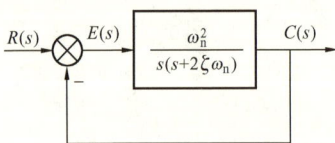

图 3-11　典型二阶系统结构图

开环传递函数

$$W_K(s) = \frac{\omega_n^2}{s(s + 2\zeta\omega_n)} \tag{3-17}$$

闭环传递函数

$$W_B(s) = \frac{\omega_n^2}{s^2 + 2\zeta\omega_n s + \omega_n^2} \tag{3-18}$$

式中　ω_n——二阶系统的自然振荡角频率，为系统参数；

ζ——二阶系统的阻尼比，为系统参数。

上述二阶系统的传递函数也可改写成下列形式：

开环传递函数为

$$W_K(s) = \frac{1}{T^2 s^2 + 2\zeta T s} \tag{3-19}$$

闭环传递函数为

$$W_\mathrm{B}(s) = \frac{1}{T^2 s^2 + 2\zeta Ts + 1} \quad (3-20)$$

式中　T——时间常数。

二、典型二阶系统的单位阶跃响应

现以图 3-10 所示典型的单位反馈系统为例，分析二阶系统的单位阶跃响应。假设初始条件为零，当输入量为单位阶跃函数时，输出量的拉氏变换为

$$C(s) = W_\mathrm{B}(s)R(s) = \frac{\omega_\mathrm{n}^2}{s(s^2 + 2\zeta\omega_\mathrm{n}s + \omega_\mathrm{n}^2)} \frac{1}{s} \quad (3-21)$$

取上式拉氏反变换得

$$c(t) = \mathscr{L}^{-1}[C(s)] = \mathscr{L}^{-1}\left[\frac{\omega_\mathrm{n}^2}{s^2 + 2\zeta\omega_\mathrm{n}s + \omega_\mathrm{n}^2} \frac{1}{s}\right] \quad (3-22)$$

典型二阶系统的闭环特征方程为

$$s^2 + 2\zeta\omega_\mathrm{n}s + \omega_\mathrm{n}^2 = 0 \quad (3-23)$$

求得闭环两个特征根为

$$p_{1,2} = -\zeta\omega_\mathrm{n} \pm \omega_\mathrm{n}\sqrt{\zeta^2-1} \quad (3-24)$$

对不同的 ζ 值，p_1、p_2 有可能为实数根、复数根或重根。相应的单位阶跃响应的形式也不相同。下面分几种情况讨论。

1. 过阻尼（$\zeta > 1$）的情况

此时，$p_{1,2} = -\zeta\omega_\mathrm{n} \pm \omega_\mathrm{n}\sqrt{\zeta^2-1}$，为两个不相等的负实数根。特征根的分布如图 3-12 所示。

由式（3-22）可求得系统的单位阶跃响应为

$$c(t) = 1 - \frac{1}{2\sqrt{\zeta^2-1}}\left(\frac{\mathrm{e}^{-(\zeta-\sqrt{\zeta^2-1})\omega_\mathrm{n}t}}{\zeta-\sqrt{\zeta^2-1}} - \frac{\mathrm{e}^{-(\zeta+\sqrt{\zeta^2-1})\omega_\mathrm{n}t}}{\zeta+\sqrt{\zeta^2-1}}\right) \quad (t \geqslant 0) \quad (3-25)$$

图3-12　$\zeta > 1$ 时二阶系统特征根分布　　　图 3-13　$\zeta > 1$ 时二阶系统单位阶跃响应

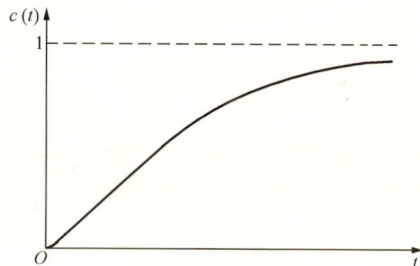

由式（3-25）可以看出，二阶系统在过阻尼情况下，暂态响应由稳态分量和暂态分量组成。暂态分量又包含两项衰减的指数项，一项的衰减指数为 $-p_1 = -(\zeta-\sqrt{\zeta^2-1})\omega_\mathrm{n}$；另一项为 $-p_2 = -(\zeta+\sqrt{\zeta^2-1})\omega_\mathrm{n}$。当 $\zeta \geqslant 1$ 时，后一项的衰减指数远比前一项大得多，即衰减速度快。在进行近似分析时，可将后一项忽略不计，这样二阶系统的阶跃响应类似于一阶系统的响应，如图 3-13 所示。

2. 欠阻尼（$0 < \zeta < 1$）的情况

此时系统的闭环特征根为

$$p_{1,2} = -\zeta\omega_n \pm \omega_n \sqrt{\zeta^2 - 1} = -\zeta\omega_n \pm j\omega_n \sqrt{1-\zeta^2}$$

$$= -\zeta\omega_n \pm j\omega_d$$

$p_{1,2}$ 为一对共轭复根，如图 3-14 所示。其中 $\omega_d = \omega_n \sqrt{1-\zeta^2}$ 称为阻尼振荡角频率。

输出量的拉氏变换为

$$C(s) = \frac{\omega_n^2}{s^2 + 2\zeta\omega_n s + \omega_n^2} \frac{1}{s} = \frac{1}{s} - \frac{s + 2\zeta\omega_n}{s^2 + 2\zeta\omega_n s + \omega_n^2}$$

将上式进行变换得

$$C(s) = \frac{1}{s} - \frac{s + \zeta\omega_n}{(s+\zeta\omega_n)^2 + (\omega_n \sqrt{1-\zeta^2})^2}$$

$$- \frac{\zeta\omega_n}{(s+\zeta\omega_n)^2 + (\omega_n \sqrt{1-\zeta^2})^2}$$

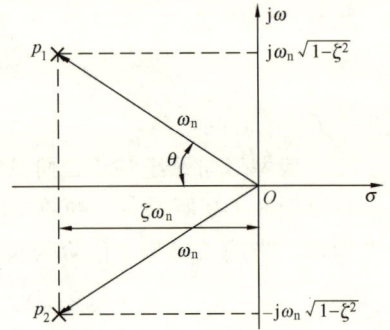

图 3-14　$0<\zeta<1$ 时二阶系统特征根分布

对上式进行拉氏反变换求得系统响应为

$$c(t) = \mathscr{L}^{-1}[c(s)]$$

$$= 1 - e^{-\zeta\omega_n t}(\cos \sqrt{1-\zeta^2}\,\omega_n t$$

$$+ \frac{\zeta}{\sqrt{1-\zeta^2}} \sin \sqrt{1-\zeta^2}\,\omega_n t)$$

$$= 1 - \frac{1}{\sqrt{1-\zeta^2}} e^{-\zeta\omega_n t} \sin(\sqrt{1-\zeta^2}\,\omega_n t + \theta)$$

$$= 1 - \frac{1}{\sqrt{1-\zeta^2}} e^{-\zeta\omega_n t} \sin(\omega_d t + \theta) \quad (t \geqslant 1) \tag{3-26}$$

图 3-15　$0<\zeta<1$ 时二阶系统单位阶跃响应

其中，$\theta = \arctan \dfrac{\sqrt{1-\zeta^2}}{\zeta}$。

由式（3-26）可以看出，当二阶系统处于欠阻尼情况时，系统的单位阶跃响应稳态分量为 1，暂态分量为一项，暂态分量的衰减指数为 $-\zeta\omega_d$，$\zeta\omega_d$ 越大，该因子趋向于零的速度越快。系统的单位阶跃响应 $c(t)$ 是一条衰减振荡的曲线。当 $0<\zeta<1$ 时以 ζ 为参变量的二阶系统单位阶跃响应曲线如图 3-15 所示。

3. 临界阻尼（$\zeta=1$）的情况

此时，系统具有一对相等的负实根（见图 3-16）。

$$p_{1,2} = -\omega_n$$

输出量的拉氏变换为

$$C(s) = \frac{\omega_n^2}{(s+\omega_n)^2 s} = \frac{1}{s} - \frac{1}{s+\omega_n} - \frac{\omega_n}{(s+\omega_n)^2}$$

对上式进行拉氏反变换求得系统响应为

$$c(t) = 1 - e^{-\omega_n t}(1 + \omega_n t) \qquad (t \geqslant 0) \qquad (3-27)$$

当 $\zeta=1$ 时，系统响应曲线为一单调上升曲线，如图 3-17 所示。无振荡，无超调，此时系统响应速度比 $\zeta>1$ 时快。

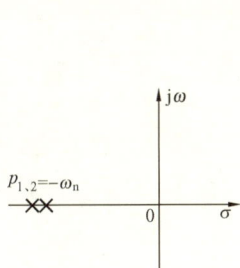

图 3-16　$\zeta=1$ 时二阶
系统特征根分布

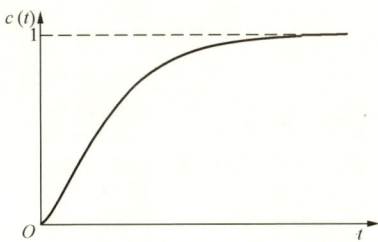

图 3-17　$\zeta=1$ 时二阶系统
单位阶跃响应

图 3-18　$\zeta=0$ 时二阶
系统特征根分布

4. 无阻尼（$\zeta=0$）的情况

系统的特征根为一对共轭虚根

$$p_{1,2} = \pm j\omega_n$$

$\zeta=0$ 时二阶系统根的分布如图 3-18 所示。

这时系统的输出量的拉氏变换为

$$C(s) = \frac{\omega_n^2}{s^2 + \omega_n^2} \frac{1}{s} = \frac{1}{s} - \frac{s}{s^2 + \omega_n^2}$$

对上式进行拉氏反变换求得系统响应为

$$c(t) = 1 - \cos\omega_n t \qquad (t \geqslant 0) \qquad (3-28)$$

在这种情况下，系统的单位阶跃响应为等幅振荡波形，如图 3-19 所示。振荡频率为 ω_n，系统处于不稳定状态。

综上所述，在 ζ 取值不同的情况下，二阶系统的单位阶跃响应有很大的区别如图 3-20 所示。因此，阻尼比 ζ 是二阶系统的重要参数，它对二阶系统的阶跃响应有决定性的影响。

图 3-19　$\zeta=0$ 时二阶系统单位阶跃响应

图 3-20　二阶系统单位阶跃响应

当 $\zeta \geqslant 1$ 时，系统响应是单调变化的系统进程较慢；当 $0 < \zeta < 1$ 时，系统响应是衰减振荡的过程；当 $\zeta = 0$ 时，系统响应为等幅振荡过程，系统不稳定。所以，对二阶系统来说，欠阻尼情况是最有实际意义的。

下面考虑根的分布与系统稳定性之间的关系。当 $\zeta > 0$ 时，即系统特征根为负实根或实部为负的共轭复根时响应的暂态分量是衰减的，随着时间的推移，最终将趋于零，系统稳定。而当 $\zeta = 0$，即特征根实部为零时，系统响应的暂态分量则是等幅振荡函数，系统不稳定。当 $\zeta < 0$ 时，即特征根实部为正时，系统的暂态分量是发散振荡的，系统不稳定。由此可得出结论，只有当系统闭环特征根全部分布在 S 平面的左半部平面上时，系统才能稳定。

三、二阶系统的暂态特性指标

在工程实际中，系统常常工作在欠阻尼的状态。下面针对欠阻尼二阶系统的性能指标进行讨论和定量计算。

1. 上升时间 t_r

按定义，在暂态过程中系统输出量第一次到达稳态值的时间称为上升时间 t_r，即 $c(t) = 1$ 时，$t = t_r$。将此关系代入式（3 - 26）中，则得

$$\frac{1}{\sqrt{1-\zeta^2}} e^{-\zeta \omega_n t} \sin(\omega_d t_r + \theta) = 0 \tag{3-29}$$

由于式中正弦函数的幅值在 $t < \infty$ 期间不能为零，所以必有

$$\sin(\omega_d t_r + \theta) = 0$$

由此得

$$\omega_d t_r + \theta = \pi$$

$$t_r = \frac{\pi - \theta}{\omega_d} = \frac{\pi - \theta}{\omega_n \sqrt{1-\zeta^2}} \tag{3-30}$$

由式（3-30）可以看出，当 ω_n 一定时，阻尼比 ζ 越大，则上升时间 t_r 越长；当阻尼比一定时，ω_n 越大，则 t_r 越短。

2. 峰值时间 t_p

根据求极值的方法，可求取峰值时间 t_p。令

$$\frac{dc(t)}{dt} \bigg|_{t=t_p} = 0$$

结合式（3-26）式可得

$$\frac{\sin(\omega_d t_p + \theta)}{\cos(\omega_d t_p + \theta)} = \frac{\sqrt{1-\zeta^2}}{\zeta}$$

即

$$\tan(\omega_d t_p + \theta) = \tan\theta$$

$$\omega_d t_p = n\pi \quad (n = 0, 1, 2, \cdots)$$

当 $n = 1$ 时，有

$$\omega_d t_p = \pi$$

于是得

$$t_p = \frac{\pi}{\omega_d} = \frac{\pi}{\omega_n \sqrt{1-\zeta^2}} \tag{3-31}$$

3. 最大超调量 $\delta\%$

将 $t_p = \dfrac{\pi}{\omega_d}$ 代入欠阻尼二阶系统单位阶跃响应表达式，求得输出最大值为

$$c_{\max}(t) = 1 - \frac{e^{-\frac{\zeta\pi}{\sqrt{1-\zeta^2}}}}{\sqrt{1-\zeta^2}}\sin(\pi+\theta)$$

又由于

$$\sin(\pi+\theta) = -\sin\theta = -\sqrt{1-\zeta^2}$$

则

$$c_{\max}(t) = 1 + e^{-\frac{\zeta\pi}{\sqrt{1-\zeta^2}}}$$

根据定义

$$\delta\% = \frac{c(t_p) - c(\infty)}{c(\infty)} \times 100\%$$

在单位阶跃输入下，稳态值 $c(\infty) = 1$，因此得最大超调量为

$$\delta\% = e^{-\frac{\zeta\pi}{\sqrt{1-\zeta^2}}} \times 100\% \tag{3-32}$$

由式（3-32）可知，阻尼比 ζ 直接影响最大超调量 $\delta\%$ 的大小，ζ 越大，超调量越小。

4. 调节时间 t_s

按定义，调节时间 t_s 是系统输出量与稳态值之差达到并不再超过规定的误差范围所需的时间。暂态过程输出误差为

$$\Delta c(t) = c(\infty) - c(t) = \frac{e^{-\zeta\omega_n t}}{\sqrt{1-\zeta^2}}\sin(\omega_d t + \theta)$$

在计算时，$\Delta c(t)$ 0.05 或 0.02；可用响应曲线的包络线代替实际响应曲线来近似计算调节时间，即包络线一旦进入事先确定的误差带，也就意味着系统已经结束动态响应过程而进入稳态。依此有

$$\frac{e^{-\zeta\omega_n t_s}}{\sqrt{1-\zeta^2}} = 0.05 \text{ 或 } 0.02$$

由此可求得调节时间。一般用下列算式近似计算

$$t_s(5\%) = \frac{3}{\zeta\omega_n} \tag{3-33}$$

$$t_s(2\%) = \frac{4}{\zeta\omega_n} \tag{3-34}$$

5. 振荡次数 N

振荡次数 N 是指在调节时间 t_s 范围内，系统输出量偏离稳态值的波动次数。按定义可得

$$N = \frac{t_s}{t_f}, t_f = \frac{2\pi}{\omega_d} = \frac{2\pi}{\omega_n\sqrt{1-\zeta^2}} \tag{3-35}$$

式中 t_f——阻尼振荡的周期时间。

根据对欠阻尼二阶系统的动态性能的分析和计算，可以得出如下结论：

（1）系统的动态性能，只与系统的参数 ζ 和 ω_n 有关。

图 3 - 21　$\omega_n t_s$、$\delta\%$ 与 ζ 之间的关系

（2）对于 ζ 值相同的系统，系统调节时间 t_s 与系统的时间常数成正比。

（3）阻尼比 ζ 的大小，直接影响系统阶跃响应曲线 $c(t)$ 的形状。

调节时间 t_s、最大超调量 $\delta\%$ 与 ζ 之间的关系如图 3 - 21 所示。

四、二阶工程最佳参数

在某些控制系统的工程设计中，常采用所谓二阶工程最佳参数作为设计的依据。

这种系统选择的参数使 $\zeta = \dfrac{1}{\sqrt{2}} = 0.707$，即

选 $K = \dfrac{1}{2T}$。这时 $T = \dfrac{1}{2\zeta\omega_n} = \dfrac{1}{\sqrt{2}\omega_n}$，将此参数代入二阶系统传递函数的标准形式，得开环传递函数为

$$W_K(s) = \frac{K}{s(Ts+1)} = \frac{1}{2Ts(Ts+1)}$$

闭环传递函数为

$$W_B(s) = \frac{1}{2T^2 s^2 + 2Ts + 1}$$

这一系统的单位阶跃响应暂态特性指标为：

最大超调量

$$\delta\% = 4.3\%$$

上升时间

$$t_r = 4.72T$$

调节时间

$$t_s(2\%) = 8.43T$$

$$t_s(5\%) = 6.68T$$

【例 3 - 2】　已知一单位负反馈闭环控制系统的开环传递函数为

$$W_K(s) = \frac{5K_A}{s(s+34.5)}$$

当 $K_A = 200$ 时，试分别计算系统的动态性能指标 t_p、t_s 和 $\delta\%$。

解

$$
\begin{aligned}
W_B(s) &= \frac{5K_A}{s^2 + 34.5s + 5K_A} \\
&= \frac{1000}{s^2 + 34.5s + 1000}
\end{aligned}
$$

对照标准式，有

$$
\begin{cases}
\omega_n^2 = 1000 \\
2\zeta\omega_n = 34.5
\end{cases}
$$

因而求得

$$\begin{cases} \omega_n = 31.6 \\ \zeta = 0.545 \end{cases}$$

据此可求得动态性能指标为

$$\begin{cases} t_p = \dfrac{\pi}{\omega_n \sqrt{1-\zeta^2}} = 0.12(s) \\ \\ t_s = \dfrac{3}{\zeta\omega_n} = 0.17(s) \quad (按 \pm 5\% 误差带) \\ \\ \delta\% = e^{-\zeta\pi/\sqrt{1-\zeta^2}} \times 100\% = 13\% \end{cases}$$

第四节　高阶系统的动态性能分析

三阶及三阶以上的系统通常称为高阶系统。如果用求解微分方程的方法得出高阶系统对典型输入信号的响应是极为困难的。在工程上常常根据高阶系统闭环零、极点在 S 平面上的分布情况，将其作合理的近似处理，降为二阶或一阶系统来分析。

一、高阶系统的单位阶跃响应

高阶系统的闭环传递函数一般可表示为

$$W_B(s) = \frac{C(s)}{R(s)} = \frac{b_m s^m + b_{m-1} s^{m-1} + \cdots + b_1 s + b_0}{a_n s^n + a_{n-1} s^{n-1} + \cdots + a_1 s + a_0} \quad (n \geqslant m) \tag{3-36}$$

改写为零、极点形式

$$W_B(s) = \frac{K(s-z_1)(s-z_2)\cdots(s-z_m)}{(s-p_1)(s-p_2)\cdots(s-p_n)} \tag{3-37}$$

式中　z_1，z_2，$\cdots$，z_m——系统闭环传递函数的零点；

p_1，p_2，$\cdots$，p_n——系统闭环传递函数的极点。

对于稳定的系统，由于闭环传递函数中的系数 $a_n \sim a_0$ 及 $b_m \sim b_0$ 均为正实数，所以零、极点只可能是负实数或具有负实部的共轭复数两种情况。

因此，系统在单位阶跃输入信号作用下，其输出量的拉氏变换式为

$$C(s) = W_B(s)R(s) = W_B(s)\frac{1}{s}$$

假设所有极点均不相同，则采用部分分式展开，可得

$$C(s) = \frac{c_0}{s} + \sum_{i=1}^{q} \frac{C_i}{s-p_i} + \sum_{k=1}^{r} \frac{B_k s + D_k}{s^2 + 2\zeta_k \omega_{nk} s + \omega_{nk}^2} \tag{3-38}$$

式中　q——实数极点的个数，$q+2r=n$；

r——共轭复数极点的对数。

对 $C(s)$ 进行拉氏反变换，即可求得系统的单位阶跃响应为

$$c(t) = \frac{a_0}{b_0} + \sum_{i=1}^{q} C_i e^{p_i t} + \sum_{k=1}^{r} B_k e^{-\zeta_k \omega_{nk} t} \cos(\omega_{nk}\sqrt{1-\zeta_k^2}t)$$

$$+ \sum_{k=1}^{r} \frac{D_k - \zeta_k \omega_{nk} B_k}{\omega_{nk}\sqrt{1-\zeta_k^2}} e^{-\zeta_k w_{nk} \cdot t} \sin(\omega_{nk}\sqrt{1-\zeta_k^2}t) \tag{3-39}$$

由式（3-39）可见，高阶系统的单位阶跃响应的动态分量由衰减的指数函数及衰减的

正、余弦函数组成。各动态分量的相对大小及衰减快慢由对应的系数 C_i、B_k、D_k 及指数衰减常数 p_i、ζ_k、ω_{nk} 决定，其稳态分量为闭环传递函数中常数项的比值。据此分析可知，结合系统闭环零、极点在 S 平面的分布，可找到高阶系统的近似分析方法。

二、高阶系统动态性能的定性分析

分析高阶系统单位阶跃响应表达式可得出以下结论：

（1）系统响应的各动态分量衰减的快慢由 p_i、ζ_k 及 ω_{nk} 决定，即由闭环极点离虚轴远近决定。极点在 S 左半平面离虚轴越远，相应的分量衰减得越快；反之，则衰减得越慢。

（2）各动态分量的系数决定于零、极点的分布。若某极点 p_i 越靠近零点，而远离其他极点或原点，则相应的系数 C_i 就越小，相应的分量也就减小；若一对零、极点靠得很近、即它们之间的距离比它们的幅值小一个数量级时，则对应该极点的分量就几乎被抵消。通常把这样互相靠得很近的闭环零、极点称为偶极子。

若某极点 p_i 远离零点，越接近其他极点或原点，则相应的系数 C_i 越大，该分量的影响就越大。

（3）若系统中距离虚轴最近的极点，其实数部分为其他极点实数部分的 1/5 或更小，且附近又没有零点，则可认为系统的响应主要由该极点（或共轭复数极点）决定，这一分量衰减得最慢。这种对系统的动态响应起主导作用的极点，称为系统的主导极点。一般情况下，高阶系统具有振荡性，所以主导极点通常是共轭复数极点。

找到共轭复数极点，高阶系统就可以近似当作二阶系统来分析，相应的动态性能指标可按二阶系统计算公式来估算，从而使高阶系统的分析得到简化。

三、利用主导极点估算高阶系统的动态性能指标

利用主导极点的概念可使高阶系统的分析大为简化。

【例 3 - 3】 已知系统的闭环传递函数为

$$W_B(s) = \frac{0.59s+1}{(0.67s+1)(0.01s^2+0.08s+1)}$$

试估算该系统的动态性能指标。

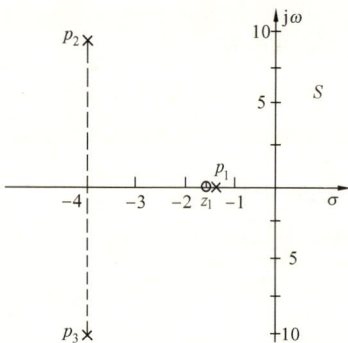

图 3 - 22　零极点分布图

解　由闭环传递函数可知，该系统是一个三阶系统。其零、极点在 S 平面上的分布如图 3 - 22 所示。

闭环极点　　　　　　　$p_1 = -1.5$

$$p_{2,3} = -4 \pm j9.2$$

闭环零点　　　　　　　$z_1 = -1.7$

由图 3 - 22 可知：

（1）系统是稳定的。

（2）p_1 与 z_1 为偶极子，p_2、p_3 是系统的主导极点，于是系统近似为如下二阶系统，即

$$W_B(s) \approx \frac{1}{0.01s^2+0.08s+1}$$

与二阶系统的标准传递函数比较有

$$\zeta = 0.4$$

$$\omega_n = 10\text{rad/s}$$

所以，相应的动态性能指标为

$$t_s = \frac{3.5}{\zeta\omega_n} = 0.9$$

$$\delta\% = e^{-\zeta\pi/\sqrt{1-\zeta^2}} \times 100\% = 25\%$$

第五节　自动控制系统的代数稳定判据

稳定是自动控制系统正常工作的首要条件。稳定是指一个处于某平衡状态的系统，在瞬时扰动作用下偏离了原来的平衡状态，而当扰动消失后，系统经过一定的时间，仍能恢复到原来的平衡状态，则称该系统是稳定的；否则，系统是不稳定的。对于结构和参数已知的系统，研究其稳定的条件，判别它是否稳定，以及采取什么措施以保证其稳定，是系统稳定性分析的基本任务。

一、系统稳定的充分必要条件

线性系统的稳定性反映了系统在扰动消失后系统自身的一种恢复能力。因此，它是系统的一种固有特性，只取决于系统的结构和参数，而与外部作用及初始条件无关。

根据前面讨论知道，系统的阶跃响应是由稳态分量和动态分量两部分组成，若是稳定系统，其输出量的动态分量必须是衰减的。而系统闭环特征方程的根（系统闭环传递函数的极点）在S复平面的位置直接决定了动态分量的性质。如果所有极点都分布在S复平面的左半平面，系统的暂态分量将逐渐衰减为零，则系统是稳定的；如果有共轭极点分布在虚轴上，则系统的暂态分量作简谐振荡，系统处于临界稳定状态，在工程上视为不稳定的；如果有闭环极点分布在S复平面的右半平面，系统发散振荡，则系统是不稳定的。

根据以上分析，线性系统稳定的充分必要条件是：系统特征方程的所有根（即系统闭环传递函数的极点）的实部小于零，即系统特征方程的所有根都分布在S平面的左半平面上。

若想通过求解特征方程的根，直接判定系统稳定，在原则上是可行的，但对于高阶系统，求解方程的根比较困难。工程上经常采用一些间接方法，即不直接求解系统特征根，而是利用稳定判据来判定系统是否稳定。判定系统是否稳定的判据主要有代数稳定判据、频率稳定判据和根轨迹稳定判据等。

代数稳定判据的基本思想是：通过对闭环特征方程各项的系数进行一定的代数运算，再根据闭环特征方程的根与系数的关系，得出所有特征根具有负实部的条件，以此条件判定系统是否稳定。代数稳定判据是由劳斯（Routh）和胡尔维茨（Hurwitz）分别独立提出的。下面介绍劳斯判据。

二、劳斯判据

设系统的特征方程为

$$a_n s^n + a_{n-1} s^{n-1} + \cdots + a_1 s + a_0 = 0$$

其中，a_0 为正（如果原方程首项系数为负，可先将方程两端同乘以 -1）。

要利用劳斯判据判定系统的稳定性，首先要求根据系统特征方程式中的 s 各次项系数排列成的劳斯表为

s^n	a_n	a_{n-2}	a_{n-4}	a_{n-6}	$\cdots$
s^{n-1}	a_{n-1}	a_{n-3}	a_{n-5}	a_{n-7}	$\cdots$
s^{n-2}	b_1	b_2	b_3	b_4	$\cdots$

$$s^{n-3} \quad c_1 \quad c_2 \quad c_3 \quad c_4 \quad \cdots$$
$$\vdots \qquad \vdots \quad \vdots$$
$$s^2 \quad e_1 \quad e_2$$
$$s^1 \quad f_1$$
$$s^0 \quad g_1$$

劳斯表的行列数遵循下列规律：对于 n 阶系统，劳斯表共有 $n+1$ 行；最下面的两行仅有一列，其上两行各有二列，再上两行各有三列，依此类推；最高一行应有 $(n+1)/2$ 列（n 为奇数）或 $(n+2)/2$ 列（n 为偶数）。

表中前面二行由间隔取特征方程中系数形成。从第三行开始，各元素的计算按下述规律推算

$$b_1 = -\frac{1}{a_{n-1}}\begin{vmatrix} a_n & a_{n-2} \\ a_{n-1} & a_{n-3} \end{vmatrix}, \quad b_2 = -\frac{1}{a_{n-1}}\begin{vmatrix} a_n & a_{n-4} \\ a_{n-1} & a_{n-5} \end{vmatrix}, \quad b_3 = -\frac{1}{a_{n-1}}\begin{vmatrix} a_n & a_{n-6} \\ a_{n-1} & a_{n-7} \end{vmatrix}, \cdots$$

$$c_1 = -\frac{1}{b_1}\begin{vmatrix} a_{n-1} & a_{n-3} \\ b_1 & b_2 \end{vmatrix}, \quad c_2 = -\frac{1}{b_1}\begin{vmatrix} a_{n-1} & a_{n-5} \\ b_1 & b_3 \end{vmatrix}, \quad c_3 = -\frac{1}{b_1}\begin{vmatrix} a_{n-1} & a_{n-7} \\ b_1 & b_4 \end{vmatrix}, \cdots$$

这一计算过程一直进行到 s^0 行，计算到每行其余的系数全部等于零为止。在上述计算各元素的过程中，为了简化数值计算，可以将一行中的各数均乘（或除）一个正整数，这时不改变系统稳定性的结论。

劳斯判据就是依据劳斯表中第一列数的性质来判定系统稳定性的。

1. 劳斯判据的一般情况

劳斯判据指出，系统稳定的充分必要条件是：系统闭环特征方程各项系数均为正，且其劳斯表第一列各元素均为正数。假如第一列有负数，则第一列元素符号改变的次数等于特征方程具有正实部的根的个数。

（1）应用劳斯判据分别研究一阶、二阶系统，其特征方程分别为

$$a_1 + a_0 = 0$$
$$a_2 s^2 + a_1 s + a_0 = 0$$

可得一阶和二阶系统稳定的充分必要条件是：特征方程各项系数均为正。

（2）对于三阶系统，其特征方程式为

$$a_3 s^3 + a_2 s^2 + a_1 s + a_0 = 0$$

列出的劳斯表为

$$s^3 \qquad a_3 \qquad a_1$$
$$s^2 \qquad a_2 \qquad a_0$$
$$s^1 \qquad \frac{a_2 a_1 - a_3 a_0}{a_2}$$
$$s^0 \qquad a_3$$

由此可得出三阶系统稳定的充分必要条件是：特征方程所有系数均为正，且 $a_1 a_2 > a_0 a_3$。

值得指出的是，如果系统稳定，那么它的闭环特征方程（不论是几阶的）所有系数必须同号。这是系统稳定的必要条件，而不是充分条件。

【例 3-4】　设系统的闭环特征方程为

$$s^5 + 2s^4 + s^3 + 4s + 5 = 0$$

试判断系统的稳定性。

解　列写劳斯表如下：

$$
\begin{array}{c|ccc}
s^5 & 1 & 1 & 4 \\
s^4 & 2 & 0 & 5 \\
s^3 & 1 & \dfrac{3}{2} & \\
s^2 & -3 & 5 & \\
s^1 & \dfrac{19}{6} & & \\
s^0 & 5 & &
\end{array}
$$

由上表看到，表中第一列出现了负数，可以判定该特征方程的根不全都在左半平面，故系统是不稳定的。又第一列系数符号改变了两次（由 $+1$ 变到 -3，又由 -3 变到 $+\dfrac{19}{6}$），因此系统有两个实部为正的根。

2. 劳斯判据的两种特殊情况

在应用劳斯判据时，可能遇到如下的特殊情况：

（1）劳斯表中第一列出现零。如果劳斯表某行第一列的元素为零，而该行中其余各元素不等于零或没有其他元素，将使得劳斯表无法往下排列。此时可用一个接近于零的很小的正数 ε 来代替零，完成劳斯表的排列。

例如，某系统的特征方程式为

$$s^4 + 3s^3 + s^2 + 3s + 1 = 0$$

其劳斯表为

$$
\begin{array}{c|ccc}
s^4 & 1 & 1 & 1 \\
s^3 & 3 & 3 & \\
s^2 & \varepsilon\ (\approx 0) & 1 & \\
s^1 & 3 - \dfrac{3}{\varepsilon} & & \\
s^0 & 1 & &
\end{array}
$$

观察劳斯表的第一列的各元素。当 ε 趋近于零时，$\left(3 - \dfrac{3}{\varepsilon}\right)$ 是一个很大的负值，因此可以认为第一列中各元素的符号改变了两次，由此可判定，该系统特征方程式有两个根具有正实部，系统不稳定。

如果 ε 上面一行的首列和 ε 下面一行的首列符号相同，这表明有一对纯虚根存在。例如，某系统的特征方程式为

$$s^3 + 2s^2 + s + 2 = 0$$

劳斯表为

$$
\begin{array}{c|cc}
s^3 & 1 & 1 \\
s^2 & 2 & 2 \\
s^1 & \varepsilon & \\
s^0 & 2 &
\end{array}
$$

从劳斯表可知，第一列元素 ε 的上面和下面的元素符号不变，故特征方程有一对虚根。

现将特征方程式分解，有

$$(s^2 + 1)(s + 2) = 0$$

解得根为

$$s_{1,2} = \pm j, \quad s_3 = -2$$

（2）劳斯表的某一行中所有元素均为零。如果劳斯表中某一行的元素全为零，表示相应方程中含有大小相等、符号相反的实根（或共轭根）。此时，应以上一行的元素为系数，构成一辅助多项式，该多项式对 s 求导后，所得多项式的系数即可用来取代全零行。同时，上述大小相等、符号相反的根，可通过求解辅助方程式（辅助多项式等于零）求得。

【例 3 - 5】 已知某控制系统的特征方程式为

$$s^6 + 2s^5 + 8s^4 + 12s^3 + 20s^2 + 16s + 16 = 0$$

试判断系统的稳定性。

解　该特征方程式劳斯表的前四行为

s^6	1	8	20	16
s^5	2	12	16	
s^4	1	6	8	（各元素已除以 2）
s^3	0	0		

由于 s^3 这一行的元素全为零，使得劳斯表无法往下进行计算。这时，可由上一行的元素作为系数组成辅助多项式

$$p(s) = s^4 + 6s^2 + 8$$

将 $p(s)$ 对 s 求导，得

$$\frac{\mathrm{d}p(s)}{\mathrm{d}s} = 4s^3 + 12s$$

用系数 8 和 24 代替 s^3 行相应的元素继续计算下去，得劳斯表为

s^6	1	8	20	16
s^5	2	12	16	
s^4	1	6	8	
s^3	4	12		
s^2	3	8		
s^1	4/3			
s^0	8			

由上表知，第一列元素的符号没有变化，表明该特征方程在 S 平面右半平面上没有特征根，但 s^3 行元素全为零，表示有大小相等、符号相反的根。这些根可由辅助方程式求出。本例的辅助方程式是

$$p(s) = 0$$

则得

$$s^4 + 6s^2 + 8 = 0$$

解得方程的根为

$$s_{1,2} = \pm j\sqrt{2}, \quad s_{3,4} = \pm j2$$

显然系统处于临界稳定状态。

三、代数稳定判据的应用

1. 系统待定参数的确定

应用代数判据，不仅可以判断参数已确定的系统是否稳定以及具有正根的数目，而且可以用来确定为保证系统稳定的待定参数的取值范围。

【例 3 - 6】 系统结构如图 3 - 23 所示。为使系统稳定，试确定放大倍数 K 的取值范围。

解 首先求出系统的闭环传递函数

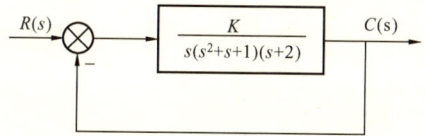

图 3 - 23 ［例 3 - 6］系统结构图

$$W_B(s) = \frac{C(s)}{R(s)}$$

$$W_B(s) = \frac{K}{s(s^2+s+1)(s+2)+K}$$

系统的特征方程为

$$s^4 + 3s^3 + 3s^2 + 2s + K = 0$$

列出劳斯表为

s^4	1	3	K
s^3	3	2	
s^2	7	$3K$	
s^1	$2 - \frac{9}{7}K$		
s^0	$3K$		

系统稳定的条件为

$$\begin{cases} 2 - \dfrac{9}{7}K > 0 \\ 3K > 0 \end{cases}$$

即

$$\begin{cases} K < \dfrac{14}{9} \\ K > 0 \end{cases}$$

所以系统稳定的 K 取值范围为

$$0 < K < \frac{14}{9}$$

2. 相对稳定性和稳定裕量

代数稳定判据只解决了系统绝对稳定性问题，即只能回答系统是否稳定，而不能回答系统距离稳定边界有多少裕量，也就是没有解决系统相对稳定性的问题。但尽管如此，利用代数稳定判据可以检查系统是否具有 α_1 的稳定裕量。设系统经过判定属于稳定的系统，即其

图 3-24 相对稳定性

闭环特征根全部分布在 S 平面的左半平面上。

要检查系统是否具有 α_1 的稳定裕量（见图 3-24），相当于把虚轴向左平移距离 α_1，然后再判断系统是否仍然稳定，即以

$$s = z - \alpha_1$$

代入系统特征方程式，写出关于 z 的多项式，然后用代数判据判定 z 的多项式的根是否都在新的虚轴的左侧。

例如，系统的闭环特征方程式为

$$s^3 + 4s^2 + 6s + 4 = 0$$

其劳斯表为

s^3	1	6
s^2	4	4
s^1	5	
s^0	4	

因为第一列中各元素没有改变符号，所以没有根在 S 平面的右半平面上，系统是稳定的。

现欲检查本系统是否具有 $\alpha_1 = 1$ 的裕量，可用 $s = z - 1$ 代入原特征方程式，得

$$(z-1)^3 + 4(z-1)^2 + 6(2-1) + 4 = 0$$

整理后得新特征方程式为

$$z^3 + z^2 + z + 1 = 0$$

列出其劳斯表

s^3	1	1
s^2	1	1
s^1	$0 \ (\approx \varepsilon)$	
s^0	1	

由于零（ε）上面的元素与下面的元素的符号相同，表明没有 S 平面右半平面的特征根，但由于 s^1 行的元素为零，故有一对虚根。这说明，原系统刚好有 $\alpha_1 = 1$ 的稳定裕量。

第六节　控制系统的稳态误差

稳态误差是描述控制系统控制精度的性能指标，即系统的稳态性能指标。稳态误差定义为：在稳定条件下输出量的期望值与实际值之间存在的误差。系统的稳态误差与系统本身的结构和参数、输入量的形式等因素密切相关。对某种特定输入信号而言，没有稳态误差的系统称为无差系统，而具有稳态误差的系统则称为有差系统。

控制系统的典型动态结构如图 3-25 所示。通常，系统的输入量与输出量为不同的物理量，因此系统的误差不直接用它们的差值来表示，而是用输入量与反馈量的差值来定义，即

图 3-25　典型动态结构图

$$e(t) = r(t) - f(t) \tag{3-40}$$

其中，给定信号 $r(t)$ 为期望值，反馈信号 $f(t)$ 为实际值。对于单位反馈系统来说，反馈量 $f(t)$ 就等于输出量 $c(t)$。

两种误差定义存在一定的关系。若

$$e(s) = C_i(s) - C_r(s)$$
$$E(s) = R(s) - F(s)$$

则

$$e(s) = \frac{1}{H(s)} E(s)$$

对于单位反馈系统，两种误差的定义是相同的。

误差信号 $e(t)$ 反映了系统在跟踪输入信号 $r(t)$ 和抑制干扰信号 $n(t)$ 的整个过程中的精度。显然，误差信号也包含动态分量和稳态分量两部分，对于稳定的系统，动态分量必将趋于零。如果不考虑误差信号稳态分量随时间变化的全过程，而只考虑计算系统达到稳态后的误差值，即稳态误差为稳定系统误差信号的终值，以 e_{ss} 表示。当时间 t 趋于无穷时，若 $e(t)$ 的极根存在，则稳态误差为

$$e_{ss} = \lim_{t \to \infty} e(t) \tag{3-41}$$

稳态误差分为由给定输入信号引起的误差和由扰动信号引起的误差两种。下面分别进行讨论。

一、给定信号作用下的稳态误差及误差系数

考虑给定信号 $R(s)$ 单独作用时，设扰动信号 $N(s) = 0$，将图 3-25 改画成图 3-26。

由图 3-26 可得在 $R(s)$ 单独作用下，系统误差闭环传递函数为

$$W_B(s) = \frac{1}{1 + W_1(s)W_2(s)H(s)}$$

由此得误差的拉氏变换为

图 3-26 动态结构图

$$E(s) = \frac{1}{1 + W_1(s)W_2(s)H(s)} R(s) = \frac{R(s)}{1 + W_K(s)}$$

$$W_K(s) = W_1(s)W_2(s)H(s)$$

根据终值定理得

$$e_{ss} = \lim_{t \to \infty} e(t) = \lim_{s \to 0} sE(s) = \lim_{s \to 0} \frac{sR(s)}{1 + W_K(s)} \tag{3-42}$$

可见，系统的稳态误差与系统的输入及系统的开环传递函数 $W_K(s)$ 有关。

设系统开环传递函数的一般表达式为

$$W(s)H(s) = \frac{K_K \prod_{i=1}^{m}(T_i s + 1)}{s^V \prod_{j=1}^{n-V}(T_j s + 1)} \tag{3-43}$$

式中 K_K——为系统的开环增益，即开环传递函数中各因式的常数项为 1 时的总比例系数；

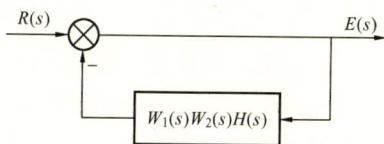

T_i，T_j——为时间常数；

V——开环传递函数中串联的积分环节的个数，称为系统的无差度，也称为系统的型别。

$V=0$ 时的系统，称为 0 型系统；$V=1$ 时的系统称为 I 型系统；相应地，$V=2$ 时，称为 II 型系统。

下面分析系统在不同输入信号时的稳态误差。

1. 当 $r(t)$ 是单位阶跃信号时的稳态误差

当 $r(t)=1(t)$ 时，相应的拉氏变换式为 $R(s)=\dfrac{1}{s}$，则根据式（3-42）得稳态误差为

$$e_{ss}=\lim_{s\to 0}\frac{s\dfrac{1}{s}}{1+W_K(s)}=\lim_{s\to 0}\frac{1}{1+W_K(s)}$$

令 $k_p=\lim_{s\to 0}W_K(s)$，k_p 称为位置误差系数，则

$$e_{ss}=\frac{1}{1+k_p} \tag{3-44}$$

因此，在单位阶跃输入下，位置误差系数决定了给定稳态误差大小。对于 0 型系统，由于 $N=0$，则

$$k_p=\lim_{s\to 0}\frac{K_K\prod_{i=1}^{m}(T_is+1)}{\prod_{j=1}^{n}(T_js+1)}=K_K$$

稳态误差为

$$e_{ss}=\frac{1}{1+k_p}=\frac{1}{1+K_K}$$

对于 I 型（或 II 型）系统，由于 $V=1$（或 $V=2$），则位置误差系数为

$$k_p=\infty$$

稳态误差为

$$e_{ss}=\frac{1}{1+k_p}=0$$

可见，在单位阶跃输入下，仅 0 型系统有稳态误差，其大小与系统的开环放大系数 K_K 近似成反比。对于 I 型及 I 型以上系统来说，其稳态误差为零，如图 3-27 所示。

图 3-27 阶跃输入信号作用下的响应曲线

(a) 0 型系统；(b) I 型及以上系统

2. 当 $r(t)$ 是单位斜坡信号时的稳态误差

当 $r(t) = t$ 时，相应的拉氏变换式为 $R(s) = \dfrac{1}{s^2}$，则根据式（3-42）得给定稳态误差为

$$e_{ss} = \lim_{s \to 0} \frac{1}{s[1 + W_K(s)]} = \lim_{s \to 0} \frac{1}{sW_K(s)}$$

令 $k_v = \lim\limits_{s \to 0} sW_K(s)$，$k_v$ 称为速度误差系数，则可得以下结论：

对于 0 型系统，$k_v = 0$，$e_{ss} = \infty$；

对于 I 型系统，$k_v = K_k$，$e_{ss} = \dfrac{1}{K_k}$；

对于 II 型系统，$k_v = \infty$，$e_{ss} = 0$。

由此可见，在斜坡信号输入情况下，0 型系统的稳态误差为 ∞，系统的输出量不能跟踪其输入量的变化；对于 I 型系统，其输出量与输入量虽以相同的速度变化，但存在跟踪误差，即稳态误差；对于 II 型系统，其输出量能准确地跟踪斜坡信号输入，稳态误差为零，如图 3-28 所示。

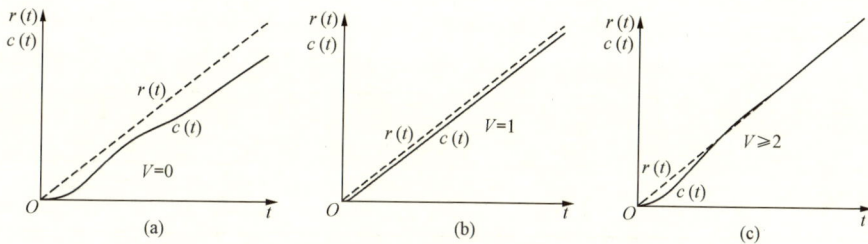

图 3-28　斜坡输入信号作用下的响应曲线
(a) 0 型系统；(b) I 型系统；(c) II 型及以上系统

3. 当 $r(t)$ 是单位抛物线信号时的稳态误差

当 $r(t) = \dfrac{1}{2}t^2$ 时，相应的拉氏变换式为 $R(s) = \dfrac{1}{s^3}$，则根据式（3-42），给定稳态误差为

$$e_{ss} = \lim_{s \to 0} \frac{s}{1 + W_K(s)} \frac{1}{s^3} = \lim_{s \to 0} \frac{1}{s^2 W_K(s)}$$

令 $k_a = \lim\limits_{s \to 0} s^2 W_K(s)$，$k_a$ 称为加速度误差系数，则可得以下结论：

对于 0 型和 I 型系统，$k_a = 0$，$e_{ss} = \infty$；

对于 II 型系统，$k_a = K_K$，$e_{ss} = \dfrac{1}{K_K}$。

上述结论表明，0 型和 I 型系统都不能跟踪抛物线输入信号，只有 II 型系统能跟踪，但存在稳态误差。图 3-29 给出了不同型别的系统在抛物线输入信号作用下的响应曲线。

表 3-1 中列出了系统的类型、静态误差系数及输入信号之间的关系。

图 3-29 抛物线输入信号作用下的响应曲线

(a) 0 型及 Ⅰ 型系统；(b) Ⅱ 型系统

表 3-1 系统的类型、静态误差系数及输入信号之间关系

$r(t)$	1		t		$\frac{1}{2}t^2$	
系 统	k_p	e_{ss}	k_v	e_{ss}	k_a	e_{ss}
0 型	K_k	$\frac{1}{1+K_k}$	0	∞	0	∞
Ⅰ 型	∞	0	K_k	$\frac{1}{K_k}$	0	∞
Ⅱ 型	∞	0	∞	0	K_k	$\frac{1}{K_k}$

【例 3-7】 设系统结构图如图 3-30 所示。已知输入信号 $r(t) = 1(t) + t + \frac{1}{2}t^2$，试求系统的稳态误差 e_{ss}。

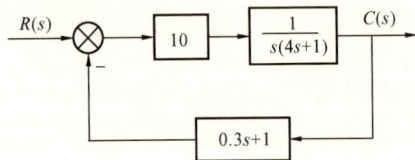

图 3-30 系统结构图

解 系统的开环传递函数为

$$W_K(s) = \frac{10(0.3s+1)}{s(4s+1)}$$

由于开环传递函数中含有一个积分环节，即 $N=1$，属 Ⅰ 型系统，可得

$r(t) = 1(t)$ 时，$k_p = \infty$，$e_{ss} = 0$；

$r(t) = t$ 时，$k_v = 10$，$e_{ss} = 0.1$；

$r(t) = \frac{1}{2}t^2$ 时，$k_a = 0$，$e_{ss} = \infty$。

所以系统在输入信号 $r(t) = 1(t) + t + \frac{1}{2}t^2$ 时，稳态误差为 $e_{ss} = \infty$。

二、扰动信号作用下的稳态误差

图 3-25 所示为有给定作用和扰动作用的系统动态结构图，当 $R(s) = 0$ 时，研究在干扰信号 $N(s)$ 单独作用下系统的稳态误差即为扰动误差。分析时，可先求出稳态误差表达式，然后再使用终值定理计算。

考虑扰动信号 $N(s)$ 作用时，设 $R(s)=0$，将图 3-25 所示系统结构图变换成图 3-31 所示的形式。

由图 3-31 可得在 $N(s)$ 作用下系统误差的闭环传递函数为

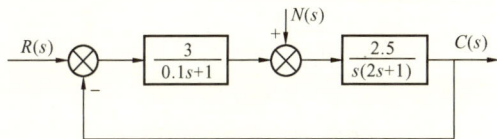

$$W_{en}(s) = -\frac{W_2(s)H(s)}{1+W_1(s)W_2(s)H(s)}$$

图 3-31 有给定作用和扰动作用的系统结构图

则误差的拉氏变换式为

$$E(s) = W_{en}(s)N(s)$$

根据终值定理，扰动作用下的稳态误差为

$$e_{ss} = \lim_{s \to 0} sE(s) = \lim_{s \to 0} sW_{en}(s)N(s)$$

$$= \lim_{s \to 0} s\frac{-W_2(s)H(s)}{1+W_1(s)W_2(s)H(s)}N(s)$$

当 $W_1(s)W_2(s)H(s) \gg 1$ 时，上式可近似为

$$e_{ss} = \lim_{s \to 0} s\frac{-N(s)}{W_1(s)}$$

设

$$W_1(s) = \frac{K_1\prod\limits_{i=1}^{m_1}(T_is+1)}{s^{V_1}\prod\limits_{j=1}^{V_1}(T_js+1)}$$

则可得

$$e_{ss} = -\lim_{s \to 0}\frac{s^{V_1+1}}{K_1}N(s) \qquad\qquad (3-45)$$

由式（3-35）可见，系统在干扰作用下的稳态误差与干扰信号作用点以前的环节的传递函数有关，即与 $W_1(s)$ 所含积分环节数目 N_1 及放大倍数 K_1 有关，而与干扰信号作用点以后环节的放大倍数及所含积分环节数目无关。认识到这一点很重要，因为一般来说，$W_1(s)$ 环节就是系统的调节器或校正装置，所以可按此结论指导调节器的选型及整定其参数。

需要指出的是，稳态误差 e_{ss} 为负，表示反馈信号比输入信号大，这是由于 $N(s)$ 的加入使得输出量增大，反馈量也随之加大引起的。

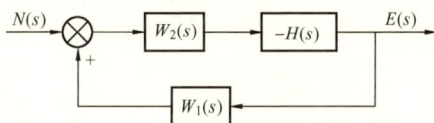

图 3-32 控制系统结构图

【例 3-8】 控制系统结构如图 3-32 所示，已知输入信号 $r(t)=t$，干扰信号 $n(t)=1(t)$，试计算系统的稳态误差。

解 由图 3-32 可求得系统的开环传递函数为

$$W_K(s) = \frac{7.5}{s(2s+1)(0.1s+1)}$$

可见，系统为 I 型系统，令 $n(t)=0$ 当 $r(t)=t$ 时，给定稳态误差为

$$e_{ss1} = \frac{1}{k_v} = \frac{1}{K} = \frac{1}{7.5} = 0.134$$

令 $r(t) = 0$,当 $n(t) = 1(t)$ 时

$$e_{ss} = -\lim_{s \to 0} s \frac{-W_2(s)H(s)N(s)}{1 + W_1(s)W_2(s)H(s)} = -\lim_{s \to 0} s \frac{\dfrac{2.5}{s(2s+1)}}{1 + \dfrac{3}{0.1s+1} \times \dfrac{2.5}{s(2s+1)}}$$

所以

$$e_{ss2} = -\frac{1}{3} = -0.334$$

根据线性叠加原理,系统在输入信号及干扰信号同时作用下的稳态误差为

$$e_{ss} = |e_{ss1}| + |e_{ss2}| = 0.134 + 0.334 = 0.468$$

三、减小稳态误差的方法

为了减小系统的给定或扰动稳态误差,一般经常采用的方法是提高系统开环传递函数中的串联积分环节的阶次 N,或增大系统的开环放大系数 K_K。但是 N 值一般不超过 2,K_K 值也不能任意增大,否则系统不稳定。为了进一步减小给定和扰动误差,可以采用补偿控制方法。在作用于控制对象的控制信号中,除了偏差信号外,还引入与扰动或给定量有关的补偿信号,以提高系统的控制精度,减小误差。

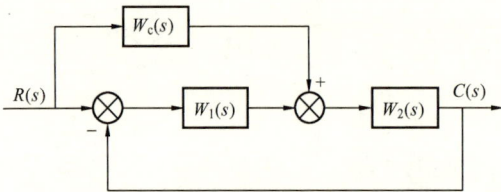

图 3 - 33 按给定补偿的复合控制系统

1. 按给定进行补偿

在图 3 - 33 所示的复合控制系统中,给定量 $R(s)$ 通过补偿校正装置 $W_c(s)$,对系统进行开环控制,以减小给定信号引起的稳态误差。

这时系统的稳态误差为

$$\begin{aligned}
E(s) &= R(s) - C(s) = R(s)[1 - W_B(s)] \\
&= R(s)\left[1 - \frac{W_1(s)W_2(s) + W_2(s)W_c(s)}{1 + W_1(s)W_2(s)}\right] \\
&= \frac{1 - W_c(s)W_2(s)}{1 + W_1(s)W_2(s)}R(s)
\end{aligned} \tag{3-46}$$

可见,若使 $1 - W_c(s)W_2(s) = 0$,则有 $E(s) = 0$,即当取 $W_c(s) = \dfrac{1}{W_2(s)}$ 时,可使系统的输出 $c(t)$ 始终等于其输入 $r(t)$,无误差产生。这种将误差完全补偿的作用称为全补偿,如图 3 - 33 所示。

2. 按干扰进行补偿

在图 3 - 34 所示的复合控制系统中,为了减小扰动信号引起的误差,利用扰动信号经过 $W_c(s)$ 来进行补偿。

设

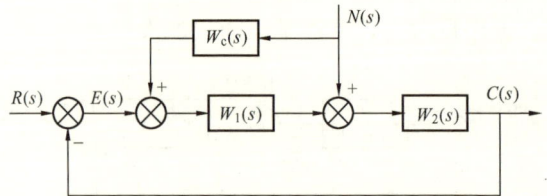

图 3 - 34 按干扰补偿的复合控制系统

$$R(s) = 0$$

$$E(s) = -C(s) = -\frac{W_2(s)[1 + W_c(s)W_1(s)]}{1 + W_1(s)W_2(s)}N(s)$$

可见，要使 $E(s) = 0$，必须满足

$$1 + W_c(s)W_1(s) = 0 \qquad\qquad (3\text{-}47)$$

即取

$$W_c(s) = -\frac{1}{W_1(s)}$$

就可实现完全补偿。

在工程实践中，上述两种完全补偿的条件一般难于全部满足，而只能近似地实现。虽然在实践中采用的补偿是近似的，但它对改善系统的稳态性能仍能产生十分有效的作用。

小　　结

(1) 自动控制系统一般不但要具有足够的稳定性，还应有较高的稳态控制精度和较快的响应过程。为了评价这三方面的性能，在典型输入信号下定义了反映系统稳、准、快三方面性能的指标。通常是以系统阶跃响应的超调量，调整时间和稳态误差等性能指标来评价系统性能的优劣。

(2) 时域分析是通过直接求解系统在典型输入信号作用下的时域响应来分析系统的性能的。一阶系统和二阶系统是时域分析法重点分析的两类系统。

一阶系统的单位阶跃响应是单调递增的。

二阶系统在欠阻尼时的响应虽有振荡，但只要阻尼比 ζ 取值适当，则系统既有响应的快速性，又有过渡过程的平稳性，因而在控制工程中常把二阶系统设计为欠阻尼。

对于高阶系统，如果系统中含有一对闭环主导极点，则该系统的瞬态响应就可以近似地用这对主导极点所描述的二阶系统来表征。

(3) 系统能正常工作的首要条件是系统稳定。线性定常系统的稳定性是系统的一种固有特性，它仅取决于系统的结构和参数，与外加信号的形式和大小无关。可采用劳斯判据来判断系统的稳定性，劳斯判据是不用求根便能直接判别系统稳定性的方法，它只回答特征方程式的根在 S 平面上的分布情况，而不能确定根的具体数值。

(4) 稳态误差是衡量系统控制精度的性能指标。稳态误差可分为由给定信号引起的误差以及由扰动信号引起的误差两种。稳态误差也可用误差系数来表述。系统的稳态误差主要是由积分环节的个数和开环增益来确定的。为了提高精度等级，可增加积分环节的数目，为了减小有限误差，可增加开环增益。但这两种方法都会使系统的稳定性变差，甚至导致系统不稳定。而采用补偿的方法，则可在保证稳定性的前提下减小稳态误差。

习　　题

3-1　典型一阶系统的闭环传递函数为 $W_B(s) = \dfrac{1}{Ts+1}$，试求系统的单位阶跃和单位斜坡响应。

3-2　设系统的闭环传递函数 $W_B(s) = \dfrac{1}{Ts+1}$，当输入单位阶跃信号时，经 15s 系统响应达到稳态值的 98%，试确定系统的时间常数 T 及开环传递函数 $W_K(s)$。

3-3　设一单位反馈控制系统的开环传递函数为 $W_k(s) = \dfrac{1}{s(s+1)}$，试求系统的单位阶跃响应及动态性能指标 $\delta\%$、t_r、t_s、N。

3-4　已知系统的单位阶跃响应为 $C(t) = 1 - 1.8e^{-4t} + 0.8e^{-9t}$，求：

(1) 系统的闭环传递函数；

(2) 系统的阻尼比和无阻尼自然振荡角频率。

3-5　已知单位负反馈二阶系统的阶跃响应曲线如图 3-35 所示。试确定系统的开环传递函数。

3-6　控制系统如图 3-36 所示。

(1) 若 $H(s) = 1$，试求系统的 t_s 和 $\delta\%$；

(2) 若 $H(s) = 1 + 0.8s$，试求系统的 t_s 和 $\delta\%$。

图 3-35　习题 3-5 图　　　　　　　图 3-36　习题 3-6 图

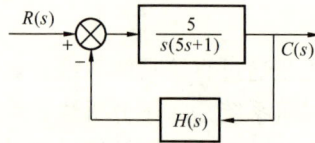

3-7　已知单位负反馈系统的开环传递函数 $W_K(s) = \dfrac{K}{s(Ts+1)}$，若要求 $\delta\% \leqslant 16\%$，$t_s = 6s$（$\pm 5\%$ 误差带），试确定 K、T 值。

3-8　设控制系统如图 3-37 所示。若要求超调量等于 16.3%，峰值时间为 0.9s，试确定 K 与 T_d 值，并确定此时的上升时间及调节时间。

图 3-37　习题 3-8 图　　　　　　　图 3-38　习题 3-9 图

3-9　闭环系统的结构如图 3-38 所示。若要求 $\zeta = 0.707$，则参数 τ 应如何选择？

3-10　闭环系统的特征方程式如下，试用劳斯判据判断系统的稳定性。

(1) $s^3 + 20s^2 + 4s + 50 = 0$；

(2) $s^3 + 20s^2 + 4s + 100 = 0$；

(3) $s^4 + 2s^3 + 6s^2 + 8s + 8 = 0$；

(4) $2s^5 + s^4 + 15s^3 + 25s^2 + 2s - 7 = 0$；

(5) $s^5 + 3s^4 + 12s^3 + 24s^2 + 32s + 48 = 0$。

3-11　单位反馈系统的开环传递函数为 $W_K(s) = \dfrac{K_K(0.5s+1)}{s(s+1)(0.5s^2+s+1)}$，试确定使系

统稳定的 K_K 值范围。

3-12 已知系统的结构图如图 3-39 所示，试用劳斯判据确定使系统稳定的 τ 值范围。

3-13 已知单位反馈系统的开环传递函数如下：

(1) $W_K(s) = \dfrac{10}{(0.1s+1)(0.5s+1)}$;

(2) $W_K(s) = \dfrac{7(s+1)}{s(s+4)(s^2+2s+2)}$;

(3) $W_K(s) = \dfrac{8(0.5s+1)}{s^2(0.1s+1)}$ 。

试计算 $r(t)$ 为下列函数时的稳态误差。

(1) $r(t) = 1(t)$;

(2) $r(t) = 1(t) + t$;

(3) $r(t) = 2 + 4t + \dfrac{1}{2}t^2$ 。

图 3-39 习题 3-12 图

3-14 某闭环反馈控制系统的动态结构图如图 3-40 所示。

(1) 求当 $\delta\% \leqslant 20\%$, t_s (5%) = 1.8s 时，系统的参数 K 及 τ 值。

(2) 求上述系统的位置误差系数 k_p、速度误差系数 k_v、加速度误差系数 k_a 及其相应的稳态误差。

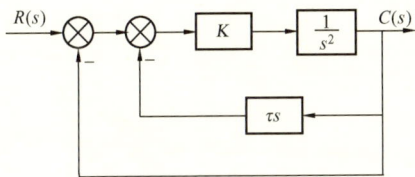

3-15 系统如图 3-41 所示。为了使系统在 $r(t) = t^2$ 时的稳态误差不大于 $\dfrac{1}{10}$ ，同时系统要稳定，试确定 τ 和 K 的取值。

图 3-40 习题 3-14 图

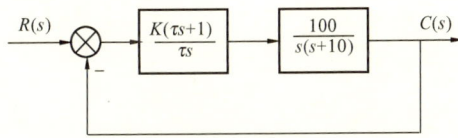

图 3-41 习题 3-15 图

3-16 系统的结构如图 3-42 所示。欲保证 $\zeta=0.7$ 和单位斜坡函数输入时稳态误差 $e_{ss}=0.25$，试确定 K 和 τ 的取值。

3-17 系统的结构如图 3-43 所示。求 $n_1(t) = n_2(t) = 1(t)$ 时，系统的稳态误差。

图 3-42 习题 3-16 图

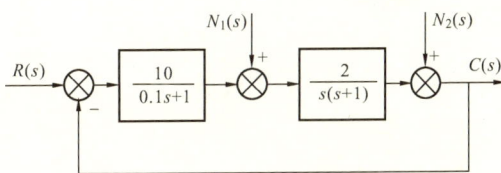

图 3-43 习题 3-17 图

3-18 控制系统如图 3-44 所示。试计算 $n(t) = A1(t)$ 时，系统的稳态误差。

3-19 复合控制系统如图 3-45 所示。问应怎样选择传递函数 $W_c(s)$，才能使系统的稳态误差为零？

图 3-44 习题 3-18 图

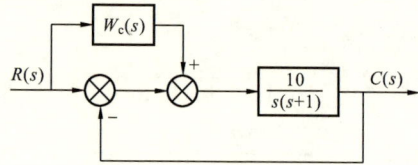

图 3-45 习题 3-19 图

3-20 某系统如图 3-46 所示，其中 K_1、K_2 为常数，$\beta \geqslant 0$。试分析：

(1) β 值对稳定性的影响；

(2) β 值对 t_s 及 $\delta\%$ 的影响；

(3) β 值对 $r(t) = At$ 时稳态误差的影响。

图 3-46 习题 3-20 图

第四章　控制系统的频域分析法

用时域法分析自动控制系统，可以非常直观地观察出输出量随时间变化的情况，尤其适用于二阶系统性能的分析和计算。但用时域分析法分析高阶系统时，由于求解微分方程的工作量大，系统结构或参数同系统动态性能之间没有明确的关系，因而不易看出系统结构或参数对动态性能的影响，当系统的动态性能不能满足要求时，很难确定采取什么样的措施来改进。

本章讨论的频域分析法是用频率特性分析系统的一种工程方法。它可以间接揭示系统的性能，能迅速地判断出某个环节或参数对系统性能的影响，同时频率特性可通过实验方法获取，对于那些很难从物理（或化学）规律出发得到数学模型的环节和系统，有很大的实际意义。

第一节　频率特性的基本概念

一、频率特性定义

为了说明频率特性的概念，首先研究一下图 4-1 所示 RC 电路的正弦响应。

图 4-1　RC 电路

设输入信号 $u_1(t) = U_{1m}\sin\omega t$，从交流电路理论知道，其稳态输出电压 $u_2(t)$ 是与输入电压同频率的正弦振荡，但幅值和相位与输入信号不同。输出电压为

$$\dot{U}_2 = \frac{\dfrac{1}{\mathrm{j}\omega C}}{R + \dfrac{1}{\mathrm{j}\omega C}}\dot{U}_1 = \frac{1}{1 + \mathrm{j}\omega RC}\dot{U}_1 \tag{4-1}$$

$$\frac{\dot{U}_2}{\dot{U}_1} = \frac{1}{1 + \mathrm{j}\omega RC} = \frac{1}{1 + \mathrm{j}\omega T} = \frac{1}{\sqrt{1 + (\omega T)^2}}\mathrm{e}^{\mathrm{j}\varphi} \tag{4-2}$$

式中　T——电路时间常数，$T = RC$；

φ——u_2 与 u_1 的相位差，$\varphi = -\arctan\omega T$。

由式（4-2）得出稳态输出电压的时域表达式为

$$u_2(t) = \frac{U_{1m}}{\sqrt{1 + (\omega T)^2}}\sin[\omega t + \varphi(\omega)] \tag{4-3}$$

定义

$$W(\mathrm{j}\omega) = \frac{\dot{U}_2}{\dot{U}_1} = \frac{1}{1 + \mathrm{j}\omega T}$$

$W(\mathrm{j}\omega)$ 即为图 4-1 所示电路的频率特性，$|W(\mathrm{j}\omega)| = \dfrac{1}{\sqrt{1 + (\omega T)^2}}$ 称为幅频特性，$\varphi(\omega) = -\mathrm{arctg}^{-1}\omega T$ 称为相频特性。RC 电路的幅频特性和相频特性曲线如图 4-2 所示。

图 4-2　RC 电路的幅频特性和相频特性

对于上述的 RC 电路，其阶跃响应没有超调，因而其动态性能指标主要是调节时间 t_s，RC 电路的时间常数 T 越大，快速性越差。反映在 RC 电路的幅频特性曲线上，表现为幅值 $\dfrac{1}{\sqrt{1+(\omega T)^2}}$ 随外加信号频率 ω 的增加很快衰减，也就是说，利用幅值衰减的快慢可以衡量其动态响应的快速性。因此，系统（或环节）的动态性能可以在频率特性上反映出来。

依据对 RC 电路的分析，对频率特性可作如下定义：

对于线性定常系统（或环节），当输入信号为正弦量时，在稳态情况下，输出信号是与输入信号同频率的正弦量，它们的振幅比和相位差都是频率 ω 的函数。输出与输入的振幅比用 $A(\omega)$ 表示，称为幅频特性，输出与输入的相位差用 $\varphi(\omega)$ 表示，称之为相频特性，幅频特性与相频特性综合在一起称为系统（或环节）的频率特性，它等于稳态输出正弦量与输入正弦量的复数比，如用 $W(\mathrm{j}\omega)$ 表示，则有

$$W(\mathrm{j}\omega) = A(\omega)\mathrm{e}^{\mathrm{j}\varphi(\omega)} \tag{4-4}$$

$W(\mathrm{j}\omega)$ 描述了在不同频率下系统（或环节）传递正弦信号的特性。

对比上面 RC 电路的频率特性和传递函数可发现，只要把传递函数中的 s 以 $\mathrm{j}\omega$ 代替，就得到频率特性，即

$$W(\mathrm{j}\omega) = \frac{1}{1+Ts}\bigg|_{s=\mathrm{j}\omega} \tag{4-5}$$

可以证明，上述结论对于稳定的线性定常系统（或环节）都是成立的。

频率特性与传递函数一样，表示了系统的运动特性，它是数学模型的一种表示形式。

二、频率特性的几何表示法

系统（或环节）频率特性的表示方法很多，其本质都是一样的，只是表示形式不同而已。常用的几何表示方法有：幅相频率特性、对数频率特性和对数幅相特性。

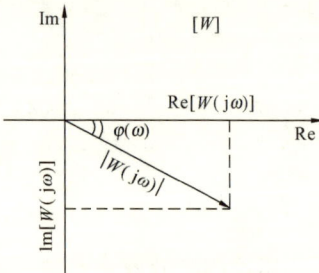

图 4-3　$W(\mathrm{j}\omega)$ 矢量图

1. 幅相频率特性

频率特性 $W(\mathrm{j}\omega)$ 是一个复数，它可以表示成模和幅角的形式，也可以表示成实部与虚部的形式，即

$$W(\mathrm{j}\omega) = |W(\mathrm{j}\omega)|\,\mathrm{e}^{\mathrm{j}\varphi(\omega)} \tag{4-6}$$

或

$$W(\mathrm{j}\omega) = \mathrm{Re}W(\mathrm{j}\omega) + \mathrm{j}\mathrm{Im}W(\mathrm{j}\omega) \tag{4-7}$$

它们之间的关系可由图 4-3 所示的矢量图得到，即

$$\mathrm{Re}[W(\mathrm{j}\omega)] = |W(\mathrm{j}\omega)|\cos[\varphi(\omega)] \tag{4-8}$$

$$\mathrm{Im}[W(\mathrm{j}\omega)] = |W(\mathrm{j}\omega)|\sin[\varphi(\omega)] \tag{4-9}$$

当 ω 从零至无穷大变化时，频率特性的模和幅角均随之变化，矢量端点便在复平面上画出一条轨迹。这条轨迹反映了模与幅角之间的关系，称之为幅相频率特性曲线或奈奎斯特（H. Nyquist）曲线，这个图形称之为幅相频率特性图或奈奎斯特图，简称奈氏图。RC 电路奈氏图如图4-4所示。

2. 对数频率特性

幅相频率特性是一个以 ω 为参变量的图形，不便于定量分析，因此，工程上常常将 $A(\omega)$ 和 $\varphi(\omega)$ 分别表示在两个图上，且由于这两个图在刻度上的特点，因而被称为对数频率特性（波德图）。

图 4-4　RC 电路奈氏图

对数幅频特性的横坐标按 $\lg\omega$ 均匀刻度，ω 和 $\lg\omega$ 的对应关系如图 4-5 所示。从图中可以看出，ω 每变化 10 倍，对数坐标变化一个单位。ω 的数值变化 10 倍在对数坐标上的长度称为十倍频程，并用英文缩写"dec"表示。

图 4-5 对数坐标

对数幅频特性的纵坐标按 $20\lg|W(j\omega)|$ 均匀刻度，其单位是分贝（dB），并用符号 $L(\omega)$ 表示，即

$$L(\omega) = 20\lg|W(j\omega)| = 20\lg A(\omega) \qquad (dB)$$

对数相频特性的纵坐标为 $\varphi(\omega) = \angle W(j\omega)$，按度或弧度均匀刻度。

RC 电路的对数频率特性如图 4-6 所示。

3. 对数幅相特性

将对数幅频特性和对数相频特性合起来描绘成一条曲线，其纵坐标为 $L(\omega)$，横坐标为 $\varphi(\omega)$，ω 为参变量。RC 网络的对数幅相特性如图 4-7 所示。

图 4-6 RC 电路对数频率特性

图 4-7 RC 电路对数幅相特性

上述三种表示方法中，幅相频率特性在一条曲线上同时给出了频率特性的模及幅角随 ω 的变化关系，看起来清楚，但作图复杂；对数频率特性作图方便，工程上经常使用；对数幅相特性使用较少。

第二节 典型环节的频率特性

一、比例环节

比例环节的传递函数为

$$W(s) = K \qquad (4-10)$$

其频率特性为

$$W(j\omega) = K \qquad (4-11)$$

幅频特性为

$$A(\omega) = K$$

图 4-8 比例环节
幅相频率特性

相频特性为

$$\varphi(\omega) = 0°$$

1. 幅相频率特性

由于其幅值和相角均与 ω 无关，所以呈现的幅相频率特性就是实轴上的一个点 $(K, \text{j}0)$，如图 4-8 所示。

2. 对数频率特性

对数幅频特性为

$$L(\omega) = 20\lg K \tag{4-12}$$

$L(\omega)$ 为一条高为 $20\lg K$ 的水平直线，改变 K 值，$L(\omega)$ 的位置上下移动。

对数相频特性为

$$\varphi(\omega) = 0° \tag{4-13}$$

对数频率特性如图 4-9 所示。

二、惯性环节

惯性环节传递函数为

$$W(s) = \frac{1}{Ts+1} \tag{4-14}$$

其频率特性为

$$W(\text{j}\omega) = \frac{1}{\text{j}\omega T+1} \tag{4-15}$$

幅频特性为

$$A(\omega) = \frac{1}{\sqrt{(\omega T)^2+1}}$$

图 4-9 比例环节对数频率特性

相频特性为

$$\varphi(\omega) = -\arctan\omega T$$

1. 幅相频率特性

将频率特性分解为实部和虚部，即

$$W(\text{j}\omega) = u + \text{j}v$$

式中

$$u = \frac{1}{(T\omega)^2+1} \tag{4-16}$$

$$v = \frac{-T\omega}{(T\omega)^2+1} \tag{4-17}$$

式（4-17）除以式（4-16），得

$$T\omega = -\frac{v}{u} \tag{4-18}$$

将式（4-18）代入式（4-16），有

$$u = \frac{1}{\left(\dfrac{v}{u}\right)^2+1}$$

即

$$u^2 - u + v^2 = 0$$

将上式配方之后得

$$\left(u-\frac{1}{2}\right)^2+v^2=\left(\frac{1}{2}\right)^2 \tag{4-19}$$

由式（4-19）可知，惯性环节的幅相频率特性为圆，其圆心为$\left(\frac{1}{2}, \mathrm{j}0\right)$，半径为$\frac{1}{2}$。惯性环节幅相频率特性如图4-10所示。

2. 对数频率特性

惯性环节的对数幅频特性为

$$L(\omega)=20\lg\frac{1}{\sqrt{(T\omega)^2+1}}=-20\lg\sqrt{(T\omega)^2+1} \tag{4-20}$$

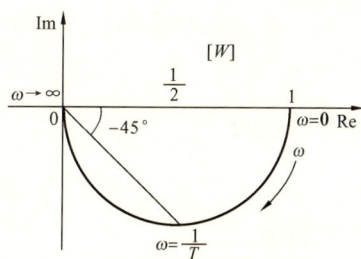

图4-10 惯性环节幅相频率特性

给出不同的ω值，计算出相应的对数幅值，即可绘出对数幅频特性曲线。但在实际分析计算时，常用渐近线表示对数幅频特性。

当$\omega T\ll1$，即$\omega\ll\frac{1}{T}$时，$L(\omega)\approx0\mathrm{dB}$，即对数幅频特性的低频段渐近线为0dB线。

当$\omega T\gg1$，即$\omega\gg\frac{1}{T}$时，$L(\omega)\approx-20\lg T\omega$，它是一条斜率为$-20\mathrm{dB/dec}$与横轴交于$\omega=\frac{1}{T}$的直线。

上述两直线为对数幅频特性的渐近线，由此两直线构成的折线称为惯性环节的渐近对数幅频特性，两直线的交点$\omega=\frac{1}{T}$称为转折频率。

以渐近线代替准确曲线将产生误差，越靠近转折频率，误差越大，在$\omega=\frac{1}{T}$处误差最大，其值为3dB，这是因为渐近线在转折频率处的对数幅频特性的函数值为

$$L\left(\omega=\frac{1}{T}\right)=0$$

而准确曲线在转折频率处的函数值为

$$L\left(\omega=\frac{1}{T}\right)=20\lg\frac{1}{\sqrt{1+(\omega T)^2}}=-3(\mathrm{dB})$$

图4-11 惯性环节对数频率特性

惯性环节对数幅频特性如图4-11所示。由图4-11可以看出，惯性环节具有高频衰减特性，因此，可以把数学模型为惯性环节的元件作为低通滤波器。

惯性环节的相频特性为

$$\varphi(\omega)=-\arctan\omega T \tag{4-21}$$

当$\omega=0$时，$\varphi(0)=0°$；在$\omega=\frac{1}{T}$处，$\varphi\left(\frac{1}{T}\right)=-45°$；当$\omega=\infty$时，$\varphi(\infty)=-90°$，再计算几个数据，便可绘制对数相频特性曲线。

从式（4-21）知，由于相角是以反正切函数表示的，所以相角对 $\varphi=-45°$ 点是斜对称的。惯性环节对数相频特性如图 4-11 所示。

三、积分环节

积分环节传递函数为

$$W(s) = \frac{1}{s}$$

其频率特性为

$$W(j\omega) = \frac{1}{j\omega} \tag{4-22}$$

幅频特性为

$$A(\omega) = \frac{1}{\omega}$$

相频特性为

$$\varphi(\omega) = -\frac{\pi}{2}$$

图 4-12　积分环节
幅相频率特性

1. 幅相频率特性

它的幅相频率特性如图 4-12 所示。其幅值与 ω 成反比，相角为 $-\frac{\pi}{2}$，当 $0 \leqslant \omega \leqslant \infty$ 时，幅相频率特性为整个负虚轴。

2. 对数频率特性

对数幅频特性为

$$L(\omega) = 20\lg\frac{1}{\omega} = -20\lg\omega \tag{4-23}$$

由式（4-23）可知，积分环节的对数幅频特性为过横轴 $\omega=1$ 处，斜率为 -20dB/dec 的直线。

对数相频特性为

$$\varphi(\omega) = -\frac{\pi}{2}$$

它是一条平行于 ω 轴的直线，纵坐标为 $-\frac{\pi}{2}$。

积分环节对数频率特性如图 4-13 所示。

四、微分环节

微分环节的传递函数为

$$W(s) = s$$

其频率特性为

$$W(j\omega) = j\omega \tag{4-24}$$

幅频特性为

$$A(\omega) = \omega$$

相频特性为

$$\varphi(\omega) = \frac{\pi}{2}$$

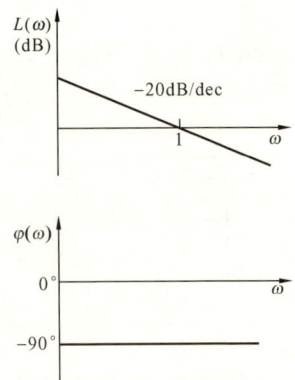

图 4-13　积分环节
对数频率特性

1. 幅相频率特性

它的幅相频率特性如图 4-14 所示。其幅值与 ω 成正比，相角恒为 $+\frac{\pi}{2}$，所以当 $0 \leqslant \omega$

≤∞ 时，幅相频率特性为整个正虚轴。

2. 对数频率特性

对数幅频特性为

$$L(\omega) = 20\lg\omega \qquad (4-25)$$

可见，它是交于 $\omega=1$，斜率为 20dB/dec 的直线。

对数相频特性为

$$\varphi(\omega) = \frac{\pi}{2} \qquad (4-26)$$

它是一条平行于 ω 轴的直线，纵坐标为 $\frac{\pi}{2}$。

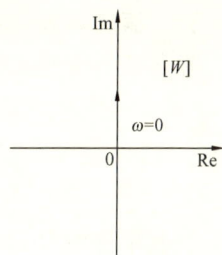

图 4-14 微分环节幅相频率特性

微分环节对数频率特性如图 4-15 所示。

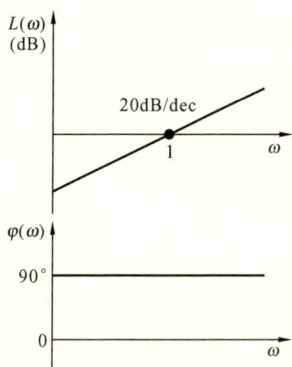

图 4-15 微分环节对数频率特性

五、一阶微分环节

一阶微分环节的传递函数为

$$W(s) = Ts + 1$$

其频率特性为

$$W(j\omega) = 1 + j\omega T \qquad (4-27)$$

幅频特性为

$$A(\omega) = \sqrt{1 + (\omega T)^2}$$

相频特性为

$$\varphi(\omega) = \text{tg}^{-1}\omega T$$

1. 幅相频率特性

$1+j\omega T$ 的幅相频率特性是在复平面上由 (1, j0) 点出发，平行于虚轴向上的一条直线，如图 4-16 所示。

2. 对数频率特性

对数频率特性为

$$L(\omega) = 20\lg\sqrt{1 + (\omega T)^2} \qquad (4-28)$$

对数相频特性为

$$\varphi(\omega) = \arctan\omega T \qquad (4-29)$$

比较式（4-20）和式（4-28），式（4-21）和式（4-29）可知，一阶微分环节对数幅频特性和对数相频特性与惯性环节的对数幅频特性和对数相频特性都对称于横轴。一阶微分环节对数幅频特性如图 4-17 所示。

图 4-16 一阶微分环节幅相频率特性

图 4-17 一阶微分环节对数幅频特性

六、振荡环节

振荡环节传递函数为

$$W(s) = \frac{1}{\dfrac{s^2}{\omega_n^2} + 2\zeta\dfrac{s}{\omega_n} + 1} \qquad (0 < \zeta < 1)$$

其频率特性为

$$W(j\omega) = \frac{1}{1 - \left(\dfrac{\omega}{\omega_n}\right)^2 + j2\zeta\dfrac{\omega}{\omega_n}} \qquad (4\text{-}30)$$

幅频特性为

$$A(\omega) = \frac{1}{\sqrt{\left[1 - \left(\dfrac{\omega}{\omega_n}\right)^2\right]^2 + \left(2\zeta\dfrac{\omega}{\omega_n}\right)^2}} \qquad (4\text{-}31)$$

相频特性为

$$\varphi(\omega) = -\arctan\frac{2\zeta\dfrac{\omega}{\omega_n}}{1 - \left(\dfrac{\omega}{\omega_n}\right)^2} \qquad (4\text{-}32)$$

1. 幅相频率特性

振荡环节有阻尼比 ζ 和无阻尼自然振荡角频率 ω_n 两个特征参数。当阻尼比为常数时，频率特性是相对效率 (ω/ω_n) 的函数。振荡环节几个特征点见表 4-1。

表 4-1　　振荡环节的几个特征点

ω	0	ω_n	∞
$A(\omega)$	1	$\dfrac{1}{2\zeta}$	0
$\varphi(\omega)$	0	$-\dfrac{\pi}{2}$	$-\pi$

由表 4-1 可知，振荡环节的幅相频率特性从实轴 $(1，j0)$ 点开始，最后在第三象限和负实轴相切并交于原点，且不论 ζ 如何，幅相频率特性与虚轴交点处的频率都是 ω_n，如图 4-18 所示。

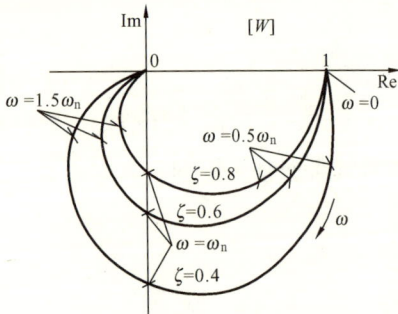

图 4-18　振荡环节幅相频率特性

2. 对数频率特性

振荡环节对数幅频特性为

$$L(\omega) = 20\lg\frac{1}{\sqrt{\left[1 - \left(\dfrac{\omega}{\omega_n}\right)^2\right]^2 + \left(2\zeta\dfrac{\omega}{\omega_n}\right)^2}}$$

$$= -20\lg\sqrt{\left[1 - \left(\dfrac{\omega}{\omega_n}\right)^2\right]^2 + \left(2\zeta\dfrac{\omega}{\omega_n}\right)^2} \qquad (4\text{-}33)$$

给出 ζ 不同值，作出振荡环节的对数幅频特性曲线族，如图 4-19 所示。

振荡环节的对数幅频特性也可采用近似作法。当 $\omega/\omega_n \ll 1$，即 $\omega \ll \omega_n$ 时，$L(\omega) \approx$

0(dB)，它是一条与横轴重合的直线；当 $\omega/\omega_n \gg$ 1，即 $\omega \gg \omega_n$ 时，$L(\omega) \approx -20\lg\left(\dfrac{\omega}{\omega_n}\right)^2$，它是一条斜率为 -40dB/dec 交横轴于 ω_n 的直线。上述两直线是振荡环节对数幅频特性的渐近线，由此两直线衔接起来所构成的折线称为振荡环节的渐近对数幅频特性，两直线的交点 ω_n 称为转折频率（或交接频率）。

用渐近线代替准确曲线，在 $\omega = \omega_n$ 附近有较大的误差。当 $\omega = \omega_n$ 时，由渐近线得 $L(\omega) = 20\lg 1$，而用准确曲线时，$L(\omega) = 20\lg\dfrac{1}{2\zeta}$，与阻尼比 ζ 有关。只有在 $\zeta = 0.5$ 时才有 $L(\omega) = 20\lg 1$，而在 $\zeta \neq 0.5$ 时，$L(\omega) \neq 20\lg 1$。所以，渐近线作为对数幅频特性时，若 ζ 在 $0.4 \sim 0.7$ 之间，误差不大，而当 ζ 较小时，要考虑它有一个尖峰。

图 4-19 振荡环节对数频率特性

振荡环节的对数相频特性按式（4-32）逐点描迹绘出，如图 4-19 所示。由图可以看出，对数相频特性曲线随 ζ 值而异，但 $\omega = \omega_n$ 处的数值相同，其值为 $\varphi(\omega_n) = -90°$。

七、滞后环节

滞后环节传递函数为

$$W(s) = \text{e}^{-\tau s}$$

其频率特性为

$$W(\text{j}\omega) = \text{e}^{-\text{j}\omega\tau} \qquad (4-34)$$

幅频特性

$$A(\omega) = 1 \qquad (4-35)$$

相频特性

$$\varphi(\omega) = -\tau\omega \qquad (4-36)$$

1. 幅相频率特性

由式（4-35）、式（4-36）可知，滞后环节幅相频率特性为以坐标原点为圆心、半径为 1 的圆，如图 4-20 所示。

2. 对数频率特性

滞后环节对数幅频特性为

$$L(\omega) = 0\text{dB} \qquad (4-37)$$

对数相频特性为

$$\varphi(\omega) = -\omega\tau \qquad (4-38)$$

根据式（4-37）、式（4-38）绘出的对数频率特性如图 4-21 所示。

由滞后环节特性可见，在系统中增加滞后环节只影响相频特性而不影响幅频特性，频率越高，相位滞后越严重。

图 4-20　滞后环节幅、相频率特性

图 4-21　滞后环节对数频率特性

第三节　系统开环频率特性

一、幅相频率特性

【例 4-1】　设某 0 型系统开环传递函数为

$$W_K(s) = \frac{K}{(1+T_1 s)(1+T_2 s)}$$

试绘制该系统的开环幅相频率特性。

解　系统开环频率特性为

$$W_K(j\omega) = \frac{K}{(1+j\omega T_1)(1+j\omega T_2)} \tag{4-39}$$

开环幅频特性为

$$A(\omega) = K \frac{1}{\sqrt{1+(\omega T_1)^2}} \frac{1}{\sqrt{1+(\omega T_2)^2}} \tag{4-40}$$

开环相频特性为

$$\varphi(\omega) = 0° - \arctan\omega T_1 - \arctan\omega T_2 \tag{4-41}$$

给 $\omega(0\to\infty)$ 一系列值，如果 K、T_1、T_2 是已知值，则可计算出对应的 $A(\omega)$ 和 $\varphi(\omega)$，绘出开环幅相频率特性。它的起点和终点分别为

$$\lim_{\omega\to 0}W_K(j\omega) = K \underline{/0°}$$

$$\lim_{\omega\to\infty}W_K(j\omega) = 0 \underline{/-180°}$$

图 4-22　[例 4-1] 开环系统幅相频率特性

其幅相频率特性如图 4-22 所示。它从正实轴开始，以 $-180°$ 的角度进入坐标原点。可以看出，如果开环传递函数中除比例环节外还有 n 个惯性环节，则必有 $\lim_{\omega\to\infty}W_K(j\omega) = K \underline{/-90°} \times n$。图 4-23 上画出了 n 分别为 1~4 四种情况时，幅相曲线的大致形状。

如果传递函数不仅包含惯性环节和比例环节，而且包含一阶微分环节，则因 ω 从 $0\to\infty$ 一阶微分环节的相频特性从 0° 变到 90°，总的幅相曲线必有如下特点：

$$\lim_{\omega\to\infty}W_K(j\omega) = 0 \underline{/-90°} \times (n-m)$$

式中　m 和 n——一阶微分环节和惯性环节的个数。

幅相频率特性的变化也不再像图4-23所示曲线那样光滑，但0型系统的起点坐标不变。

$$W_K(s) = \frac{K(T_1 s + 1)}{(T_2 s + 1)(T_3 s + 1)(T_4 s + 1)}$$

则

$$\lim_{\omega \to 0} W_K(j\omega) = K \angle 0°$$

$$\lim_{\omega \to \infty} W_K(j\omega) = 0 \angle -90° \times (3-1) = 0 \angle -180°$$

当时间常数 T_2 和 T_3 大于 T_1，T_1 大于 T_4 时，幅相频率特性如图4-24所示。

图 4-23 n 个惯性环节串联的幅相特性

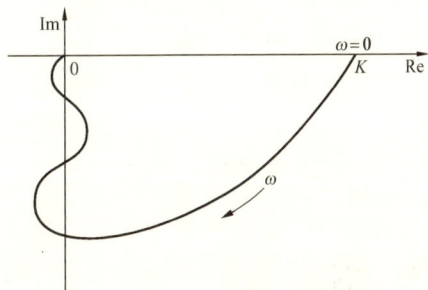

图 4-24 幅相频率特性

$$W_K(s) = \frac{K(T_1 s + 1)}{(T_2 s + 1)(T_3 s + 1)(T_4 s + 1)}$$

【例 4-2】 设某 I 型系统的开环传递函数为

$$W_K(s) = \frac{10}{s(2s+1)(s+1)}$$

试画出幅相频率特性曲线。

解 系统开环频率特性为

$$W_K(j\omega) = \frac{10}{j\omega(2j\omega+1)(j\omega+1)}$$

幅频特性为

$$A(\omega) = \frac{10}{\omega \sqrt{(2\omega)^2+1} \sqrt{\omega^2+1}}$$

相频特性为

$$\varphi(\omega) = -\frac{\pi}{2} - \arctan 2\omega - \arctan \omega$$

开环幅相频率特性的起点和终点分别为

$$\lim_{\omega \to 0} W_K(j\omega) = \infty \angle -90°$$

$$\lim_{\omega \to \infty} W_K(j\omega) = 0 \angle -270°$$

给 $\omega(0 \to \infty)$ 一系列值，求出 $A(\omega)$ 和 $\varphi(\omega)$ 数值，绘出其开环幅相频率特性如图4-25所示。它从负虚轴方向无穷远处开始，以 $-270°$ 的角度进入坐标原点。

图 4-25 ［例4-2］开环系统幅相频率特性

$\omega \to 0$ 时，曲线的渐近线不是虚轴，而是一条横坐标为 V_x 平行于虚轴的直线。V_x 求法如下：

先将 $W(j\omega)$ 的实部和虚部分开，即将 $W_K(j\omega)$ 写为

$$W_K(j\omega) = -\frac{30\omega^2}{9\omega^4 + \omega^2(1-2\omega^2)^2} - j\frac{10(1-2\omega^2)\omega}{9\omega^4 + \omega^2(1-2\omega^2)^2}$$

然后求 $\omega \to 0$ 时 $W(j\omega)$ 实部的极限，即

$$V_x = \lim_{\omega \to 0}\text{Re}[W(j\omega)] = -30$$

奈氏曲线与负实轴的交点坐标可用如下方法确定。

将频率特性分解为实部和虚部形式，然后令虚部为零，求出交点频率 ω_g，将 ω_g 代入实部即可求出交点坐标。

令 $\text{Im}[W(j\omega)] = 0$ 即

$$\frac{10(1-2\omega^2)\omega}{9\omega^4 + \omega^2(1-2\omega^2)} = 0$$

解出 $\omega_g = \frac{1}{\sqrt{2}}$，代入实部得

$$\text{Re}[W(j\omega)]\big|_{\omega_g=\frac{1}{\sqrt{2}}} = -6.7$$

通过上述讨论，可得开环系统幅相频率特征（奈氏图）的一般规律。

设开环频率特性的一般形式为

$$W_K(j\omega) = \frac{K(1+j\omega T_a)(1+j\omega T_b)\cdots}{(j\omega)^N(1+j\omega T_1)(1+j\omega T_2)\cdots}   (n \geqslant m)$$

则常见奈氏图有下列规律：

（1）ω 等于零时，奈氏图的特性由比例环节 K 和系统的类型（取决于 N）确定。不同类型系统的奈氏图的起始形状如图 4-26（a）所示。

图 4-26　系统的幅频特性图

(a) 不同系统低频区；(b) 不同系统高频区

（2）ω 趋于零时，I 型系统奈氏图渐近线是一条平行于虚轴的直线，其横坐标为

$$V_x = \lim_{\omega \to 0}\text{Re}[W(j\omega)]$$

II 型系统奈氏图渐近线是一条平行于实轴的直线，其纵坐标为

$$V_y = \lim_{\omega \to 0}\text{Im}[W(j\omega)]$$

（3）对于常见的控制系统，一般有 $n \geqslant m$，当 ω 趋于无穷时，对于最小相位系统频率特性为

$$\lim_{\omega \to \infty}W_K(j\omega) = 0 \underline{/-90°} \times (n-m)$$

即曲线以 $-90°(n-m)$ 的相角和原点相切，如图 4-26（b）所示。

（4）曲线与负实轴的交点频率和坐标可由实频特性及虚频特性求出。即令 $\mathrm{Im}[W(\mathrm{j}\omega)]=0$，求出 ω_g，代入实部求交点坐标。

（5）系统传递函数中不包含一阶微分环节时，奈氏曲线的相角连续地减少，是一条平滑曲线。反之，曲线的相角就不一定连续减少，曲线可能会有弯曲。

二、系统开环对数频率特性

若开环系统由 n 个典型环节串联组成，则其开环频率特性可写成

$$W_K(\mathrm{j}\omega) = W_1(\mathrm{j}\omega)W_2(\mathrm{j}\omega)W_3(\mathrm{j}\omega)\cdots W_n(\mathrm{j}\omega) \tag{4-42}$$

式中　　$W_1(\mathrm{j}\omega)$、$W_2(\mathrm{j}\omega)$、$\cdots$、$W_n(\mathrm{j}\omega)$——系统中各典型环节的频率特性。

开环系统幅频特性为

$$A(\omega) = A_1(\omega)A_2(\omega)\cdots A_n(\omega) \tag{4-43}$$

开环相频特性为

$$\varphi(\omega) = \varphi_1(\omega) + \varphi_2(\omega) + \cdots + \varphi_n(\omega) \tag{4-44}$$

对式（4-43）两边取对数再乘20，得

$$20\lg A(\omega) = 20\lg A_1(\omega) + 20\lg A_2(\omega) + \cdots + 20\lg A_n(\omega)$$

$$L(\omega) = L_1(\omega) + L_2(\omega) + \cdots + L_n(\omega) \tag{4-45}$$

由式（4-44）和式（4-45）可知，由 n 个典型环节串联组成的开环系统，其对数幅频特性和对数相频特性分别等于各典型环节的对数幅频特性之和及对数相频特性之和。

【例 4-3】　若系统开环传递函数为

$$W(s) = \frac{10(s+1)}{s(2s+1)\left(\dfrac{s^2}{400} + 0.7\dfrac{s}{20} + 1\right)}$$

试画出其开环对数频率特性。

解　该系统由五个典型环节组成：

比例环节　　　　　　　　　　$W_1(s) = 10$

积分环节　　　　　　　　　　$W_2(s) = \dfrac{1}{s}$

惯性环节　　　　　　　　$W_3(s) = \dfrac{1}{2s+1}$

一阶微分环节　　　　　　$W_4(s) = s+1$

振荡环节　　　　　　$W_5(s) = \dfrac{1}{\dfrac{s^2}{400} + 0.7\dfrac{s}{20} + 1}$

其对数幅频特性及对数相频特性分别为

$$L_1(\omega) = 20\lg 10 = 20(\mathrm{dB})$$

$$L_2(\omega) = -20\lg\omega$$

$$L_3(\omega) = -20\lg\sqrt{(2\omega)^2 + 1}$$

$$L_4(\omega) = 20\lg\sqrt{\omega^2 + 1}$$

$$L_5(\omega) = -20\lg\sqrt{\left[1 - \left(\frac{\omega}{20}\right)^2\right]^2 + \left(0.7\frac{\omega}{20}\right)^2}$$

及

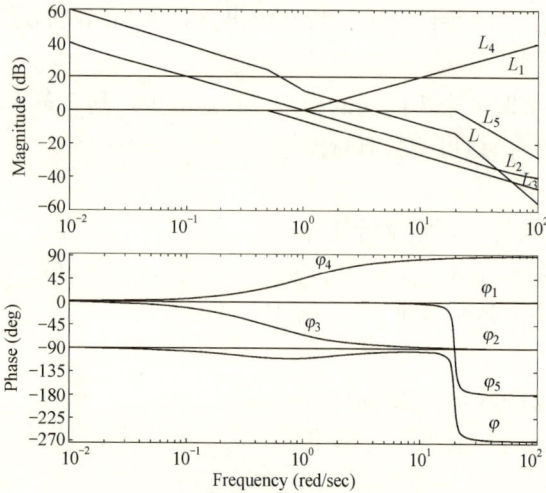

图 4 - 27　开环系统对数频率特性

$\varphi_1(\omega) = 0°$

$\varphi_2(\omega) = -90°$

$\varphi_3(\omega) = -\arctan 2\omega$

$\varphi_4(\omega) = \arctan\omega$

$\varphi_5(\omega) = -\arctan\dfrac{0.7\frac{\omega}{20}}{1-\frac{\omega^2}{400}}$

按照典型环节的对数频率特性的绘制方法绘制 $L_1(\omega)$、$L_2(\omega)$、$L_3(\omega)$、$L_4(\omega)$、$L_5(\omega)$ 和 $\varphi_1(\omega)$、$\varphi_2(\omega)$、$\varphi_3(\omega)$、$\varphi_4(\omega)$、$\varphi_5(\omega)$，并将其叠加得到 $L(\omega)$ 和 $\varphi(\omega)$，如图 4 - 27 所示。

由图 4 - 27 可以看出，开环系统对数幅频特性曲线有以下特点：

（1）$L(\omega)$ 曲线最低段的斜率等于 $-20N$ dB/dec。

（2）在 $\omega=1$rad/s 时，$L(\omega)$ 的最低段延长线的高度等于 $20\lg K$，这是因为 $L(\omega)$ 的低频段只考虑了积分环节和比例，而在 $\omega=1$rad/s 时，积分环节的对数幅频特性等于 0dB，故有此结论。

（3）如果各环节的对数幅频特性取渐近特性，那么开环系统的对数幅频特性为折线，折线的转折点频率为各环节的转折频率。

根据上述特点，得出绘制开环系统对数频率特性的步骤如下：

（1）在半对数坐标纸上标出横轴及纵轴刻度。

（2）在横轴上标出各典型环节的转折频率。

（3）计算 $20\lg K$ 值。

（4）在 $\omega=1$rad/s 处找到纵坐标等于 $20\lg K$ 的点，过该点作一斜率为 $-20V$ dB/dec 的直线。

（5）从所画的直线最左端向右延长，遇到惯性环节的转折频率，其斜率增加 -20 dB/dec，遇到振荡环节的转折频率，其斜率增加 -40 dB/dec，遇到一阶微分环节的转折频率，其斜率增加 $+20$ dB/dec，遇到二阶微分环节的转折频率，其斜率增加 $+40$ dB/dec，直至经过所有各典型环节的转折频率，便得 $L(\omega)$ 的渐近特性。

（6）如果欲画 $L(\omega)$ 的准确曲线，则应修正，特别是在振荡环节和二阶微分环节的转折频率附近，应注意修正。

（7）画出各典型环节的对数相频特性，代数相加之后便得开环系统的对数相频特性。

【例 4 - 4】　绘出开环传递函数为

$$W_K(s) = \frac{100(s+2)}{s(s+1)(s+20)}$$

的系统开环对数频率特性。

解　（1）将 $W(s)$ 中的各因式换成典型环节的标准形式，即

$$W(s) = \frac{10(1+0.5s)}{s(1+s)(1+0.05s)}$$

（2）$20\lg K = 20\text{dB}$。

（3）在横轴上自低而高标出各环节的转折频率 $\omega_1 = 1$，$\omega_2 = 2$，$\omega_3 = 20$。

（4）因为第一个转折频率 $\omega_1 = 1$，所以过 $[\omega_1 = 1，L(\omega) = 20\text{dB}]$ 点向左作斜率为 -20dB/dec 直线，过 ω_1 后斜率变为 -40dB/dec；当 $\omega_2 = 2$ 时斜率转为 -20dB/dec，向右当交至 $\omega_3 = 20$ 时，再转为 -40dB/dec，即得开环对数幅频特性渐近线。

系统开环对数相频特性为

$$\varphi(\omega) = -90° - \arctan\omega + \arctan 0.5\omega - \arctan 0.05\omega$$

该系统开环对数频率特性如图 4-28 所示。

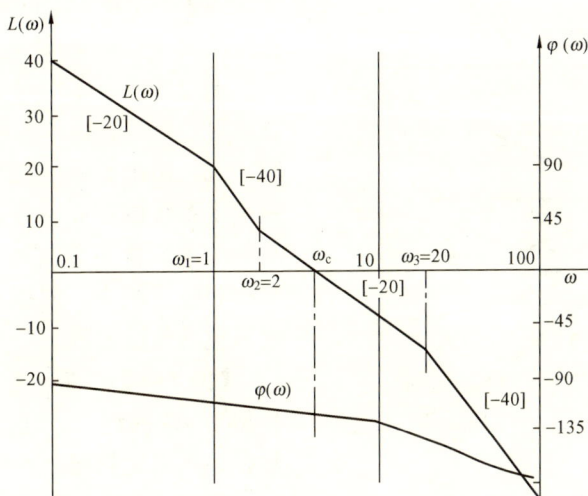

图 4-28　[例 4-4] 系统开环对数频率特性

系统开环对数幅频特性 $L(\omega)$ 通过 0 分贝线，即 $L(\omega_c) = 0$ 或 $A(\omega_c) = 1$ 时的频率 ω_c 称为穿越频率。穿越频率 ω_c 是开环对数相频特性的一个很重要的参量。

三、最小相位系统和非最小相位系统

在开环传递函数中，如果所有零点和极点均分布于 S 平面左侧，这样的系统称之为最小相位系统，反之为非最小相位系统。

【例 4-5】　设两个系统的开环传递函数分别为

$$W_a(s) = \frac{1 + T_1 s}{1 + T_2 s}$$

$$W_b(s) = \frac{1 - T_1 s}{1 + T_2 s}$$

其中，$0 < T_1 < T_2$。试画出两系统开环对数频率特性曲线，并分析其各自特点。

图 4-29　[例 4-5] 零极点图
(a) a 系统；(b) b 系统

解　图 4-29 (a) 和图 4-29 (b) 分别示出 $W_a(s)$ 和 $W_b(s)$ 的零极点图。从图中可知，$W_a(s)$ 的零极点均位于 S 平面虚轴左侧，为最小相位系统，$W_b(s)$ 有一个零点位于 S 平面右侧，为非最小相位系统。

它们的对数幅频和相频特性为

$$L_1(\omega) = L_2(\omega) = 20\lg\sqrt{1+(T_1\omega)^2} - 20\lg\sqrt{1+(T_2\omega)^2}$$

$$\varphi_1(\omega) = \arctan T_1\omega - \arctan T_2\omega$$

$$\varphi_2(\omega) = -\arctan T_1\omega - \arctan T_2\omega$$

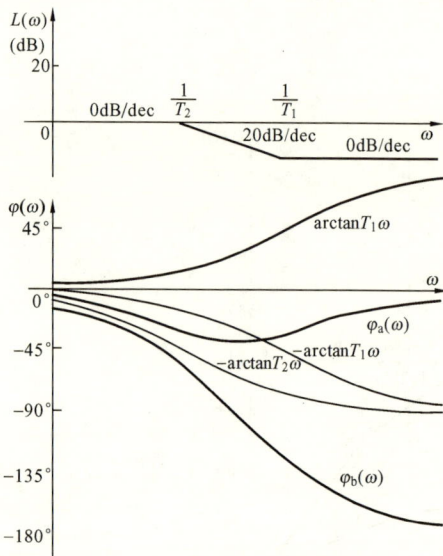

图 4-30　对数频率特性曲线

其对数频率特性如图 4-30 所示。从图中可知，两者对数幅频特性相同，但相频特性却有很大差别，$W_a(s)$ 的相角滞后比 $W_b(s)$ 的相角滞后小，即 $|\varphi_a(\omega)| < |\varphi_b(\omega)|$。

通过〔例 4-5〕分析可知，最小相位系统的对数幅频特性和相频特性是一一对应的。就是说，给出了系统的对数幅频特性，也就决定了系统的相频特性，仅之亦然。而非最小相位系统就不存在这种对应关系，所以在最小相位系统中，根据对数幅频特性就能写出系统的传递函数。

【例 4-6】　最小相位系统对数幅频特性如图 4-31 曲线（a）所示，试确定其传递函数，并画出对数相频特性。

解　（1）低频段斜率为 $-20\mathrm{dB/dec}$，所以系统有一个积分环节。

（2）在 $\omega=1$ 处，$L(\omega)=15\mathrm{dB}$，可求得 $K=5.6$。

（3）在 $\omega=2$ 处，渐近线斜率由 $-20\mathrm{dB/dec}$ 变为 $-40\mathrm{dB/dec}$，故系统有一个惯性环节，其时间常数 $T_1 = \dfrac{1}{2} = 0.5\mathrm{s}$。

（4）在 $\omega=7$ 处，渐近线斜率由 $-40\mathrm{dB/dec}$ 变成 $-20\mathrm{dB/dec}$，故系统有一个一阶微分环节，其时间常数 $T_2 = \dfrac{1}{7} = 0.143\mathrm{s}$。

根据上面分析，可写出该系统开环传递函数为

$$W(s) = \frac{5.6(0.143s+1)}{s(0.5s+1)}$$

（5）根据 $W(s)$ 画出的对数相频特性如图 4-31 曲线（b）所示。

图 4-31　〔例 4-6〕对数频率特性

【例 4-7】　最小相位系统对数幅频特性如图 4-32 曲线（a）所示，试确定其开环传递函数，并画出对数相频特性。

解　由图 4-32 曲线（a）可得系统传递函数为

$$W_{\mathrm{K}}(s) = \frac{K\left(\dfrac{1}{0.8}s+1\right)}{s^2\left(\dfrac{1}{30}s+1\right)\left(\dfrac{1}{50}s+1\right)}$$

其对数幅频特性为

$$L(\omega) = 20\lg K + 20\lg\sqrt{\left(\frac{\omega}{0.8}\right)^2+1} - 20\lg\omega^2$$

$$- 20\lg\sqrt{\left(\frac{\omega}{30}\right)^2+1} - 20\lg\sqrt{\left(\frac{\omega}{50}\right)^2+1}$$

由曲线 4-32（a）可以看出，渐近线在 $\omega=4$ 时通过横轴，此时 $L(\omega)=0$，上式可以写成

图 4-32　［例 4-7］对数频率特性

$$L(4) = 20\lg K + 20\lg\sqrt{\left(\frac{4}{0.8}\right)^2+1} - 20\lg 4^2$$

$$\approx 20\lg K + 20\lg\frac{4}{0.8} - 20\lg 4^2$$

$$= 0$$

由上式解出 $K=3.2$。根据 $W_{\mathrm{K}}(s)$ 画出的对数相频特性如图 4-32 曲线（b）所示。

　　如果系统开环传递函数中只包含前面所述的除滞后环节之外的其他典型环节时，因零、极点均位于 S 平面虚轴左侧，所以一定为最小相位系统。含有滞后环节的系统则属于非最小相位系统。因滞后环节可用幂级数展开为

$$\mathrm{e}^{-\tau s} = 1 - \tau s + \frac{\tau^2}{2!}s^2 - \frac{\tau^3}{3!}s^3 + \cdots$$

多项式系数有正，有负，所以传递函数中必定有位于 S 右半平向的零点。

　　【例 4-8】　已知 $W(s) = \dfrac{10}{s+1}\mathrm{e}^{-0.5s}$，绘制其开环对数频率特性。

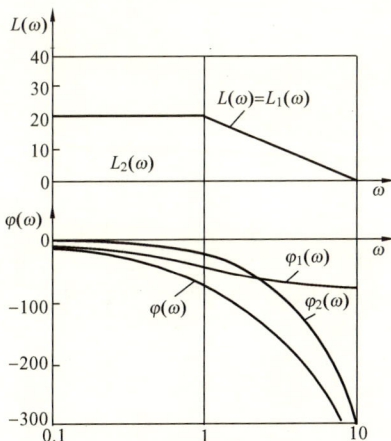

图 4-33　［例 4-8］系统
开环频率特性

解　系统开环频率特性为

$$W(\mathrm{j}\omega) = \frac{10}{1+\mathrm{j}\omega}\mathrm{e}^{-\mathrm{j}0.5\omega}$$

$$= W_1(\mathrm{j}\omega)W_2(\mathrm{j}\omega)$$

$$A_1(\omega) = \frac{10}{\sqrt{1+\omega^2}}$$

$$A_2(\omega) = 1$$

$$L(\omega) = L_1(\omega) + L_2(\omega)$$

$$= 20\lg\frac{10}{\sqrt{1+\omega^2}}$$

$$\varphi(\omega) = \varphi_1(\omega) + \varphi_2(\omega)$$

$$= -\arctan\omega - 0.5\omega$$

其开环对数频率特性如图 4-33 所示。由图中可以看出，$W_1(\mathrm{j}\omega)$ 与 $W(\mathrm{j}\omega)$ 的幅频特性相同，而相频特性却

大不一样，由于滞后环节的引入，使系统相角滞后显著增大。设 $\Delta\varphi(\omega) = \varphi(\omega) - \varphi_1(\omega)$，则有

$$\frac{\mathrm{d}[\Delta\varphi(\omega)]}{\mathrm{d}\omega} = -\tau$$

式中　τ——纯滞后时间，即 $W(\mathrm{j}\omega)$ 与 $W_1(\mathrm{j}\omega)$ 的相角之差随 ω 的增大有一恒定的相角变化率。

第四节　用开环频率特性分析系统稳定性

由系统时域分析方法可知，闭环系统稳定的充要条件是：系统闭环传递函数的所有极点均分布在 S 平面虚轴左侧。闭环系统的稳定性，可以运用系统的开环特性来判别，因为开环模型中包含了闭环的所有元部件，包含了所有环节的动态结构和参数。本节将讨论如何用频率特性曲线判别闭环系统的稳定性。

一、系统开环频率特性和闭环特征式的关系

系统稳定性决定于闭环特征根的性质，因此运用开环特性研究闭环的稳定性，应首先明确开环特性与闭环特征式的关系，并进而寻找开环特性与闭环特征根性质之间关系的规律性。

设系统为单位负反馈，其开环传递函数为 $W_K(s)$，则闭环传递函数为

$$W_B(s) = \frac{W_K(s)}{1+W_K(s)} \tag{4-46}$$

设

$$W_K(s) = \frac{M(s)}{N(s)} \tag{4-47}$$

则

$$W_B(s) = \frac{M(s)/N(s)}{1+M(s)/N(s)}$$
$$= \frac{M(s)}{N(s)+M(s)} \tag{4-48}$$

式中　$N(s)$、$N(s)+M(s)$ ——开环特征式和闭环特征式。

令

$$F(s) = 1+W_K(s) \tag{4-49}$$

将式（4-47）代入式（4-49）有

$$F(s) = 1+\frac{M(s)}{N(s)}$$
$$= \frac{N(s)+M(s)}{N(s)} \tag{4-50}$$

辅助函数 $F(s)$ 的分母为开环特征式，分子为闭环特征式。对于一个实际系统，开环传递函数分母阶次总是大于分子阶次，所以闭环特征式的阶次与开环特征式阶次是相同的，即闭环与开环特征根个数相同。

将 $s = \mathrm{j}\omega$ 代入式（4-50）得

$$F(\mathrm{j}\omega) = 1+W_K(\mathrm{j}\omega)$$
$$= \frac{N(\mathrm{j}\omega)+M(\mathrm{j}\omega)}{N(\mathrm{j}\omega)} \tag{4-51}$$

式（4-51）建立了系统开环频率特性和闭环特征式的关系。

二、幅角变化与系统稳定性之间的关系

设系统的特征方程为

$$N(s) = a_n s^n + a_{n-1} s^{n-1} + \cdots + a_1 s + a_0 = 0$$

如果 p_1、p_2、$\cdots$、p_n 为特征方程的根，上式可写成

$$N(s) = a_n(s - p_1)(s - p_2) \cdots (s - p_n)$$

令 $s = j\omega$，则有

$$N(j\omega) = a_n(j\omega - p_1)(j\omega - p_2) \cdots (j\omega - p_n)$$

以某一根 p_i 为例。在复平面上，当 ω 变化时，向量 $(j\omega - p_i)$ 的幅角也在变化，如果 p_i 位于虚轴左侧，如图 4 - 34 （a）所示，ω 由 $-\infty$ 至 $+\infty$ 变化时，向量 $(j\omega - p_i)$ 幅角变化为 $+\pi$。即

图 4 - 34 　$(j\omega - p_i)$ 向量

$$\underset{\omega: -\infty \to +\infty}{\angle(j\omega - p_i)} = \pi$$

如果 p_i 位于虚轴右侧，如图 4 - 34 （b）所示，ω 由 $-\infty$ 至 $+\infty$ 变化时，向量 $(j\omega - p_i)$ 幅角变化为 $-\pi$。即

$$\underset{\omega: -\infty \to +\infty}{\angle(j\omega - p_i)} = -\pi$$

如果特征根 $p_i \pm j\omega_i$ 为负实部的共轭复根，则

$$\underset{\omega: -\infty \to +\infty}{\angle[j\omega - (p_i + j\omega_i)]} + \underset{\omega: -\infty \to +\infty}{\angle[j\omega - (p_i - j\omega_i)]} = 2\pi$$

如果特征根 $p_i \pm j\omega_i$ 为正实部的共轭复根，则

$$\underset{\omega: -\infty \to +\infty}{\angle[j\omega - (p_i + j\omega_i)]} + \underset{\omega: -\infty \to +\infty}{\angle[j\omega - (p_i - j\omega_i)]} = -2\pi$$

总之，特征根实部为负，则向量 $j\omega - p_i$ 的平均幅角增量为 π；特征根实部为正，则平均幅角增量为 $-\pi$。

如果系统是稳定的，n 个根全部位于虚轴左侧，则有

$$\underset{\omega: -\infty \to +\infty}{\angle N(j\omega)} = n\pi$$

或写成

$$\underset{\omega: 0 \to +\infty}{\angle N(j\omega)} = n\frac{\pi}{2} \tag{4-52}$$

对于不稳定系统，设有 P 个根位于 S 平面虚轴右侧，其余 $(n-P)$ 个根位于 S 平面虚轴左侧，则有

$$\underset{\omega: -\infty \to +\infty}{\angle N(j\omega)} = (n-P)\pi - P\pi$$

$$= (n - 2P)\pi$$

或写成

$$\underset{\omega: 0 \to +\infty}{\angle N(j\omega)} = (n - 2P) \cdot \frac{\pi}{2} \tag{4-53}$$

由上面分析可知，如果 $N(j\omega)$ 向量的幅角变化在 ω 由 0 至 $+\infty$ 变化时等于 $n\frac{\pi}{2}$，则系统是稳定的，否则是不稳定的。

三、奈奎斯特稳定判据

奈奎斯特稳定判据揭示了系统开环幅相特性和系统闭环稳定性的本质联系。

由前面讨论可知，$F(j\omega)$ 分母是开环系统的特征式，而分子是闭环系统的特征式。所以当频率 ω 由 $0 \to \infty$ 变化时，$F(j\omega)$ 的幅角变化为

$$\underset{\omega:0\to\infty}{\angle F(j\omega)} = \underset{\omega:0\to\infty}{\angle[1+W_K(j\omega)]}$$
$$= \underset{\omega:0\to\infty}{\angle N_B(j\omega)} - \underset{\omega:0\to\infty}{\angle N_K(j\omega)} \qquad (4-54)$$

设开环特征方程有 n 个根，其中 P 个位于 S 平面虚轴右侧，$(n-P)$ 个位于 S 平面虚轴左侧，则有

$$\underset{\omega:0\to\infty}{\angle N_K(j\omega)} = (n-2P)\frac{\pi}{2}$$

如果系统闭环后是稳定的，闭环特征方程 n 个根均在虚轴左侧，则有

$$\underset{\omega:0\to\infty}{\angle N_B(j\omega)} = n\cdot\frac{\pi}{2}$$

那么

$$\underset{\omega:0\to\infty}{\angle[1+W_K(j\omega)]} = n\times\frac{\pi}{2} - (n-2P)\times\frac{\pi}{2} = P\cdot\pi \qquad (4-55)$$

式（4-55）表明，若开环系统不稳定（有 P 个 S 平面虚轴右侧的极点），若使构成的闭环系统稳定，则要求：当 ω 由 $0\to\infty$ 变化时，向量 $1+W_K(j\omega)$ 绕坐标原点的转角为 $P\pi$，即逆时针绕坐标原点 $\dfrac{P}{2}$ 圈。

若系统的开环是稳定的，$P=0$，则闭环稳定的条件是

$$\underset{\omega:0\to\infty}{\angle[1+W_K(j\omega)]} = 0 \qquad (4-56)$$

即 ω 由 $0\to\infty$ 变化时，向量 $1+W_K(j\omega)$ 绕坐标原点的转角为 0，即不包围坐标原点。

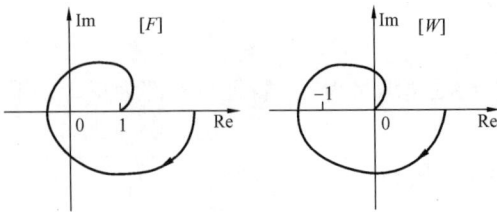

图 4-35　$F(j\omega)$ 与 $W_K(j\omega)$ 关系

由图 4-35 可见，$[1+W_K(j\omega)]$ 平面的坐标原点，相当于 $[W_K(j\omega)]$ 平面的 $(-1,j0)$ 点。则 $[1+W_K(j\omega)]$ 向量对其原点的转角，相当于 $W_K(j\omega)$ 曲线对 $(-1,j0)$ 点的转角。

故式（4-55）、式（4-56）可以表述为：若开环不稳定（有 P 个 S 平面虚轴右侧极点），当 ω 由 $0\to\infty$ 变化时，开环幅相特性 $W_K(j\omega)$ 曲线绕 $(-1,j0)$ 点转 $P\pi$ 角即逆时针绕 $(-1,j0)$ 点 $\dfrac{P}{2}$ 圈，则闭环稳定。

若开环稳定（$P=0$），则 ω 由 $0\to\infty$ 变化时，$W_K(j\omega)$ 曲线绕 $(-1,j0)$ 点转角为零即不包围 $(-1,j0)$ 点，闭环稳定。

依据上述条件，即可由开环系统幅相频率特性判断闭环系统稳定性，该判别方法即为奈奎斯特稳定判据，简称奈氏判据。

【例 4-9】　五个单位负反馈系统的开环幅相特性曲线如图 4-36 所示，试判别各闭环系统的稳定性。

解　图 4-36（a）、图 4-36（b）、图 4-36（e）所示三个系统开环右半平面根的个数为零，且开环幅相特性曲线均不包围 $(-1,j0)$ 点，由奈氏判据可知，图 4-36（a）、（b）、（e）所示三个系统闭环是稳定的。

图 4-36（c）所示系统 $P=0$，$W_K(j\omega)$ 曲线当 ω 由 $0\to\infty$ 变化时，对 $(-1,j0)$ 点转过的角度为 -2π 即顺时针绕 $(-1,j0)$ 点 1 圈，由奈氏判据可知，该系统闭环不

稳定。

图 4 - 36（d）所示系统 $P=2$，$W_K(j\omega)$ 曲线当 ω 由 $0 \to \infty$ 变化时，绕（-1，j0）点转过的角度为 $+2\pi$ 即逆时针绕（-1，j0）点 1 圈，由奈氏判据可知，该系统闭环是稳定的。

图 4 - 36　［例 4 - 9］各系统 $W_K(j\omega)$ 曲线

【例 4 - 10】　图 4 - 37（a）所示为开环系统，幅相频率特性，试利用奈氏判据确定使系统闭环稳定的 K 的临界值。

解　系统开环频率特性为

$$W_K(j\omega) = \frac{K}{j\omega - 1}$$

其幅相频率特性曲线为一个半圆，圆心在负实轴上 $-\frac{K}{2}$ 处，半径为 $\frac{K}{2}$，曲线如图 4 - 37（a）所示。由于该系统开环有一个右半平面极点即 $P=1$，由奈氏判据可知，若使该系统闭环稳定，则 $W_K(j\omega)$ 轨迹必须逆时针包围（-1，j0）点 $\frac{P}{2}$ 次（幅角变为 π）。由曲线4 - 37（b）可见，欲使系统稳定，K 必须大于 1。$K=1$ 即为系统稳定的临界值。

图 4 - 37　［例 4 - 10］系统幅相频率特性曲线

四、关于零根的处理

设系统开环传递函数为

$$W_K(s) = \frac{K}{s(1+T_1 s)(1+T_2 s)}$$

则

$$W_K(j\omega) = \frac{K}{j\omega(1+j\omega T_1)(1+j\omega T_2)}$$

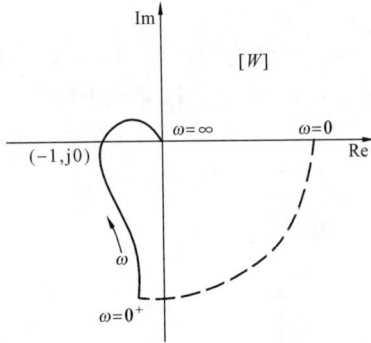

图 4 - 38　$W_K(j\omega)$ 幅相频率特性曲线

其开环幅相频率特性如图 4 - 38 所示。

由图 4 - 38 可见，$W_K(j\omega)$ 轨迹在 $\omega = 0$ 处是不连续的，很难判别轨迹是否包围（-1，j0）点。此时，可采用如下方法处理：将零根视为稳定根，以无穷大为半径，从 $W_K(j0)$ 端和正实轴之间作一辅助圆弧（见图 4 - 38 虚线所示），使 $W_K(j\omega)$ 连续变化，则可应用奈氏判据对这类系统进行稳定性判别。

上述处理方法的依据证明如下。

在复平面上将原点以半径为无穷小的圆弧代替（这样零根可以看成是稳定根），此小圆弧的数学表达式为

$$s = \rho e^{j\varphi}$$

令 $\rho \to 0$，当 ω 由 $0 \to 0^+$ 变化时，φ 的变化为 $0 \leqslant \varphi \leqslant \dfrac{\pi}{2}$，如图 4 - 39 所示。

于是，具有零极点的开环系统传递函数为

$$W_K(s) = \frac{M(s)}{s^V N(s)}$$

式中，V 为积分环节个数。

图 4 - 39　零点以半径
无穷小圆弧代替

在 $\omega \to 0$ 时，频率特性可表示为

$$W_K(j\omega) = \frac{M(0)}{(\rho e^{j\varphi})^V} N(0) = \frac{\dfrac{M(0)}{N(0)}}{\rho^V} e^{-jV\varphi}$$

当 ω 由 $0 \to 0^+$ 变化时，$W_K(j\omega)$ 的模为无穷大，幅角变化量为 $-\dfrac{V}{2}\pi$。上例中 $V = 1$，所以 $\omega = 0$ 时，相角由 0° 顺时针转到 $-\dfrac{\pi}{2}$ 处。

对于图 4 - 40 所示系统，若 $P = 0$，由于图 4 - 40（a）、（c）、（d）中 $W_K(j\omega)$ 绕（-1，j0）点转角为零即不包围（-1，j0）点，则它们所对应的闭环系统是稳定的；而图 4 - 40（b）中 $W_K(j\omega)$ 绕（-1，j0）点的转角不为零即包围（-1，j0）点，所以它所对应的闭环系统是不稳定的。

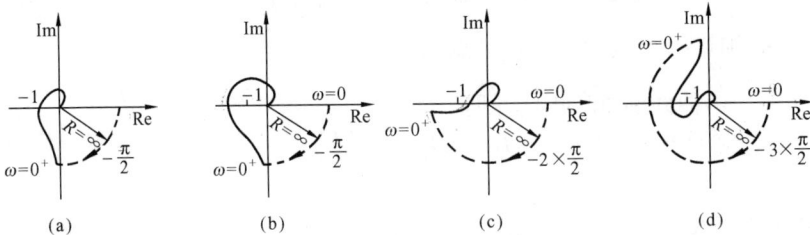

图 4 - 40　具有积分环节的幅相频率特性

五、对数稳定判据

对数判据是奈氏判据的另一种形式，即用开环系统的对数频率特性（波德图）来判别闭环系统的稳定性。

由奈氏判据可知，若开环系统是稳定的（$P = 0$），闭环稳定的充要条件是 $W_K(j\omega)$ 曲线绕

（－1，j0）点转角为零即不包围（－1，j0）点。图4-41所示两个系统均满足上述条件，故两个系统闭环是稳定的。

图4-41　表示系统稳定性的奈氏图和波德图
（a）奈氏图；（b）波德图

由图4-41中可以看出，$W_K(j\omega)$曲线绕（－1，j0）点的转角为零，相当于$W_K(j\omega)$曲线不包围（－1，j0）点，也相当于$W_K(j\omega)$曲线不穿越$[-\infty，-1]$区间（如系统1），或者在该区间的正穿越（由上而下）次数和负穿越（由下而上）次数相等（如系统2）。

由奈氏图和波德图之间关系可知，奈氏图上（－1，j0）点相当于波德图上的零分贝线和－π线，如果用$W_K(j\omega)$的幅、相关系表述上述系统闭环稳定的条件，则为在$|W_K(j\omega)|>1$的范围内，$W_K(j\omega)$对－π线的正穿越（由下而上）次数和负穿越（由上而下）次数相等。幅值$|W_K(j\omega)|>1$，对应$20\lg|W_K(j\omega)|>0$，故可得对数判据如下：

在开环对数幅频特性曲线$20\lg|W_K(j\omega)|>0$范围内，$\angle W_K(j\omega)$曲线对－π线的正、负穿越次数相等，则系统闭环稳定。

如果开环系统不稳定（有P个右根），则判据应为：

在$20\lg|W_K(j\omega)|>0$范围内，$\angle W_K(j\omega)$曲线对－π线的正、负穿越次数之差为$\dfrac{P}{2}$，系统闭环稳定。

图4-42（a）中，已知系统开环不稳定，$P=2$，由图知正负穿越之差为$1-2=-1\neq\dfrac{P}{2}$，故系统闭环不稳定。

图4-42　开环系统几种波德图

图 4 - 42 （b）中，已知系统开环不稳定，$P=2$，由图知正负穿越之差为 $2-1=1=\dfrac{P}{2}$，所以系统闭环稳定。

图 4 - 42 （c）中，已知系统开环稳定，$P=0$，由图知正负穿越次数之差为 $1-1=0$，所以系统闭环稳定。

六、稳定裕度

在系统设计中，要求系统必须是稳定的。前面所讨论的一些系统稳定性的判别方法，只能说明所设计和研究的系统稳定与否，不能说明系统稳定的程度。所以称前者为系统的绝对稳定性，而后者为相对稳定性。系统的相对稳定性是设计系统更感兴趣的问题。任何系统都不能处于稳定的极限状态运行，而一定要使系统离稳定的极限有一定裕量，这种裕量，可用稳定裕度来表示，它是衡量一个闭环系统稳定程度的重要指标，常用的有相角裕度 γ 和幅值裕度 GM。

1. 相角裕度

相角裕度是幅相频率特性 $W(j\omega)$ 的幅值等于 1 的向量与负实轴的夹角，在波德图中相当于 $20\lg A(\omega)=0$ 处的相角与 $-180°$ 的角度差，如图4 - 43所示。

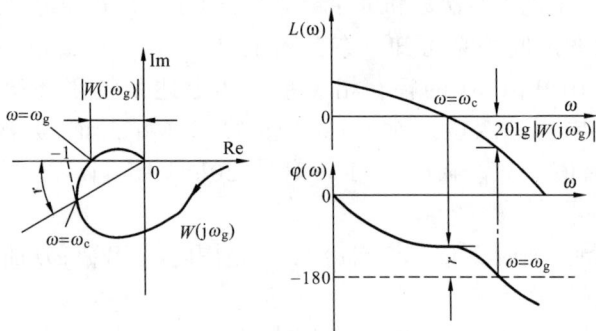

图 4 - 43 相角裕度和幅值裕度示意图

设 $A(\omega)=1[20\lg A(\omega)=0]$ 处的频率为 ω_c，则相角裕度为

$$\gamma = \varphi(\omega_c)-(-180°)$$
$$= 180°+\varphi(\omega_c) \tag{4-57}$$

2. 幅值裕度 GM

$W(j\omega)$ 在频率为 ω_g 时与负实轴相交，其幅值为 $|W(j\omega_g)|=A(\omega_g)$，为了衡量 $A(\omega_g)$ 与 $(-1，j0)$ 点的靠近程度，把 $A(\omega_g)$ 的倒数称为幅值裕度，即

$$GM = \frac{1}{A(\omega_g)} \tag{4-58}$$

如果以分贝表示，则有

$$GM = 20\lg \frac{1}{A(\omega_g)}$$
$$= -20\lg A(\omega_g) \tag{4-59}$$

对于开环稳定的系统，若使闭环稳定，要求 $\gamma>0$ 和 $GM>1$。为保证系统具有一定的稳定裕度，在工程设计中，一般取 $\gamma=30°\sim70°$，$GM=4\sim6$ （dB）以上。

γ 和 GM 的大小表征了系统相对稳定性的好坏，而要说明这一点，必须同时给出 γ 和 GM 两个量，仅仅给出 γ 或 GM 不足以说明系统的相对稳定性。如图 4 - 44 所示，系统 A、B 具有相同的幅值裕度，但相位裕度 $γ_A > γ_B$，显然系统 A 的相对稳定性优于系统 B。

【例 4 - 11】 一单位负馈系统如图 4 - 45 所示。试求当 $K = 10$ 和 $K = 100$ 时系统的相角裕度和幅值裕度。

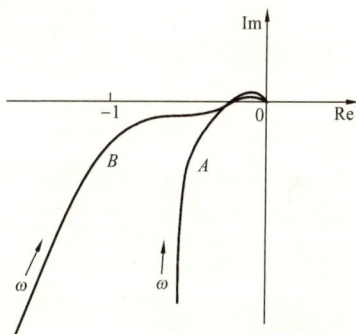

图 4 - 44 幅值裕度相同、相位裕度
不同的两个系统的奈氏图

图 4 - 45 单位反馈系统方框图

解 由 $K = 10$ 和 $K = 100$ 分别作出图 4 - 45 所示系统的开环对数频率特性曲线，如图 4 - 46 所示。

图 4 - 46 ［例 4 - 11］开环对数频率特性

由图 4 - 46（a）可得系统的相角裕度和幅值裕度分别为

$$γ = 21°$$

$$GM = 8dB$$

由于 $P=0$，所以 $K=10$ 时系统是稳定的。

由图 4 - 46（b）可得系统的相角裕度和幅值裕度分别为

$$\gamma = -30°$$

$$GM = -12\text{dB}$$

所以 $K=100$ 时系统是不稳定的。

第五节　用开环频率特性分析系统性能

一、系统稳态误差和开环频率特性的关系

系统开环传递函数中含有的积分环节的数目及开环放大倍数决定了开环对数幅频特性低频段的斜率和高度，因此，系统的稳态误差可由开环对数幅频特性低频段来确定。

设低频段对应的传递函数为

$$W_K(s) = \frac{K}{s^N} \qquad (4-60)$$

则低频段对数幅频为

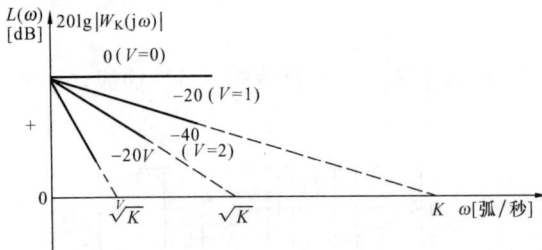

图 4 - 47　低频段对数幅频特性曲线

$$20\lg |W_K(j\omega)|$$
$$= 20\lg \frac{K}{\omega^V}$$
$$= 20\lg K - V20\lg\omega \qquad (4-61)$$

V 为不同值时，低频段对数幅频特性曲线的形状如图 4 - 47 所示，其斜率为 $-20N\text{dB/dec}$。

开环放大倍数 K 和低频段高度的关系可以用多种方法确定。例如将低频段渐近线延长交于 0 分贝线，由式（4 - 61）得

$$20\lg \frac{K}{\omega^V} = 0$$

故

$$K = \omega^V$$

或

$$\omega = \sqrt[V]{K} \qquad (4-62)$$

相交点频率即 K 的 V 次方根。

若 $V=1$，则交点频率为 K，若 $V=2$，交点频率则为 $\sqrt{K}$ 。

由以上分析可以看出，低频段斜率愈小，位置愈高，对应于系统积分环节数目愈多，开环放大倍数愈大，故闭环系统在满足稳定的条件下，其稳态误差愈小，精度愈高。

二、系统动态性能和开环频率特性的关系

开环对数频率特性的中频段是指 $20\lg A(\omega)$ 在穿越频率 ω_c 附近（或 0 分贝线附近）的区段，这段特性集中反映了闭环系统动态响应的稳定性和快速性。在分析闭环系统动态特性时，常使用开环系统的穿越频率 ω_c 和相角裕度 γ 来表征系统过渡过程特征，并称其为开环频域指标。在时域分析法中，系统的动态特性由超调量 $\delta\%$ 和调节时间 t_s 描述，称之为时域

指标，那么开环频域指标 γ 和 ω_c 与时域指标 $\delta\%$ 和 t_s 之间有什么关系呢？

对于图 4-48 所示系统，其开环频率特性为

$$W_K(j\omega) = \frac{\omega_n^2}{j\omega(j\omega + 2\zeta\omega_n)}$$

$$A(\omega) = \frac{\omega_n^2}{\omega\sqrt{\omega^2 + (2\zeta\omega_n)^2}}$$

图 4-48　典型二阶系统结构图

$$\varphi(\omega) = -90° - \arctan\frac{\omega}{2\zeta\omega_n}$$

当 $\omega = \omega_c$ 时，$A(\omega_c) = 1$，即

$$A(\omega_c) = \frac{\omega_c^2}{\omega_c^2\sqrt{\omega_c^2 + (2\zeta\omega_n)^2}} = 1$$

整理上式有

$$\omega_c^4 + 4\zeta^2\omega_n^2\omega_c^2 - \omega_n^4 = 0$$

解上面方程得

$$\omega_c = \sqrt{-2\zeta^2 + \sqrt{4\zeta^4 + 1}}\,\omega_n \tag{4-63}$$

$$\varphi(\omega_c) = -90° - \arctan\frac{\omega_c}{2\zeta\omega_n}$$

$$\gamma = 180° + \varphi(\omega_c)$$

$$= 90° - \arctan\frac{\omega_c}{2\zeta\omega_n}$$

$$= \arctan\frac{2\zeta\omega_n}{\omega_c} \tag{4-64}$$

将式（4-63）代入式（4-64）得

$$\gamma = \arctan\frac{2\zeta}{\sqrt{-2\zeta^2 + \sqrt{4\zeta^4 + 1}}} \tag{4-65}$$

γ 与 ζ 的关系如图 4-49 所示。

$\delta\%$ 与 ζ 的关系如图 4-49 所示。由图中可以看出，γ 越小，$\delta\%$ 越大，为使二阶系统能平稳地运行，一般希望 $30° \leqslant \gamma \leqslant 70°$。

在时域分析中知

$$t_s = \frac{3}{\zeta\omega_n} \tag{4-66}$$

将式（4-63）代入式（4-66）得

$$t_s\omega_c = \frac{3}{\zeta}\sqrt{-2\zeta^2 + \sqrt{4\zeta^4 + 1}}$$

$$= \frac{6}{\tan\gamma} \tag{4-67}$$

将式（4-67）的关系绘成曲线，如图 4-50 所示。

由图 4-50 可以看出，t_s 与 γ 和 ω_c 均有关系。如果两个系统 γ 相同，则 $\delta\%$ 相同，这时

ω_c 大的系统调节时间 t_s 短。

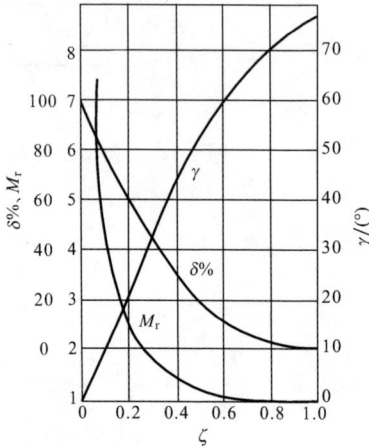

图 4 - 49   二阶系统 $\delta\%$、γ、
M_r 与 ζ 关系曲线

图 4 - 50   二阶系统 t_s、
ω_c 与 γ 的关系

以上分析了二阶系统开环频域指标和时域指标之间的关系，对于高阶系统，二者之间没有准确的关系式，但 γ 和 ω_c 也能反映动态过程的基本性能，下面介绍一种经验公式。

$$\delta\% = 0.16 + 0.4\left(\frac{1}{\sin r} - 1\right) \times 100\% \tag{4-68}$$

$$t_s(\delta\%) = \frac{K\pi}{\omega_c} \tag{4-69}$$

其中

$$K = 2 + 1.5\left(\frac{1}{\sin r} - 1\right) + 2.5\left(\frac{1}{\sin r} - 1\right)^2 \tag{4-70}$$

上面公式适用条件为 $35° < r < 90°$。根据式（4-68）～式（4-70）绘成曲线如图 4-51 所示。当知道 γ 和 ω_c 时，查图 4-51 可得系统的 $\delta\%$ 和 t_s。

由上面对二阶系统和高阶系统的分析可知，系统的开环频率特性反映了系统的闭环响应性能，对最小相位系统而言，闭环系统的动态性能主要取决于开环系统对数幅频特性的中频段。

图 4 - 51 $\delta\%$、t_s 和 r 的关系

三、开环系统对数幅频特性高频段对系统性能的影响

高频段是指 $20\lg A(\omega)$ 曲线在中频段以后（$\omega > 10\omega_c$）的区段，这部分特性是由系统中时间常数很小的部件决定的，由于远离 ω_c，一般斜率又较小，故对系统的动态响应影响不大，近似分析时可以只保留 1、2 个部件特性的作用，而将其他部件当作放大环节处理。

另外，从抗干扰的角度看，高频段是很有意义的。由于高频部位开环幅频一般较低，$20\lg A(\omega) \ll 0$，即 $A(\omega) \ll 1$，故对单位反馈系统有

$$|W_B(j\omega)| = \frac{|W_K(j\omega)|}{|1 + W_K(j\omega)|} \approx |W_K(j\omega)| \tag{4-71}$$

即闭环幅频近似等于开环幅频。

因此，系统开环对数幅频特性高频段的幅值，直接反映了系统对输入端高频干扰信号的抑制能力，高频段分贝值越低，系统抗干扰能力越强。

高阶Ⅰ型系统开环对数幅频特性曲线的合理分布如图 4 - 52 所示。由图 4 - 52 中可以看出，低频段斜率和高度，决定了系统精度，中频段斜率和宽度，决定了系统稳定性，频率 ω_c 的大小决定了系统的快速性，而高频段的斜率决定着系统的抗干扰能力。

图 4 - 52　Ⅰ型系统对数幅频特性典型分布图

第六节　用闭环频率特性分析系统性能

一、闭环频率特性

对于单位负反馈系统，其闭环频率特性为

$$W_B(j\omega) = \frac{W_K(j\omega)}{1 + W_K(j\omega)}$$

图 4 - 53 示出了闭环幅频特性的典型形状。这种典型的闭环幅频特性可用下面几个特征量来描述。

（1）零频幅值 M_0。$\omega = 0$ 时的闭环幅频特性值。

（2）谐振峰值 M_r。幅频特性极大值与零频幅值之比，即 $M_r = \dfrac{M_m}{M_0}$。在Ⅰ型和Ⅰ型以上系统，$M_0 = 1$，则谐振峰值是幅频特性极大值。

图 4 - 53　典型闭环幅频特性

（3）谐振频率 ω_r。闭环幅频特性的峰值频率。

（4）系统频带宽 ω_b。闭环频率特性幅值减小，到 $0.707M_0$ 时的频率。

二、闭环频域指标与时域指标的关系

由于高阶系统闭环频域指标与时域指标之间很难建立起明确关系，下面仅分析二阶系统。二阶系统闭环传递函数为

$$W_B(s) = \frac{\omega_n^2}{s^2 + 2\zeta\omega_n s + \omega_n^2}$$

其频率特性为

$$W_B(j\omega) = \frac{\omega_n^2}{(\omega_n^2 - \omega^2) + j2\zeta\omega_n\omega}$$

1. M_r 与 $\delta\%$ 的关系

二阶系统闭环幅频特性为

$$M(\omega) = \frac{\omega_n^2}{\sqrt{(\omega_n^2 - \omega^2)^2 + (2\zeta\omega_n\omega)^2}} \qquad (4-72)$$

当其出现峰值时有 $\dfrac{dM(\omega)}{d\omega} = 0$，则谐振频率为

$$\omega_r = \omega_n \sqrt{1 - 2\zeta^2} \quad (0 \leqslant \zeta \leqslant 0.707) \qquad (4-73)$$

谐振峰值为

$$M_r = \frac{1}{2\zeta\sqrt{1-\zeta^2}} \quad (0 \leqslant \zeta \leqslant 0.707) \qquad (4-74)$$

当 $\zeta > 0.707$ 时，M_r 为虚数，说明不存在谐振峰值，幅频特性单调衰减；$\zeta = 0.707$ 时，$\omega_r = 0$，$M_r = 1$；$\zeta < 0.707$ 时，$\omega_r > 0$，$M_r > 1$。由上面分析可知，M_r 越小，系统阻尼性能越好。

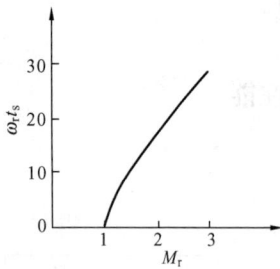

图 4-54　$\omega_b t_s$ 与 M_r 的关系

2. M_r、ω_b 与 t_s 的关系

当 $\omega = \omega_b$ 时，$M(\omega_b) = 0.707M(0)$，即

$$M(\omega_b) = \frac{\omega_n^2}{\sqrt{(\omega_n^2 - \omega_b^2)^2 + (2\zeta\omega_n\omega_b)^2}} = 0.707$$

解出

$$\omega_b = \omega_n \sqrt{1 - 2\zeta^2 + \sqrt{2 - 4\zeta^2 + 4\zeta^4}} \qquad (4-75)$$

$$\omega_b t_s \approx \frac{3}{\zeta} \sqrt{1 - 2\zeta^2 + \sqrt{2 - 4\zeta^2 + 4\zeta^4}} \qquad (4-76)$$

将式（4-76）与式（4-74）联系起来可求出 $\omega_b t_s$ 与 M_r 的关系，如图 4-54 所示。由图 4-54 可以看出，对于给定的 M_r，t_s 与 ω_b 成反比。如果系统有较宽的频带，则说明系统自身惯性小，动作快，系统的快速性好。

小　　　结

（1）频率特性是线性系统在正弦信号作用下的稳态输出和输入之比。它和传递函数、微分方程一样能反映系统的动态性能，并可用实验的方法获得。

（2）传递函数的极点和零点均在 S 平面虚轴左侧的系统称为最小相位系统。对于最小相位系统可由对数幅频特性求出传递函数。

（3）奈氏判据是根据开环频率特性曲线包围（-1，j0）点的情况和开环右根个数来判别闭环稳定性的。

（4）自动控制系统在工作时，不仅要求稳定，而且还要有足够的裕度，通常用幅值裕量和相角裕量表示。在控制工程中，相角裕量通常在 $30° \sim 60°$ 范围之间，幅值裕量要大于 6dB。

习　题

4-1　单位负反馈系统开环传递函数为

$$W(s) = \frac{10}{s+1}$$

当把下列输入信号作用在闭环系统上时，求系统的稳态输出。

(1) $r(t) = \sin(t+30°)$；

(2) $r(t) = 2\cos(2t-45°)$；

(3) $r(t) = \sin(t+30°) - 2\cos(2t-45°)$。

4-2　单位负反馈系统开环传递函数如下，试概略绘出其幅相特性。

(1) $W(s) = \dfrac{2}{(s+1)(s+2)}$；

(2) $W(s) = \dfrac{5(s+1)}{s^2(5s+1)}$；

(3) $W(s) = \dfrac{100s}{(s+1)(s+10)}$；

(4) $W(s) = \dfrac{5}{0.2s-1}$。

4-3　最小相位系统开环对数幅频特性如图 4-55 所示，试求其传递函数。

图 4-55　习题 4-3 图

4-4　设系统开环幅相频率特性如图 4-56 所示，试判别系统闭环稳定性。

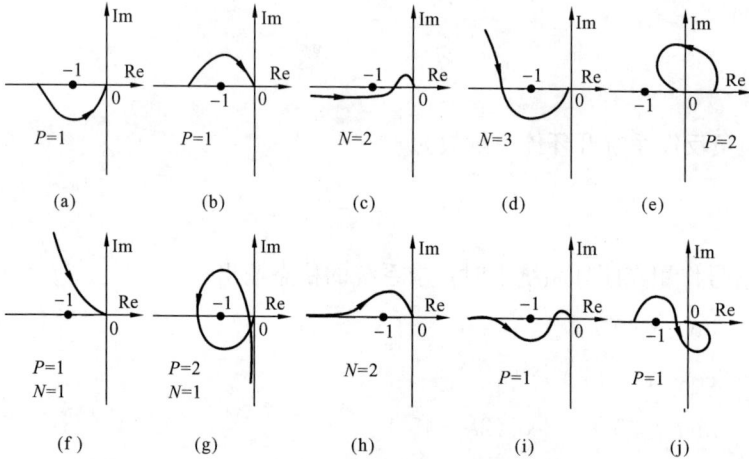

图 4-56 习题 4-4 图

(a) a 系统；(b) b 系统；(c) c 系统；(d) d 系统；(e) e 系统；

(f) f 系统；(g) g 系统；(h) h 系统；(i) i 系统；(j) j 系统

4-5 设系统开环传递函数如下，试分别绘制各系统的开环对数幅频频率特性。

(1) $W(s) = \dfrac{2}{(2s+1)(8s+1)}$；

(2) $W(s) = \dfrac{100}{s(s^2+s+1)(6s+1)}$；

(3) $W(s) = \dfrac{10(s+0.2)}{s^2(s+0.1)}$。

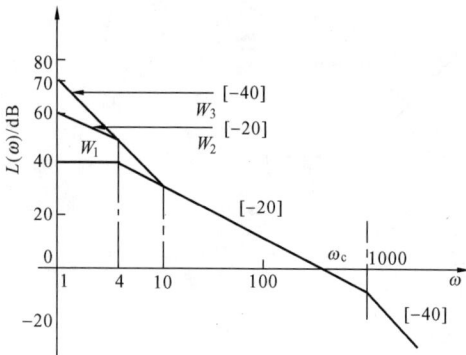

图 4-57 习题 4-6 图

4-6 图 4-57 的曲线 W_1、W_2 和 W_3 所示为三个系统的开环对数幅频特性，试求 $r(t) = 1(t)$ 作用下的稳态误差，并标出 W_2、W_3 的低频段延长线与 0dB 线的交点频率。

4-7 设负反馈系统中

$$W_K(s) = \frac{10(1+K_n s)}{s(s-10)}$$

试确定闭环系统稳定时 K_n 的临界值。

4-8 设单位负反馈系统的开环传递函数为

$$W_K(s) = \frac{as+1}{s^2}$$

试确定使相角裕度等于 45° 的 a 值。

4-9 设一负馈系统的开环传递函数

$$W_K(s) = \frac{K}{s(s^2+s+100)}$$

若使系统的幅值裕度为 20dB，开环放大倍数 K 应为何值？

4-10 一单位负反馈系统的开环对数幅频特性曲线如图 4-58 所示。要求：

(1) 写出系统开环传递函数。

（2）判别闭环系统的稳定性。

（3）将幅频向右平移 10 倍频程，试讨论对系统阶跃响应的影响。

图 4-58　习题 4-10 图

图 4-59　习题 4-12 图

4-11　已知单位负反馈系统开环传递函数为

$$W(s) = \frac{K}{s(T_1s+1)} \quad (K=100)$$

求当系统相角裕度 $\gamma=36°$ 时的 T_1 值，并求出对应的 M_r、$\delta\%$ 和 t_s。

4-12　测得系统闭环对数幅频特性曲线如图 4-59 所示，试求 $W_K(s)$。

第五章　自动控制系统的校正

通过前面几章内容的学习，对于一个给定参数的系统，可以使用时域分析法或频域分析法来计算或估算系统的性能指标，这类问题称为系统分析。在工程实际中，往往是已知被控对象，并指出相关的性能指标，要求去设计合适的校正装置来满足要求，这类问题称之为系统设计。如何设计校正装置，是本章要重点讨论的问题，即系统校正。

第一节　校正的基本概念

一、校正含义

控制系统通常可分为被控对象、控制器和检测环节三个部分，被控对象、检测环节是系统的基本部分。这些装置只有放大器的增益可调，即放大系数 K 可调。通过前几章学习已经清楚，调节 K 是一把双刃剑，较大的 K 使稳态性能提高，但却使动态性能恶化；较小的

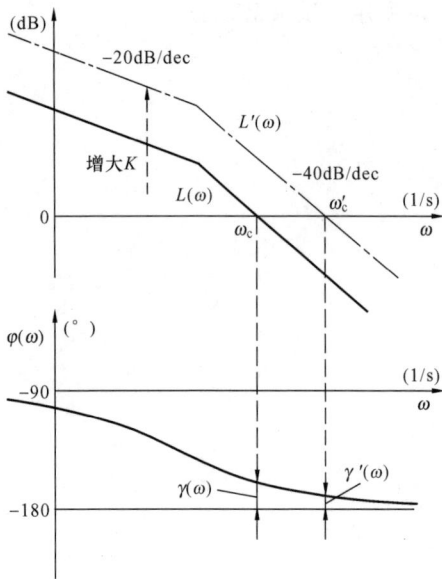

图 5-1　调整 K 对幅频特性的影响

K 使动态性能提高，却降低了稳态性能。通过图 5-1 可明显看出：增大 K 后，e_{ss} 减小，但导致 $L(\omega)$ 向上平移为 $L'(\omega)$，导致 ω_c 增大为 ω_c' 使 $\gamma(\omega)$ 下降为 $\gamma'(\omega)$，即稳定性下降。故单纯调节 K 无法满足要求。

这时就必须在系统中引进附加装置来改变整个系统的特性，以满足给定的性能指标。这种为改善系统的静、动态性能而引入系统的装置，称为校正装置，即控制器。校正装置的选择及其参数整定的过程，称为控制系统的校正。

二、校正方法分类

（一）按设计思路不同分

1. 分析法

该方法基本思想是首先对系统原有部分开环传递函数 $W_k(s)$ 及性能指标进行分析，根据经验选择一种校正装置，然后按照一定的计算方法求出校正装置参数。最后验算性能指标是否满足要求。如果不满足要求，则可改变校正元件参数，重新计算。若计算后仍不满足，则应考虑改变校正方式，直至校正后的性能指标满足给定的性能指标要求。

需要说明的是，使用这种方法对同一系统进行校正，得到的结果是非唯一的。因此，实际设计中，需要权衡系统性能、设备造价、可靠性等多方面因素，选择一种较好的解决方案。

2. 综合法

这种方法的设计思想是根据给定的性能指标，确定希望的开环对数频率特性曲线。然后将该期望特性曲线与原有系统开环对数频率特性曲线进行比较，从而计算出校正装置 $W_c(s)$。

分析法实际上是一种试探的方法。试探成功所需次数取决于设计者的经验，计算过程繁琐。但得到的校正装置物理上易于实现。由于是以试探的方式确定的参数，故设计完后必须进行验算。而综合法又称期望特性法，它具有广泛的理论意义。设计过程较直观，得到的校正装置虽然有唯一确定的数学形式，但有时校正装置的结构相当复杂，物理上难于实现或无法实现。此时虽然可采用近似形式的校正装置来实现，可这需要设计者具有丰富的设计经验，实现难度较大。

还应当指出，综合法只适用于线性最小相位系统。

（二）按给定性能指标形式分

首先提出性能指标的两种形式及含义，可以以表格形式给出，然后按指标形式设计方法得出，可分为根轨迹法、频率法和计算机辅助分析法。

在自动控制系统的研究中，常用的性能指标形式有时域性能指标和频域性能指标两种。通常，如果给定的是时域性能指标，则使用根轨迹法进行校正较方便；若给出频域性能指标，则使用频率法进行校正较合适。常用的性能指标见表 5-1 及表 5-2。

表 5-1 　　　　　　　　　　**二阶系统的时域性能指标和频域性能指标**

性能指标类型		名　称	计　算　公　式
时域性能指标	静态指标	开环放大系数 K	
		静态速度误差系数 k_v	$k_v = \lim\limits_{s \to 0} s W_k(s)$
		静态加速度误差系数 k_a	$k_a = \lim\limits_{s \to 0} s^2 W_k(s)$
	动态指标	最大超调量 $\delta\%$	$\delta\% = e^{\frac{-\pi\zeta}{\sqrt{1-\zeta^2}}} \times 100\%$
		调节时间 t_s （$\Delta=5$）	$t_s = \dfrac{3}{\zeta\omega_n}$
时域与频域转换		谐振峰值 M_r	$M_r = \dfrac{1}{2\zeta\sqrt{1-\zeta^2}} (\zeta \leqslant 0.707)$
		谐振频率 ω_r	$\omega_r = \omega_n \sqrt{1-2\zeta^2}$
		带宽频率 ω_b	$\omega_b = \omega_n \sqrt{1-2\zeta^2 + \sqrt{2-4\zeta^2+4\zeta^4}}$
		穿越频率 ω_c	$\omega_c = \omega_n \sqrt{\sqrt{1+4\zeta^4}-2\zeta^2}$
		相角裕度 γ	$\gamma = \arctan \dfrac{2\zeta}{\sqrt{\sqrt{1+4\zeta^4}-2\zeta^2}}$
		调节时间 t_s	$t_s = \dfrac{6}{\omega_c \tan\gamma}$
		超调量 δ	$\delta = e^{-\pi\sqrt{\frac{M_r-\sqrt{M_r^2-1}}{M_r+\sqrt{M_r^2-1}}}}$

表 5 - 2　　　　　　　　　　　　　高阶系统性能指标经验公式

名　　　称	计　算　公　式
谐振峰值 M_r	$M_r = \dfrac{1}{\sin\gamma}$
超调量 $\delta\%$	$\delta = 0.16 + 0.4(M_r - 1)$　　$(1 \leqslant M_r \leqslant 1.8)$
调节时间 t_s	$t_s = \dfrac{k\pi}{\omega_c}$, $k = 2 + 1.5(M_r - 1) + 2.5(M_r - 1)^2$　　$(1 \leqslant M_r \leqslant 1.8)$

1. 根轨迹法

鉴于本教材没有涉及根轨迹分析，故该法不讲。可参阅相关文献。

2. 频域法

频率法校正是常用的一种校正方法。在频率法校正过程中，通常是围绕开环波德图来进行的。为此首先要清楚开环波德图与系统时域性能指标间的对应关系。

在波德图上虽然不能严格地给出系统的时域性能指标，但却能直观地看出频域指标同时域指标之间的对应关系。一般地讲，开环对数频率特性的低频段，反映了系统时域性能指标的静态性能指标开环放大系数 K 和稳态误差 e_{ss}。这两个指标可以通过低频段的参数准确地反映出来。开环对数频率特性的中频段表征了系统的动态性能指标。如 ω_c 反映系统的快速性，对应时域指标的 t_s、t_f、t_m 等。γ 反映系统的稳定程度，是一个综合性指标。它甚至比 $\delta\%$ 间接反映时域系统的稳定程度更直观，而开环对数频率特性的高频段则代表了系统的抗干扰能力，系统能否有效地抑制系统噪声，提高系统信噪比则主要反映在这一频段的特性上。这样，根据时域性能指标的要求，通常使系统的预期开环对数频率特性曲线低频段具有 $-20 \sim -40\text{dB/dec}$ 的斜率，并使其在 $\omega = 1$ 处具有较高的增益，这将有助于提高系统的型别和降低系统的稳态误差。中频段通常要求具有 -20dB/dec 的斜率，并具有足够的带宽，且尽量高的穿越频率 ω_c。这些条件可保证系统具有足够的快速性和一定的稳定程度。最后，高频段斜率通常应不少于 -40dB/dec，以使系统具有足够的高频衰减能力，以抑制高频干扰。

该方法按校正装置连接形式不同又分为串联校正、反馈校正、前馈校正和复合校正等。

3. 计算机辅助分析法

随着计算机技术的发展，计算机所具有的特有优势体现地越来越突出。诸如高速的计算能力，海量的存储空间，准确的数学分析。伴随着各种辅助应用软件的开发与应用，完全可以在计算机上模拟运行实际的被控对象，并且模拟结果愈来愈接近实际结果。在这样一种良好的背景下，便可以考虑用计算机来进行自动控制系统的校正工作，称为计算机辅助设计法。这种方法的理论基础是可以在计算机上仿真系统的响应特性。可以使用专用的软件工具或者一些数学的分析方法，将校正系统的一些烦琐计算移植到计算机中来，让计算机去完成校正装置的参数计算和校验，得到仿真加入校正装置后系统的响应特性。通过该响应特性可对校正装置的作用一目了然。因为这些工作中带有很多重复的计算，很多试探性的计算，由人手工来完成肯定要耗费大量的精力，而且效率不高，效果不好，而计算机最适合做这一工作。

必须指出，计算机辅助设计过程是按预先编好的程序控制计算机去进行计算的，故对编制这些程序的人员提出了很高的要求。他们必须熟练掌握整个校正过程的理论知识，以使校正程序更接近于实际，更有实际意义。所以计算机辅助设计法终究是一种辅助设计手段。即使是使用这些校正程序的人也应具有相当的校正理论知识，否则可能是事倍功半，达不到预期的效果。

第二节 频 率 法 校 正

频率法校正通常是在开环波德图上进行校正的。按照校正装置与原开环传递函数的连接方式不同，可分为四种校正方法，即串联校正、反馈校正、前馈校正和复合校正。

一、串联校正

所谓串联校正，就是将校正装置 $W_c(s)$ 与系统原开环传递函数 $W_k(s)$ 串联起来，如图5-2所示。

按照校正装置机构及实现目的不同，可分为串联超前校正、串联滞后校正和串联滞后—超前校正三种形式。

（一）串联超前校正

1. 无源相位超前校正装置

首先介绍一种无源相位超前校正网络。它是由阻容元件组成的，网络结构如图5-3所示。

图5-2 串联校正示意图

图5-3 无源相位超前校正网络结构

假设该网络输入信号源内阻为零，输出端的负载阻抗为无穷大，则此相位超前校正装置的传递函数是

$$W_c(s) = \frac{s+1/T}{s+1/\alpha T} = \alpha \frac{Ts+1}{\alpha Ts+1}$$

其中，$T=R_1 C$；$\alpha = \dfrac{R_2}{R_1+R_2} < 1$。

根据频域分析法，可以得出这种超前网络的开环波德图，如图5-4所示。

由图5-4可知，在频率段 $1/T \sim 1/(\alpha T)$ 上，相位超前校正装置具有明显的微分作用，输出相位角明显超前于输入相位角。超前的相位角数值计算如下：

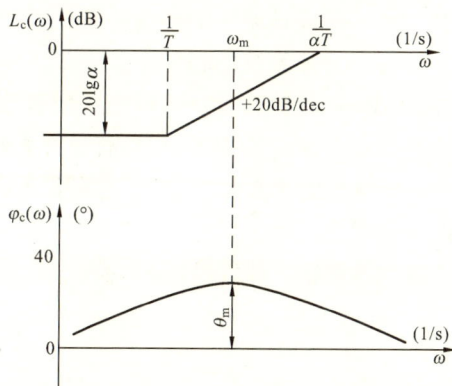

图5-4 相位超前网络波德图

$$\varphi_c(\omega) = \arctan T\omega - \arctan \alpha T\omega$$

$$= \arctan \frac{(1-\alpha)T\omega}{\alpha\omega^2 T^2 + 1} \tag{5-1}$$

式 (5-1) 对 ω 求导，并令其等于零，即 $\dfrac{\mathrm{d}\varphi_c(\omega)}{\mathrm{d}(\omega)} = 0$，可以得到最大超前相角频率为

$$\omega_m = \frac{1}{T\sqrt{\alpha}} \tag{5-2}$$

将式 (5-2) 代入式 (5-1) 中得

$$\theta_m = \arctan \frac{1-\alpha}{2\sqrt{\alpha}} = \arcsin \frac{1-\alpha}{1+\alpha} \tag{5-3}$$

无源校正装置中，α 是一个比较重要的参数。它既影响 θ_m（且 θ_m 仅受它影响），同时又影响校正装置的开环增益，α 值越小，相位超前角越大，则采用超前校正装置的超前作用越强。但同时校正装置对网络信号幅度的衰减也比较严重。当然，通常直流衰减可以通过提高整个系统放大器的增益来补偿。

另外，α 值还会影响到系统的信噪比。因为超前校正网络是一个高通滤波器，而噪声通常位于较高频段。过小的 α 将使系统通过过多的噪声，对抑制噪声不利。实际中，α 一般不小于 0.07，通常取 $\alpha=0.1$ 即可。

综上分析，超前校正装置显著特点是在 ω_m 处有一最大的超前相位角 θ_m。在开环波德图 ω_c 处对应的 γ 值大小关系到系统稳定程度，利用 θ_m 去提升稳定裕量 γ 值，从而提高系统的动态性能，即是使用超前校正装置校正系统的关键所在。

2. 串联超前校正的一般步骤

(1) 根据给定的静态性能指标，确定系统型别，即积分环节个数和开环放大系数 K。

(2) 按要求的开环放大系数 K 绘制原系统的开环对数频率特性图 $[L(\omega)$ 及 $\varphi(\omega)]$，并计算 ω_c 与 γ。若 ω_c 与 γ 有任一个不满足要求，且 ω_c 在 $-40\mathrm{dB/dec}$ 折线或附近处，则可以选择超前校正装置。

(3) 计算超前网络的补偿角 θ。有

$$\theta = \gamma^* - \gamma + \Delta$$

式中　γ^*——设计要求的相角裕量；

　　　γ——原系统的相角裕量；

　　　Δ——计算裕量，工程上一般取 $5°\sim7°$ 即可，该量是考虑到加入校正装置后 ω_c^* 会增大，从而对 γ^* 具有反面影响而设置的。

若计算后的 θ 值大于 $60°$，通常要考虑采用两级超前校正装置或其他校正方法（如滞后校正，反馈校正等）。

(4) 计算校正装置参数 α。有

$$\alpha = \frac{1-\sin\varphi}{1+\sin\varphi} \tag{5-4}$$

式 (5-4) 可由式 (5-3)，令 $\theta_m = \varphi$ 推导出来。

(5) 计算校正后穿越频率 ω_c^*。将超前网络的最大超前角频率 ω_m 设计在校正后的穿越频率 ω_c^* 处，即 $\omega_m = \omega_c^*$，这样可使校正效果最佳。基于此，通过开环幅频特性图，存在下列等式

$$L(\omega_c^*) - 10\lg\alpha = 0 \tag{5-5}$$

通过该式即可确定 ω_c^*。

（6）计算校正装置时间常数 T。由 $\omega_c^* = \omega_m = \dfrac{1}{\sqrt{\alpha}T}$，得到

$$T = \frac{1}{\sqrt{\alpha}\omega_m} = \frac{1}{\sqrt{\alpha}\omega_c^*}$$

（7）确定交接频率 $\omega_1 = 1/T$，$\omega_2 = 1/(\alpha T)$，得到

$$W_c(s) = \frac{s + \omega_1}{s + \omega_2} = \frac{s + 1/T}{s + 1/\alpha T} = \alpha\,\frac{Ts + 1}{\alpha Ts + 1}$$

（8）动态校验。求出校正后系统的开环传递函数

$$W_k^*(s) = W_k(s)W_c(s)$$

并绘制其对应的开环波德图，然后计算出 ω_c^* 及 γ^*，并验证其是否满足要求。若满足，则校正完成；若不满足，则适当再加大超前网络的补偿角 θ，重复（3）～（8）步骤。

3. 应用举例

【例 5-1】　系统方框图如图 5-5 所示。其被控对象的开环传递函数为

$$W_k(s) = \frac{50}{s(0.1s + 1)(0.002s + 1)}$$

图 5-5　［例 5-1］的系统方框图

对系统的要求是：单位斜坡输入下的稳态误差 $e_{ss} \leqslant 0.1\%$，$\omega_c \geqslant 160\text{rad/s}$，$\gamma \geqslant 38°$。试确定校正网络的形式及参数。

解

（1）确定型别及 K。依题意要求系统型别为 Ⅰ 型，由 $e_{ss} \leqslant 0.1\%$ 得

$$e_{ss} = \frac{1}{K} \leqslant 0.1\%$$

有　　　　　　　　　　　　　　$K \geqslant 1000$

故校正装置应形如　　　　$W_c(s) = 20W_c^*(s)$

式中　$W_c^*(s)$ ——满足动态性能指标所具有的校正形式。

（2）求 ω_c 与 γ。

根据 $\dfrac{1000}{s(0.1s + 1)(0.002s + 1)}$ 绘制波德曲线如图 5-6 所示。

因 $\dfrac{1}{(0.002s + 1)}$ 环节对 ω_c 影响非常小，可忽略不计，故由 $\dfrac{1000}{s(0.1s + 1)}$ 对应波德曲线穿越 0dB 线，运用渐近线的算法可得

$$20\lg\frac{1000}{\omega_c 0.1\omega_c} = 0$$

则　　　　　　　　　　　　$\dfrac{1000}{\omega_c 0.1\omega_c} = 1$

有　　　　　　　　　　　　$\omega_c = 100(\text{rad/s})$

相角裕量　　$\gamma = 180° + [-90° - \arctan(0.1\omega_c) - \arctan(0.002\omega_c)]$

$\qquad\qquad\quad = 180° + [-90° - \arctan(0.1 \times 100) - \arctan(0.002 \times 100)]$

$\qquad\qquad\quad = 180° + (-90° - \arctan10 - \arctan0.2)$

$\qquad\qquad\quad = 180° + (-90° - 84.3° - 11.3°)$

$\qquad\qquad\quad = -5.6°$

图 5 - 6　　[例 5 - 1] 的开环对数频率特性图

显然，两项指标都不满足要求。

（3）计算补偿角 θ。有

$$\theta = \gamma^* - \gamma + \Delta = 38° - (-5.6°) + 5° = 48.6°$$

可以考虑采用串联超前校正装置来实现。

（4）计算校正装置参数 α。有

$$\alpha = \frac{1-\sin\varphi}{1+\sin\varphi} = \frac{1-\sin50.6°}{1+\sin50.6°} = 0.128\,2$$

（5）计算 ω_c^*。由式（5 - 5）$L(\omega_c^*) - 10\lg\alpha = 0$ 得

$$20\lg\frac{1000}{\omega_c^*\,0.1\omega_c^*} - 10\lg\alpha = 0$$

$$20\lg\frac{1000}{\omega_c^*\,0.1\omega_c^*} - 10\lg 0.128\,2 = 0$$

$$\omega_c^* = \sqrt[4]{\frac{10^8}{0.128\,2}} = 167.1$$

上式同样使用渐近线近似处理和忽略了 $1/(0.002s+1)$ 环节的影响。

（6）计算校正装置的时间常数 T。有

$$T = \frac{1}{\sqrt{\alpha}\omega_c'} = \frac{1}{\sqrt{0.128\,2 \times 167.1}} = 0.016\,7$$

（7）确定 $W_c^*(s)$。有

$$W_c^*(s) = \frac{s+\frac{1}{T}}{s+\frac{1}{\alpha T}} = \frac{s+\frac{1}{0.016\,7}}{s+\frac{1}{0.128\,2 \times 0.016\,7}} = 0.128\,2\frac{0.016\,7s+1}{0.002\,14s+1}$$

故

$$W_c^*(s) = 20 \times 0.128\,2\,\frac{0.016\,7s+1}{0.002\,14s+1} = 2.56\,\frac{0.016\,7s+1}{(0.002\,14s+1)}$$

（8）动态校验。加入校正装置后系统的开环传递函数为

$$W_k^*(s) = W_c(s)W_k(s)$$

$$= 2.56\,\frac{0.016\,7s+1}{(0.002\,14s+1)} \cdot \frac{50}{s(0.1s+1)(0.002s+1)}$$

$$= \frac{128(0.016\,7s+1)}{s(0.1s+1)(0.002\,14s+1)(0.002s+1)}$$

注意，由于无源校正装置将开环传递函数放大倍数降低到原来的 0.128 2 倍，故应适当提高放大器增益，以保证校正后系统开环传递函数放大倍数为 1000，满足系统静态性能指标要求。即使

$$W_k^*(s) = \frac{1000(0.016\,7s+1)}{s(0.1s+1)(0.002\,14s+1)(0.002s+1)}$$

绘制出 $W_k^*(s)$ 对应的开环波德图见图 5-6 中 $L_k^*(\omega)$ 所示。

求取校正后实际的 ω_c^* 及 γ^* 值。由 $L^*(\omega)$ 得

$$20\lg\frac{1000 \times 0.016\,7\omega_c^*}{\omega_c^*\,0.1\omega_c^*} = 0$$

则

$$\omega_c^* = 167$$

$$\gamma^* = 180° + \left[-90° + \arctan(0.016\,7\omega_c^*) - \arctan(0.1\omega_c^*)\right.$$
$$\left. - \arctan(0.002\,14\omega_c^*) - \arctan(0.002\omega_c^*)\right]$$
$$= 180° + \left[-90° + \arctan(0.016\,7 \times 167) - \arctan(0.1 \times 167)\right.$$
$$\left. - \arctan(0.002\,14 \times 167) - \arctan(0.002 \times 167)\right]$$
$$= 180° - 90° + 70.27° - 86.57° - 19.66° - 18.47°$$
$$= 35.6°$$

可知，校正后的穿越频率 ω_c^* 满足要求，但相角裕量 γ^* 达不到要求，故需重新计算。回到第（3）步，增加补偿角 θ。令 $\theta = 55°$，则

$$\alpha = \frac{1-\sin\varphi}{1+\sin\varphi} = \frac{1-\sin 55°}{1+\sin 55°} \approx 0.1$$

由式（5-5）$L(\omega_c^*) - 10\lg\alpha = 0$ 得

$$\omega_c^* = \sqrt[4]{\frac{10^8}{0.1}} = 177.8$$

$$T = \frac{1}{\sqrt{\alpha}\omega_c^*} = \frac{1}{\sqrt{0.1} \times 177.8} = 0.017\,8$$

$$W_c^*(s) = \frac{s+\dfrac{1}{T}}{s+\dfrac{1}{\alpha T}} = \frac{s+\dfrac{1}{0.017\,8}}{s+\dfrac{1}{0.1 \times 0.017\,8}} = 0.1\,\frac{0.017\,8s+1}{0.001\,78s+1}$$

$$W_c(s) = 20 \times 0.1\,\frac{0.017\,8s+1}{0.001\,78s+1} = 2\,\frac{0.017\,8s+1}{(0.001\,78s+1)}$$

最终有

$$W_k^*(s) = \frac{1000(0.017\,8s+1)}{s(0.1s+1)(0.001\,78s+1)(0.002s+1)}$$

可求得

$$\omega_c^* = 177.8$$
$$\gamma^* = 38.48°$$

能够满足给定的性能指标要求。

(二) 串联滞后校正

1. 无源相位滞后校正网络

无源相位滞后校正网络是由阻容元件组成的,网络结构如图5-7所示。

假设输入信号源的内阻为零,输出负载阻抗为无穷大,可得其传递函数为

$$W_c(s) = \frac{1}{\beta}\frac{s+1/T}{s+1/\beta T} = \frac{Ts+1}{\beta Ts+1} \qquad (5-6)$$

其中,$T=R_2C$;$\beta=\dfrac{R_1+R_2}{R_2}>1$。

可求出这种无源滞后网络的开环波德图如图5-8所示。

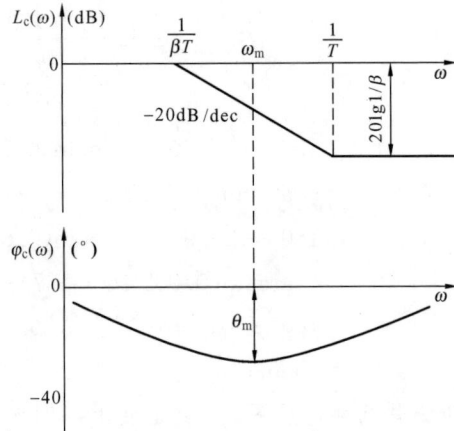

图5-7　无源相位滞后校正网络结构　　　　图5-8　滞后校正网络波德图

由于$\beta>1$,所以校正网络交流稳态输出信号的相位滞后于输入信号,相位滞后网络的相角可按下式计算

$$\varphi_c = \arctan(T\omega) - \arctan(\beta T\omega) = \arctan\frac{(1-\beta)T\omega}{\beta T^2\omega^2+1} \qquad (5-7)$$

式(5-7)对ω求导,并令其等于零,即$\dfrac{d\varphi_c}{d\omega}=0$,可以得到最大相位滞后角$\theta_m$处的频率$\omega_m$为

$$\omega_m = \frac{1}{T\sqrt{\beta}} \qquad (5-8)$$

对应的最大相位滞后角为

$$\theta_m = \arcsin\frac{\beta-1}{\beta+1} \qquad (5-9)$$

相位滞后校正装置实际上是一个低通滤波器，故对系统低频段影响较小，但却能衰减高频段信号，故抑制噪声很有效，并且相位滞后校正网络静态增益为1，对输入信号无衰减，故不会影响系统开环增益。但由于相位滞后校正装置在 ω_m 处存在最大的相位滞后角 θ_m，故应注意不要使 ω_m 落在 ω'_c 处或距离 ω'_c 很近，否则将对系统动态性能产生不良影响，即减小相角裕量 γ。

使用串联滞后校正通常具有两方面作用：一、滞后校正装置具有低通滤波器特性，对高频段存在衰减，降低了穿越频率 ω_c，从而提高了系统的相位稳定裕度 γ，以改善系统的稳定性和某些暂态性能；二、提高低频增益，从而减小系统的稳态误差 e_{ss}，同时基本保持系统暂态性能不变。

2. 串联滞后校正的一般步骤

（1）根据给定的静态性能指标，确定系统型别，即积分环节个数和开环放大系数 K。

（2）绘制原系统在已确定 K 值下的开环对数频率特性图，并计算出 ω_c 和 γ。若 ω_c 出现在 -40dB/dec 折线段且 ω_c 值比要求的大、而 γ 较小时，通常可考虑滞后校正。

（3）计算出满足相位裕量 γ^*，校正后系统应具有的穿越频率 ω_c^*。因

$$\gamma^* = 180° + \varphi(\omega_c^*) - \Delta$$

故

$$\varphi(\omega_c^*) = -180° + \gamma^* + \Delta$$

这里计算时使用公式不便计算，可使用试探法求解。式中 Δ 是计算余量，是考虑到滞后校正装置会对系统相角产生一定的负面影响，故增设 Δ，以补偿该影响，一般取 $5°\sim10°$。

（4）计算校正装置参数 β。有

$$L(\omega_c^*) - 20\lg\beta = 0$$

（5）计算校正装置时间常数 T。有

$$T = 1/\omega_2$$

为了减小滞后校正装置在穿越频率附近对 γ 的影响，一般取校正装置的 $\omega_2 = (0.1\sim0.5)\omega_c^*$。

（6）确定校正装置。有

$$\omega_1 = \frac{1}{\beta T}$$

$$\omega_2 = \frac{1}{T}$$

$$W_c(s) = \frac{Ts+1}{\beta Ts+1}$$

（7）动态校验。求出校正后系统的开环传递函数 $W'_k(s)$ 为

$$W'_k(s) = W_c(s)W_k(s)$$

并绘制其对应的开环对数频率特性图，然后计算 ω'_c 及 γ'，验证其是否满足要求。若满足要求，则校正完成。若不满足，则适当减小 ω'_c，重复（4）～（7）步，直至 γ' 满足要求。当然，ω'_c 不能小于给定的指标要求。若还不满足，则应考虑其他的校正方法。

3. 应用举例

【例 5-2】 设单位负反馈系统开环传递函数为

$$W_k(s) = \frac{10}{s(0.1s+1)(0.01s+1)}$$

试设计串联校正装置，使系统满足下列性能指标：$r(t) = t$ 时，$e_{ss} \leqslant 0.05$，校正后相角裕量 $\gamma^* \geqslant 45°$，穿越频率 $\omega_c^* \geqslant 5s^{-1}$。

解　（1）确定积分环节个数和放大系数 K。根据题意得

$$e_{ss} = \frac{1}{K} \leqslant 0.05$$

则

$$K \geqslant 20$$

取 $K = 20$。

（2）计算 ω_c 和 γ。首先得到满足静态指标要求的开环传递函数为

$$W_k^*(s) = \frac{20}{s(0.1s+1)(0.01s+1)}$$

绘制 $W_k^*(s)$ 对应的开环波德图如图 5-9 所示。

图 5-9　［例 5-2］的开环对数频率特性图

由式 $20\lg\dfrac{20}{\omega_c \sqrt{0.1^2\omega_c^2+1}\sqrt{0.01^2\omega_c^2+1}} = 0$，运用试探法可得

$$\omega_c = 8 \text{ 时}, \ L(\omega) = 5.78$$
$$\omega_c = 15 \text{ 时}, \ L(\omega) = -2.7$$
$$\omega_c = 10 \text{ 时}, \ L(\omega) = 1.4$$
$$\omega_c = 12 \text{ 时}, \ L(\omega) = 1.06$$

故可取 $\omega_c = 12$，于是得

$$\gamma = 180° - 90° - \arctan(0.1\omega_c) - \arctan(0.01\omega_c)$$

$$=180° - 90° - \arctan(0.1 \times 12) - \arctan(0.01 \times 12)$$
$$=90° - 50.2 - 6.84°$$
$$=33°$$

可见，不满足性能指标要求。

（3）确定 ω_c^*。有

$$\varphi(\omega_c^*) = -180° + \gamma^* + \Delta$$
$$= -180° + 45° + 5°$$
$$= -130°$$

即
$$-90° - \arctan(0.1\omega_c^*) - \arctan(0.01\omega_c^*) = -130°$$
$$\arctan(0.1\omega_c^*) + \arctan(0.01\omega_c^*) = 40°$$

经试探，当 $\omega_c^* = 7$ 时，$\arctan(0.1\omega_c^*) + \arctan(0.01\omega_c^*) = 39°$，故近似取 $\omega_c^* = 7$。

（4）确定 β。由

$$L(\omega_c^*) - 20\lg\beta = 0$$

得
$$20\lg \frac{20}{\omega_c^* \sqrt{0.1^2\omega_c^{*2}+1} \sqrt{0.01^2\omega_c^{*2}+1}} = 20\lg\beta$$

则
$$\beta = \frac{20}{\omega_c^* \sqrt{0.1^2\omega_c^{*2}+1} \sqrt{0.01^2\omega_c^{*2}+1}}$$
$$= \frac{20}{7 \sqrt{0.1^2 \cdot 7^2+1} \sqrt{0.01^2 \cdot 7^2+1}}$$
$$= 2.33$$

（5）确定 T。校正装置 ω_2 取 $0.1\omega_c^*$，即 $\omega_2 = 0.1 \times 7 = 0.7$，得
$$T = 1/\omega_2 = 1/0.7 = 1.43$$

（6）确定 $W_c(s)$。有

$$W_c(s) = \frac{Ts+1}{\beta Ts+1} = \frac{1.43s+1}{3.33s+1}$$
$$\omega_1 = 0.3, \quad \omega_2 = 0.7$$

（7）动态校验。有

$$W''_k(s) = W_k^*(s)W_c(s) = \frac{20}{s(0.1s+1)(0.01s+1)} \frac{1.43s+1}{3.33s+1}$$

计算校正后的 ω_c^* 和 γ^*。当 $\omega_c^* = 7$ 时，$L(\omega_c^*) = 0.05$。即可取 $\omega_c^* = 7$，则

$$\gamma^* = 180° - 90° - \arctan(0.1\omega_c^*) - \arctan(0.01\omega_c^*) - \arctan(3.33\omega_c^*) + \arctan(1.43\omega_c^*)$$
$$= 180° - 90° - \arctan(0.1 \times 7) - \arctan(0.01 \times 7) - \arctan(3.33 \times 7) + \arctan(1.43 \times 7)$$
$$= 180° - 90° - 35° - 4° - 87.5° + 84.3°$$
$$= 47.8° > 40°$$

即满足设计要求，校正完成。

【例 5 - 3】 ［例 5 - 2］展示了串联滞后校正装置的第一种作用，即通过降低穿越频率（由 12 降到 7）来提高相位裕度 γ（由 33°提高到 47.8°）。如果在加入滞后校正装置的同时，使其具备 β 倍的放大倍数，$\omega_1 = 1$，就会呈现出滞后校正装置的第二种作用，保持暂态性能基本不变，提升稳态性能，如图 5 - 10 所示。

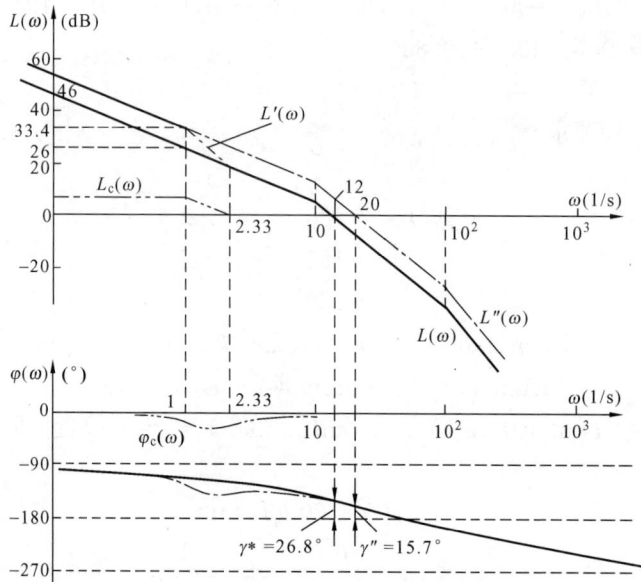

图 5 - 10　　[例 5 - 3] 的开环对数频率特性图

解　实际串联的滞后校正装置为

$$W_c(s) = 2.33\frac{0.429s+1}{s+1}$$

波德图见图 5 - 10 中 $L_c(\omega)$，系统总的开环传递函数为

$$W_k''(s) = \frac{20}{s(0.1s+1)(0.01s+1)}2.33\frac{0.429s+1}{s+1}$$

$$= \frac{46.6(0.429s+1)}{s(s+1)(0.1s+1)(0.01s+1)}$$

很显然开环放大系数 $K=46.6$，明显提高了，故稳态性能得到改善。而此时暂态性能不变。

此时 $\omega_c=12$，保持不变。则

$\gamma = 180° - 90° - \arctan(\omega_c) - \arctan(0.1\omega_c) - \arctan(0.01\omega_c) + \arctan(0.429\omega_c)$

$= 180° - 90° - \arctan(12) - \arctan(0.1 \times 12) - \arctan(0.01 \times 12) + \arctan(0.429 \times 12)$

$= 180° - 90° - 85.2° - 50.2° - 6.8° + 79°$

$= 26.8°$

与校正前比，γ 下降了近 6°。为什么会使 γ 下降呢？这是因为滞后校正网络的相角滞后造成的。故选用滞后校正网络来提升系统稳态性能时，应尽可能使滞后校正网络的 ω_2 远离系统的穿越频率 ω_c。通常应至少使 $\omega_2=0.1\omega_c$，而该例中滞后校正网络 $\omega_2=0.2\omega_c$，即 ω_2 太接近 ω_c，故对 γ 产生较大影响。

若只是简单地增大开环放大系数 K 来提高稳态性能，即令

$$W_k''(s) = \frac{46.6}{s(0.1s+1)(0.01s+1)}$$

则此时可计算出 $\omega_c'=20$，$\gamma'=15.7°$，相比原 $\gamma=33°$ 下降了 17.3°。可见，这时对系统的暂态性能负面影响更大。

（三）串联滞后—超前校正

串联超前校正装置通过提高相位裕量 γ 来提高系统稳定性，滞后校正是利用滞后网络对中、高频段幅值的衰减作用，来提高系统的稳态性能。在某些场合，如同时要求静态性能和动态性能指标都很高的情况下，采用任何一种校正装置都达不到想要的效果。把这两种校正装置按照特定的形式结合起来，汲取各自的优点，便形成了串联滞后超前校正装置。利用该校正装置位于低频段的滞后校正部分来提升系统的稳态性能指标，利用处于中频段的超前校正部分来改善系统的暂态性能。

1. 无源相位滞后超前校正装置

如图 5-11 所示，它是由阻容元件组成的滞后超前校正装置。设此校正装置的输入信号源内阻为零，输出负载阻抗为无穷大，则其传递函数为

图 5-11　无源相位滞后—超前校正网络

$$W_{\rm c}(s) = \frac{(R_1 C_1 s + 1)(R_2 C_2 s + 1)}{R_1 C_1 R_2 C_2 s^2 + (R_1 C_1 + R_2 C_2 + R_1 C_2)s + 1} \tag{5-10}$$

令 $T_1 = R_1 C_1$，$T_2 = R_2 C_2$，$T_{12} = R_1 C_2$，则

$$W_{\rm c}(s) = \frac{(T_1 s + 1)(T_2 s + 1)}{T_1 T_2 s^2 + (T_1 + T_2 + T_{12})s + 1} \tag{5-11}$$

再令 $\tau_1 = \beta T_1$，$\tau_2 = T_2/\beta$，β 是大于 1 的常数。此时，只要选取合适的阻容元件参数及 β 值，总可以使 $T_1 + T_2 + T_{12} = \beta T_1 + T_2/\beta$ 及 $\tau_1 > T_1 > T_2 > \tau_2$。

则式（5-11）可写成如下形式

$$W_{\rm c}(s) = \frac{(T_1 s + 1)(T_2 s + 1)}{(\tau_1 s + 1)(\tau_2 s + 1)} = \frac{T_1 s + 1}{\beta T_1 s + 1} \frac{T_2 s + 1}{\dfrac{T_2}{\beta}s + 1} = W_{\rm c1}(s) W_{\rm c2}(s)$$

其中，$W_{\rm c1}(s) = \dfrac{T_1 s + 1}{\beta T_1 s + 1}$ 就相当于滞后校正装置，$W_{\rm c2}(s) = \dfrac{T_2 s + 1}{\dfrac{T_2}{\beta}s + 1}$ 就相当于超前校正装置，

其实串联滞后超前校正装置就是两种校正装置的串联组合。

该校正装置的最大滞后频率为

$$\omega_{\rm m1} = \frac{1}{\sqrt{\beta}T_1} \tag{5-12}$$

最大超前频率为

$$\omega_{\rm m2} = \frac{1}{\sqrt{\beta}T_2} \tag{5-13}$$

最大滞后角为

$$\theta_{\rm m1} = -\arcsin\frac{\beta - 1}{\beta + 1} \tag{5-14}$$

最大超前角为

$$\theta_{\rm m2} = \arcsin\frac{\beta - 1}{\beta + 1} \tag{5-15}$$

应注意，为避免滞后部分对中频段的影响，选择参数时，应尽量使 $T_1 \gg T_2$，这样得到

的校正效果好，能同时兼顾静态特性与动态特性。

2. 校正步骤

如果选取超前校正网络的值与滞后校正网络的值互为倒数，那么将这两种校正装置串联起来实现的就是滞后—超前校正。也就是说，理论上，滞后—超前校正装置就是滞后校正装置与超前校正装置的串联组合。只不过使用单一的滞后—超前校正装置更简单，更经济。鉴于此，设计滞后—超前校正装置时可以参照单独设计滞后校正装置和超前校正装置的方法。下面是具体设计步骤。

（1）根据给的静态性能指标，确定系统的型别，即积分环节个数和开环放大系数 K。并根据这些数值确定满足静态性能指标的开环传递函数，绘制其开环对数频率特性图，计算出 ω_c 和 γ。

（2）确定校正后的穿越频率 ω_c'，使滞后—超前校正网络的超前部分在这一点上能提供足够的相角超前量，以改善暂态特性；同时又能使滞后校正部分把这一点的原幅频特性 $L(\omega_c')$ 衰减至 0dB。

（3）确定滞后—超前校正网络中滞后部分转折频率 $1/(\beta T_1)$ 及 $1/T_1$。

通常选取

$$1/T_1 = (0.1 \sim 0.5)\omega_c^*$$

β 值的选取考虑两方面因素：① 使 $L(\omega_c') = 0$dB；② $\omega = \omega_c'$ 处，超前校正部分必须能提供足够的相角裕量。

（4）确定超前校正部分的转折频率 $1/T_2$ 及 β/T_2。

为使 $L(\omega_c^*) = 0$dB，可通过点 $[\omega = \omega_c^*, L(\omega) = -L(\omega_c^*)]$ 作一条斜率为 $+20$dB/dec 的直线，使它与 0dB 线及 $-20\lg\beta$ 线相交，其交点频率分别为 β/T_2 和 $1/T_2$，即是超前校正部分的转折频率。

（5）画出校正后的系统波德图，校验其指标是否满足要求。若不满足，重复（2）～（5），直至满足要求为止。

3. 应用举例

【例 5 - 4】 某单位负反馈系统，开环传递函数为

$$W_k(s) = \frac{K}{s(0.1s+1)(0.01s+1)}$$

设计一滞后—超前校正装置，使得：

（1）静态速度误差系数 $k_v \geqslant 256$rad/s；

（2）穿越频率 $\omega_c^* \geqslant 30$ 1/s，相角裕量 $\gamma^* \geqslant 45°$。

解 （1）根据静态指标

$$k_v = \lim_{s\to 0} sW_k(s) = K = 256$$

以 $K = 256$ 绘制未校正系统的波德图，如图 5 - 12 所示。采用试探法可确定 $\omega_c = 48$，$\gamma = -13.8°$，则原系统不稳定。

（2）若系统未对 ω_c^* 提出明确要求，一般可选取使原系统 $L(\omega) = 0$ 对应的 ω 值作为校正后的 ω_c^*。因为在该 ω_c^* 处，原系统的 $\gamma = 0°$，则通过附加的超前校正装置完全可实现 $\gamma^* = 45°\sim 55°$ 的校正要求。

本题已给出 $\omega_c^* = 30$，故取之即可。可计算出

图 5 - 12　　[例 5 - 4] 的开环对数频率特性图

$$L(\omega_c^*) = L(30) = 8.25\text{dB}$$

$$\varphi(\omega_c^*) = -178.3°$$

可看出，原系统在 ω_c^* 处，$\gamma = 1.7°$，通过超前角的作用，完全可使 γ^* 达到 45°以上。

（3）确定滞后校正部分转折频率 $1/(\beta T_1)$ 及 $1/T_1$。可选取

$$1/T_1 = 0.1\omega_c^* = 0.1 \times 30 = 3\text{rad/s}$$

再选 $\beta = 8$，这样可保证超前部分能提供 50°左右的超前角，且有

$$20\lg\beta = 18\text{dB} > L(\omega_c^*) = 8.25\text{dB}$$

于是

$$1/(\beta T_1) = 3/8 = 0.375\text{rad/s}$$

则滞后校正部分传递函数为

$$\frac{T_1 s + 1}{\beta T_1 s + 1} = \frac{0.33 s + 1}{2.67 s + 1}$$

（4）确定超前校正部分的转折频率 $1/T_2$ 及 β/T_2。过 $L(\omega) = -L(30) = -8.25\text{dB}$ 及 $\omega = 30\text{rad/s}$ 的坐标点，作斜率为 $+20\text{dB/dec}$ 的直线。可计算出该直线与 0dB 线交于 $\omega = 77\text{rad/s}$ 处，并与 $-20\lg\beta$ 线交于 $\omega = 9.6\text{rad/s}$ 处。即

$$1/T_2 = 9.6，\quad \beta/T_2 = 77$$

由此得 $T_2 = 0.104$，可得超前校正部分传递函数为

$$\frac{T_2 s + 1}{\dfrac{T_2}{\beta} s + 1} = \frac{0.104 s + 1}{0.013 s + 1}$$

将已求得的滞后校正部分与超前校正部分组合到一起，可得滞后—超前校正装置传递函数为

$$W_c(s) = \frac{0.33s+1}{2.67s+1} \times \frac{0.104s+1}{0.013s+1}$$

校正网络的波德图见图 5-12 中的 $L_c(\omega)$ 和 $\varphi_c(\omega)$。

（5）动态校验。校正后系统总的开环传递函数为

$$W_k^*(s) = W_c(s)W_k(s) = \frac{256(0.33s+1)(0.104s+1)}{s(2.67s+1)(0.1s+1)(0.013s+1)(0.01s+1)}$$

对应的波德图见图 5-12 中 $L^*(\omega)$ 和 $\varphi^*(\omega)$ 所示。

可以计算出此时

$$\omega_c^* = 30$$

$$\begin{aligned}
\gamma^* &= 180° - 90° + \arctan(0.33\omega_c^*) + \arctan(0.104\omega_c^*) - \arctan(2.67\omega_c^*) \\
&\quad - \arctan(0.1\omega_c^*) - \arctan(0.013\omega_c^*) - \arctan(0.01\omega_c^*) \\
&= 90° + 84.2° + 72.2° - 89.3° - 71.6° - 21.3° - 16.7° \\
&= 47.5° > 45°
\end{aligned}$$

即校正后系统完全满足要求。

表 5-3 有源校正装置－调节器

类 型	结 构 图	传 递 函 数	对数频率特性
比 例 （P）		$W_k(s) = K$ $K = R_2/R_1$	
积 分 （I）		$W(s) = \dfrac{1}{T_i s}$ $T_i = R_1 C$	
微 分 （D）		$W(s) = T_d s$ $T_d = R_1 C$	
比例－微分 （PD）		$W(s) = K(T_d s + 1)$ $K = \dfrac{R_2 + R_3}{R_1}$ $T_d = \dfrac{R_2 R_3}{R_2 + R_3} C$	

类 型	结 构 图	传 递 函 数	对数频率特性
比例—积分 （PI）		$W(s)=\dfrac{K}{T}\dfrac{1+Ts}{s}$ $K=\dfrac{R_2}{R_1}$ $T=R_2C$	
比例—积分—微分（PID）		$W(s)=K\dfrac{(1+T_1s)(1+T_2s)}{T_1s}$ $K=R_2/R_1$ $T_1=R_2C_2$ $T_2=R_1C_1$	
滤波型调节器（惯性环节）		$W(s)=\dfrac{K}{1+Ts}$ $K=R_2/R_1$ $T=R_2C$	

注意：表 5-3 给出的各种调节器输出与输入都是反相位的。对应给出的传递函数和波德图都是将调节器输出串联一个比例系数为 1 的比例环节而得到的。因为这样更符合实际应用。

二、反馈校正

反馈校正又称并联校正，如图 5-13 所示。反馈校正装置将被校正系统开环传递函数 $W_{k1}(s)$ 部分包围起来，这样，虚线框内的动态特性将发生变化。

$$\frac{C_1(s)}{E(s)}=\frac{W_{k1}(s)}{1+W_{k1}(s)H_c(s)} \quad (5-16)$$

当 $|W_{k1}(s)H_c(s)|\gg1$ 时，式 (5-16) 可简化为

$$\frac{C_1(s)}{E(s)}=\frac{W_{k1}(s)}{W_{k1}(s)H_c(s)}=\frac{1}{H_c(s)}$$

图 5-13 反馈校正示意图

可以看出，这时虚线框内环节的特性不再受 $W_{k1}(s)$ 的影响，而只取决于反馈校正装置的特性。

当 $|W_{k1}(s)H_c(s)|\ll1$ 时，式 (5-16) 可简化为

$$\frac{C_1(s)}{E(s)}=W_{k1}(s)$$

即 $H_c(s)$ 对原系统没有任何影响。

由上可看出，在频域内，满足 $|W_{k1}(j\omega)H_c(j\omega)|\gg1$ 的频段是校正装置起作用的频段；

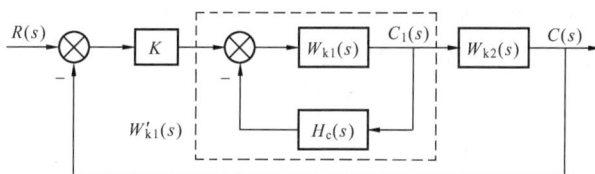

满足 $|W_{k1}(j\omega)H_c(j\omega)|\ll 1$ 的频段是校正装置不起作用的频段。这样，只要适当地选择校正装置的形式和参数，就可以用特性较好的反馈校正装置去对系统中特性不好、阶次较高甚至不稳定的部分进行反馈校正，从而屏蔽掉这些对系统性能不利的部分。改变校正后系统的频率特性，使系统达到既定的要求。

下面分析一下在频域内确定 $H_c(s)$ 的方法。

由于

$$L_{k1}^*(\omega)=20\lg W_{k1}^*(j\omega)=20\lg\frac{W_{k1}(j\omega)}{1+W_{k1}(j\omega)H_c(j\omega)}$$

$$=20\lg W_{k1}(j\omega)-20\lg[1+W_{k1}(j\omega)H_c(j\omega)]$$

当 $|W_{k1}(j\omega)H_c(j\omega)|\ll 1$ 时，

$$L_{k1}^*(\omega)=20\lg W_{k1}(j\omega)=L_{k1}(\omega)$$

即校正后幅频特性与原系统幅频特性相同。

当 $|W_{k1}(j\omega)H_c(j\omega)|\gg 1$ 时

$$L_{k1}^*(\omega)=L_{k1}(\omega)-20\lg[W_{k1}(j\omega)H_c(j\omega)]$$

得

$$20\lg[W_{k1}(j\omega)H_c(j\omega)]=L_{k1}(\omega)-L_{k1}^*(\omega) \tag{5-17}$$

这样，根据式(5-17)可确定出 $W_{k1}(j\omega)H_c(j\omega)$，进而可知 $W_{k1}(s)H_c(s)$，又已知 $W_{k1}(s)$，故可以确定出校正装置 $H_c(s)$。

下面通过一个例题介绍反馈校正的一般设计方法。

【例 5-5】 设系统结构图如图 5-13 所示。其中

$$W_{k1}(s)=\frac{10K_2}{(0.01s+1)(0.1s+1)}$$

$$W_{k2}(s)=0.1/s$$

要求选择 $H_c(s)$ 使系统达到如下指标：稳态位置误差等于零，稳态速度误差系数 $k_v=200\text{s}^{-1}$，相位裕量 $\gamma(\omega_c)\geqslant 45°$。

解 （1）根据系统稳态误差要求，选 $KK_2=200$，绘制下列对象特性的波德图，如图 5-14所示。则有

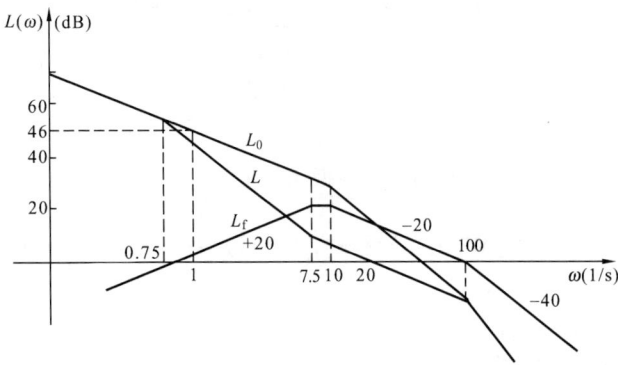

图 5-14 ［例 5-5］的开环对数频率特性图

$$W_0(s)=\frac{200}{s(0.1s+1)(0.01s+1)}$$

其中局部闭环部分的原系统传递函数为

$$W_2(s)=\frac{10K_2}{(0.1s+1)(0.2s+1)}$$

由图 5-14 可见，$L_0(\omega)$ 以 -40dB/dec 过零，显然不能满足要求。

（2）期望特性的设计。本例中，采用直接以 $\gamma(\omega_c)$ 满足要求来设计期望特性。首先，低频段不变。中频段由于指标中未提 ω_c 的要求，从近似设计在 $\omega=\omega_c$ 处的精度以及 ω_c 高些对系统快速性有利两者综合考虑，选 $\omega_c=20\text{s}^{-1}$。

高中频连线，直接延长于 $L_0(\omega)$ 交于 $\omega_2 = 100s^{-1}$ 正好和 L_0 的一个交接频率重合，以后同 $L_0(\omega)$。

低中频连线，考虑到中频区应有一定的宽度及 $\gamma(\omega_c) \geqslant 45°$ 的要求，预选 $\omega_1 = 7.5s^{-1}$。过 ω_1 作 $-40dB/dec$ 斜率的直线交 $L_0(\omega)$ 于 $\omega_0 = 0.75s^{-1}$，于是整个期望特性设计完毕。

（3）检验。从校正后的期望特性上很容易求得 $\omega_c = 20s^{-1}$，$\gamma(\omega_c) = 49°$，均满足要求。

（4）校正装置的求取。使 $L_0(\omega) - L(\omega) = L_f(\omega)$，$L_f(\omega) > 0$。

至于 $L_f(\omega) < 0$ 部分，在低频区用直线延长的办法得到，在高频区为了包含 $W_2(s)$ 的交接频率，在 $\omega = 100$ 处转换成 $-40dB/dec$ 的斜率，整个 $L_f(\omega)$ 曲线也画在图 5-14 中。

于是

$$W_L(s) = W_2(s)H_c(s) = \cfrac{\cfrac{1}{0.75}s}{\left(\cfrac{1}{7.5}s+1\right)\left(\cfrac{1}{10}+1\right)\left(\cfrac{1}{100}s+1\right)}$$

则

$$H_c(s) = \cfrac{\cfrac{1}{0.75K_2}s}{\left(\cfrac{1}{7.5}s+1\right)}$$

三、复合校正

通过上述分析，已经看到串联校正和反馈校正都能有效地改善系统的动态性能和稳态性能，因此，在自动控制系统中获得了普遍应用。当控制系统精度要求较高时，可采用复合校正对系统进行校正。

将复合控制思想用于系统设计就是复合校正。复合校正是采用前馈控制和反馈控制有机结合起来的校正方法，加入前馈控制能够实现在输入或扰动变化后，在输出误差产生之前就对它进行补偿，以便及时准确地消除输入或扰动变化产生的稳态及动态误差。根据补偿信号的不同，复合校正可分为对输入补偿的复合校正和对扰动补偿的复合校正两种情况，结构图及补偿条件详见第三章，其中前馈补偿装置 $W_c(s)$ 即为校正装置。

加入前馈校正后，系统误差大大减小，但是因为系统的特征方程未发生变化，所以系统的稳定性及各项动态性能并不受影响，但实现较困难。

第三节　控制系统的工程设计方法

工程设计方法又称期望对数频率特性法，使用这种方法进行串联校正装置的设计非常有效。期望对数频率特性法是在对数频率特性上进行的，如图 5-15 所示。下面分析一下这种设计方法的本质过程。

$W_k(s)$ 是原系统的开环传递函数，$W_c(s)$ 是校正装置传递函数，$W_k'(s)$ 为加入串联校正装置 $W_c(s)$ 后的等效开环传递函数。显然

$$W_k^*(s) = W_c(s)W_k(s)$$

以 $j\omega$ 替代 s，则在复频域内有

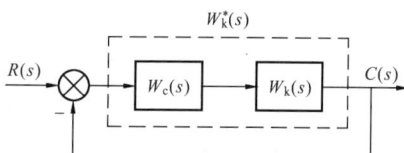

图 5-15　期望特性法示意图

$$W_k^*(j\omega) = W_c(j\omega)W_k(j\omega) \qquad (5\text{-}18)$$

对式(5-18)两边同时取对数幅频特性,则

$$L_k^*(\omega) = L_c(\omega) + L(\omega)$$

或

$$L_c(\omega) = L_k^*(\omega) - L(\omega)$$

$L(\omega)$ 是已知的,若校正后的幅频特性 $L_k^*(\omega)$ 已知,则校正装置的幅频特性便可方便求出,进而便可确定出 $W_c(s)$,这里关键问题是 $L_k^*(\omega)$ 的获得。定义 $L_k^*(\omega)$ 为期望对数幅频特性。它是根据提出的系统稳态性能指标和动态性能指标,并考虑到未校正系统而确定的一种期望的、校正后系统应具有的开环对数幅频特性。这样,确定了 $L_k^*(\omega)$,又已知了 $L(\omega)$,便可设计出校正装置 $W_c(s)$。这就是期望对数频率特性法的设计思路。

根据设计思路,很容易得到这种校正方法的设计步骤:

(1) 绘制未校正系统的开环对数幅频特性。为简化设计过程,通常绘制已满足系统稳定性能要求对应的未校正系统的对数幅频特性。

(2) 根据动态性能指标要求,绘制出系统的期望对数幅频特性 $L'_k(\omega)$。

(3) 用期望对数幅频特性曲线 $L'_k(\omega)$ 减去未校正系统的对数幅频特性曲线 $L(\omega)$,即可确定出并联校正装置的对数幅频特性曲线 $L_c(\omega)$。并根据波德图,确定出校正装置 $W_c(s)$ 的结构和参数。

(4) 将校正装置串入原系统后,校验其性能指标是否满足要求。通常若计算得出的校正装置形式较复杂,且进行过近似处理,必须进行动态校验。否则,视具体情况可不进行动态校验。

需要说明的是,这种设计方法只考虑开环对数频率特性,而未考虑相频特性的变化,故只适用于最小相位系统。因为最小相位系统的开环对数幅频特性与相频特性是一一对应的。

具体校正时,针对不同类型、阶次的系统,可以选择的常见期望特性有二阶期望特性、三阶期望特性与四阶期望特性。下面结合例题介绍二阶期望特性与三阶期望特性设计法。

一、按最佳二阶系统设计

1. 二阶期望特性

校正后系统成为典型的二阶系统,又称 I 型二阶系统。其传递函数为

$$W_k^*(s) = W_c(s)W_k(s) = \frac{K}{s(Ts+1)} = \frac{\omega_n^2}{s(s+2\zeta\omega_n)} = \frac{\frac{\omega_n}{2\zeta}}{s\left[\left(\frac{1}{2\zeta\omega_r}\right)s+1\right]}$$

式中,$T = 1/(2\zeta\omega_r)$ 为时间常数,$K = \omega_n/(2\zeta)$ 为开环放大系数。

取其频率特性可得

$$W_k^*(j\omega) = \frac{\frac{\omega_n}{2\zeta}}{j\omega\left[\left(\frac{1}{2\zeta\omega_n}\right)j\omega+1\right]} \qquad (5\text{-}19)$$

绘制式(5-19)对应的对数频率特性如图 5-16 所示。

由图 5-16 可知,穿越频率 $\omega_c = K = \omega_n/(2\zeta)$,一个转折频率 $\omega_2 = 2\zeta\omega_n$。这是一个典型的

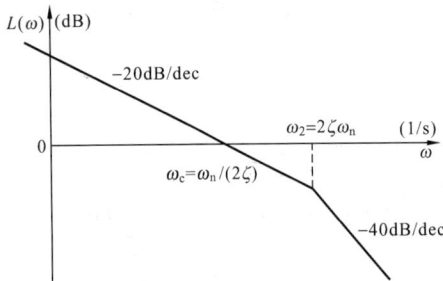

图 5-16 二阶期望对数幅频特性

二阶系统。工程上常取阻尼比 $\zeta=0.707$ 作为二阶工程最佳特性。此时，各项性能指标为

$$\delta\% = 4.3\%$$
$$t_s = 6T$$
$$\omega_c = \omega_2/2$$
$$\gamma = 63.4°$$

2. 应用举例

【例 5-6】　某单位负反馈系统开环传递函数为

$$W_k(s) = \frac{8}{(0.05s+1)(0.01s+1)}$$

若把系统校正成 $\zeta=0.707$ 时的典型二阶系统，试确定校正装置结构及参数。

解　（1）绘制原系统的波德图，如图 5-17 所示。

（2）绘制期望开环对数幅频特性。为了尽可能提高系统快速性，又不致使校正装置形式过于复杂，这里取 $\omega_2^* = \omega_2 = 1/T_2 = 100$。

由

$$\frac{\omega_c'}{\omega_2'} = \frac{1}{2}$$

得

$$\omega_c' = 50$$

于是可以作出期望特性曲线，如图 5-17 中 $L^*(\omega)$ 所示。对应开环放大系数为

$$K^* = \omega_c^* = 50$$

（3）确定校正装置传递函数。在图 5-17 中，用曲线 $L^*(\omega)$ 减去 $L(\omega)$，即可得到校正装置频率特性曲线 $L_c(\omega)$。

对应图中 $L_c(\omega)$ 的参数，可写出校正装置的传递函数。由于原系统开环放大系数 $K=8$，达不到 $K^*=50$ 的要求，故校正装置需要提升不足的这部分放大系数，则有

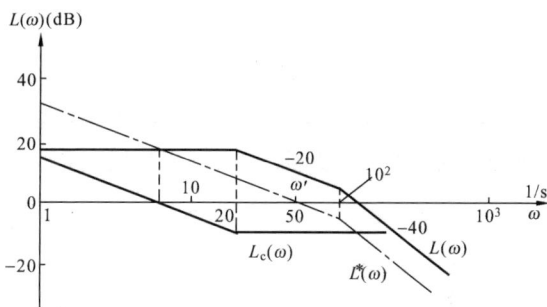

图 5-17　[例 5-6] 的波德图

$$W_c(s) = \frac{50}{8} \times \frac{0.05s+1}{s} = 6.25 \times \frac{0.05s+1}{s}$$

因本例得到的校正装置形式简单，且计算过程中无近似计算，故可不进行动态校验。

二、按最佳三阶系统设计

1. 三阶期望特性

校正后系统成为三阶系统，又称Ⅱ型三阶系统，其开环传递函数为

$$W_k(s) = \frac{K(T_1 s+1)}{s^2(T_2 s+1)}$$

其中，$1/T_1 < \sqrt{K} < 1/T_2$。

对应的频率特性为

$$W_k(j\omega) = \frac{K(jT_1\omega+1)}{(j\omega)^2(jT_2\omega+1)}$$

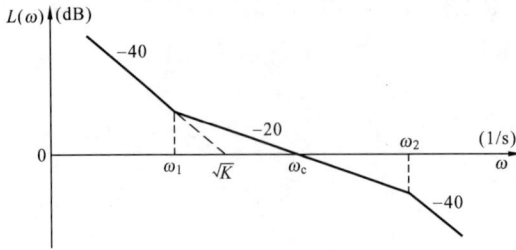

图 5-18   三阶期望对数幅频特性

绘制其开环对数幅频特性如图 5-18 所示。

其中 $\omega_1 = 1/T_1$，$\omega_2 = 1/T_2$。该期望特性对应的系统稳态速度误差系数 $k_v = \infty$，加速度误差系数 $k_a = K$。其暂态特性与穿越频率 ω_c 及中频宽度 $h = \omega_2/\omega_1$ 有关，其关系为

$$h = \omega_2/\omega_1 = T_1/T_2$$

h 确定的情况下，可按下列关系来确定转折频率 ω_1 和 ω_2

$$\omega_1 = \frac{2}{h+1}\omega_c$$

$$\omega_2 = \frac{2h}{h+1}\omega_c$$

h 将决定校正后系统的暂态性能，如频域的 M_p 和 γ，对应关系见表 5-4，供设计时参考。

表 5-4   **频域指标 M_p 和 γ 与 h 的关系**

h	3	4	5	6	7	8	9	10
M_p	2	1.67	1.5	1.4	1.33	1.29	1.25	1.22
γ	30°	36°	42°	46°	49°	51°	53°	55°

通常把 $h = 4$ 时的设计称为三阶最佳设计，此时

$$h = \frac{\omega_2}{\omega_1} = 4, \quad T_1 = 4T_2, \quad K = \frac{1}{8T_2^2}$$

$$W_k(s) = \frac{(4T_2 s + 1)}{8T_2^2 s^2 (T_2 s + 1)}$$

2. 应用举例

【例 5-7】   设单位负反馈系统的开环传递函数为

$$W_k(s) = \frac{40}{s(0.005s + 1)}$$

试用三阶最佳设计方法为其设计串联校正装置 $W_c(s)$。

解   (1) 绘制原系统的开环对数幅频特性 $L(\omega)$，如图 5-19 所示。可求出 $\omega_c = 40$。

(2) 绘制期望对数幅频特性曲线 $L^*(\omega)$。

为简化校正装置的设计，同时因为未限定具体指标，可取 $T_2 = 0.005$，即保留原系统高频段转折频率。这样，依据三阶最佳设计法可知

$$T_1 = hT_2 = 4 \times 0.005 = 0.02$$

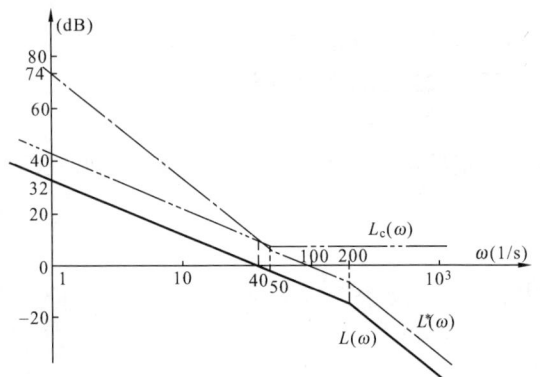

图 5-19   [例 5-7] 的开环对数幅频特性

$$K = \frac{1}{8T_2^2} = \frac{1}{8 \times (0.005)^2} = 5000$$

故期望开环传递函数为

$$W_k(s) = \frac{5000(0.02s+1)}{s^2(0.005s+1)}$$

其对应波德图见图 5-19 中 $L^*(\omega)$ 曲线所示。

（3）确定 $W_c(s)$。用 $L^*(\omega)$ 曲线减去 $L(\omega)$ 曲线，可得到 $L_c(\omega)$ 曲线，该曲线即为校正装置波德图。从图中可看出，低频段斜率为 -20dB/dec、$\omega=1$ 时，$L_c(\omega)=42$，可取 $K=125$；有一个转折频率为 50。故

$$W_c(s) = \frac{125(0.02s+1)}{s}$$

（4）本题未给出具体性能指标要求，故不作动态校验。

3. 关于 $W_c(s)$ 形式的确定问题

三阶最佳设计的关键是选择合适的 $W_c(s)$，使得

$$W_k^*(s) = W_k(s)W_c(s) = \frac{K(T_1s+1)}{s^2(T_2s+1)}$$

常见的选择方式如下：

（1）若 $W_k(s) = \dfrac{K_0}{s(T_0s+1)}$，则可选 PI 调节器，即 $W_c(s) = \dfrac{\tau s+1}{Ts}$，使得

$$W_k^*(s) = \frac{K_0}{T}\frac{(\tau s+1)}{s^2(T_0s+1)}$$

（2）若 $W_k(s) = \dfrac{K_0}{(T_{01}s+1)(T_{02}s+1)}$，且有 $T_{01} \gg T_{02}$，则将 $W_k(s)$ 简化为 $W_k(s) \approx \dfrac{K_0}{T_{01}(T_{02}s+1)}$，仍可按（1）进行处理。

（3）若 $W_k(s) = \dfrac{K_0}{s(T_{01}s+1)(T_{02}s+1)}$，则可选 PID 调节器，即 $W_c(s) = \dfrac{(\tau_1s+1)(\tau_2s+1)}{Ts}$，并令 $\tau_2 = T_{01}$（或 T_{02}），使得

$$W_k^*(s) = \frac{K_0}{T}\frac{(\tau_1s+1)}{s^2(T_{02}s+1)}$$

（4）若在（3）的 $W_k(s)$ 中还带有更低的惯性环节，则按（2）的简化方法化为（3）；若 $W_k(s)$ 还带有几个高频率的惯性环节，则由于它们的时间常数都较小，因此可合并为一个惯性环节，从而化为（3）的情况，如

$$W_k(s) = \frac{K_0}{s(T_{01}s+1)(T_{03}s+1)(T_{04}s+1)(T_{05}s+1)} \approx \frac{K_0}{s(T_{01}s+1)(T_{02}s+1)}$$

其中，$T_{02} = T_{03} + T_{04} + T_{05}$。

小　　结

（1）在控制系统中，通过附加某种电气装置来改善系统预期的性能指标的方法，称为校正，该电气装置便称为校正装置。

（2）校正装置通常分为无源校正装置和有源校正装置。无源校正装置由阻容元件组成，结构简单，缺点是直流放大系数不理想。有源校正装置由阻容元件和运算放大器组成，其直流放大系数有很大的调整空间，故实际中有源校正装置应用较多。

（3）按校正装置与系统开环传递函数连接的方式不同，可将校正分为串联校正、并联校正和复合校正。串联校正由于设计简单，效果显著，实际中应用较多。并联校正设计上稍显复杂。但它具有较高的精度，在某些特殊要求场合是串联校正无法替代的。复合校正是一种综合的设计方法，往往对系统校正具有特殊要求时才采用，设计过程繁琐。

（4）串联校正按其作用机制不同可分为串联滞后校正、串联超前校正和串联滞后—超前校正。

串联超前校正：利用校正装置的超前相角来提高系统的相角裕量 γ，从而改善动态性能。

串联滞后校正：利用对中、高频段幅值的衰减作用，提高系统的稳态性能。通过降低系统的穿越频率 ω_c 来换取相角裕量 γ 的提高。当原系统在 ω_c 附近相角 $\varphi(\omega)$ 急剧变化时，该校正效果非常明显。另外，这种校正装置可在不改变动态特性的前提下，提高系统的静态指标。无论哪种作用，都要注意使最大滞后角远离中频段 ω_c，以减小其对动态特性的负面影响。

串联滞后—超前校正，是一种比较优秀的校正装置。它兼有滞后校正对静态特性的提高，和超前校正对动态性能的改善。缺点是设计过程较烦琐。实际上，当滞后校正装置的参数 α 与超前校正装置的参数 β 互为倒数时，这两个装置的串联即为滞后—超前校正装置。

（5）反馈校正，它的校正实质是在原有开环传递函数上引入一负反馈网络。使系统在中频段上特性取决于该校正网络。因此只要校正装置具有良好的特性，校正便是成功的。需要注意的是，引入反馈后，构成了局部闭环，该局部闭环必须是稳定的。

（6）常用的期望频率特性法有最佳二阶系统设计法、最佳三阶设计法和最小 M_r 设计法。最佳二阶设计法是按照典型 II 阶系统 $\zeta = 0.707$ 进行配置期望特性的，应用广泛。

习　　题

5-1　试回答下列问题：

（1）进行校正的目的是什么？为什么不能用改变系统开环增益的办法来实现？

（2）什么情况下采用串联超前校正？它为什么能改善系统性能？

（3）什么情况下采用串联滞后校正？它主要能改善系统哪方面性能？

（4）串联校正装置为什么一般都安置在偏差信号的后面，而不是在系统固有部分的后面？

5-2　单位负反馈系统的开环传递函数为 $W_k(s) = \dfrac{200}{s(0.1s+1)}$，试设计一个校正装置使系统的相角裕量不小于 $45°$、截止频率不低于 $50\mathrm{rad/s}$。

5-3　电动机调速系统的开环传递函数为 $W_k(s) = \dfrac{4K_0}{s(0.5s+1)(0.05s+1)}$，试设计一个超前校正装置使校正后系统的 $k_v = 20\mathrm{s}^{-1}$，$\gamma \geqslant 38°$，$GM \geqslant 10\mathrm{dB}$。

5-4 电动机调速系统的开环传递函数为 $W_k(s) = \dfrac{4K_0}{s(0.5s+1)(0.05s+1)}$，试设计一个滞后校正装置使校正后系统的 $k_v = 20s^{-1}$，$\gamma \geqslant 38°$，$GM \geqslant 10dB$。

5-5 电动机调速系统的开环传递函数为 $W_k(s) = \dfrac{20}{s(0.5s+1)(0.05s+1)}$，现要求系统在斜坡信号输入下的稳态误差为零，且相角裕量大于 $45°$，试用希望特性法进行校正，求出校正装置的传递函数。

5-6 控制系统结构图如图 5-20 所示，要求设计 $W_c(s)$ 和调整 K，使得系统在单位斜坡信号作用下 $e_{ss} \leqslant 0.01$，$\gamma \geqslant 45°$，$\omega_c \geqslant 40$。

5-7 控制系统结构如图 5-21 所示，选取 $W_c(s)$ 使干扰 N 对系统无影响；选取 K_2 使系统阻尼比等于 0.707。

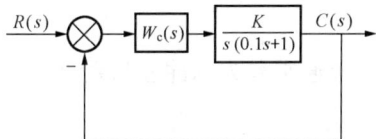

图 5-20 习题 5-6 控制系统结构图

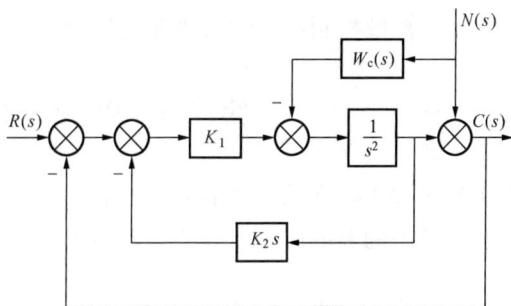

图 5-21 习题 5-7 控制系统结构图

5-8 控制系统结构如图 5-22 所示，要求采用速度反馈校正使系统阻尼比为 1，试求校正装置的参数并比较校正前后系统的稳态精度。

5-9 单位负反馈控制系统开环传递函数为 $W_k(s) = \dfrac{K}{s(s+1)(0.5s+1)}$，要求校正后系统的 $k_v \geqslant 5$，$\gamma \geqslant 40°$，试设计串联校正装置。

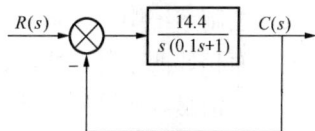

图 5-22 习题 5-8 控制系统结构图

5-10 设单位负反馈控制系统开环传递函数为 $W_k(s) = \dfrac{K}{s(s+1)(0.5s+1)}$，要求校正后的系统满足下列性能指标：$\gamma \geqslant 50°$，$GM \geqslant 10dB$，$k_v \geqslant 10$，试设计一滞后—超前校正装置。

5-11 已知系统固有部分传递函数 $W_0(s) = \dfrac{40}{s(0.2s+1)(0.01s+1)}$，试将系统校正成典型 Ⅰ 型系统。

第六章　线性离散控制系统的分析

　　前面几章研究的控制系统，其所有的信号都是模拟信号，即都是时间变量 t 的连续函数。通常把这类系统称为连续时间系统，简称连续系统。而在工程实践中，往往还有另一类控制系统，其内部有一处或几处信号是一串脉冲或数码，换句话说，这些信号仅定义在离散时间上，则这样的系统称为离散时间系统，简称离散系统。

　　本章中，首先简要介绍线性离散控制系统，而后针对线性离散控制系统的特点，着重介绍线性离散控制系统的基本概念、相应的数学工具以及线性离散控制系统分析的某些方法，这是设计线性离散控制系统的重要理论基础。

第一节　离散控制系统概述

　　在工程实践中，常见的离散系统有下面两种：

　　（1）系统中的离散信号是脉冲序列形式的，此类系统通常称为脉冲控制系统或采样控制系统。

　　（2）系统中的离散信号是数字序列形式的，此类系统通常称为数字控制系统或计算机控制系统。

一、采样控制系统

　　在采样控制系统中，采样器只在特定的离散时刻上对连续信号进行采样，获取的数据是脉冲序列，而相邻两个脉冲之间的数据信息，系统并没有收到。如果在有规律的间隔上，系统取到了离散信息，则这种采样称为周期采样；反之，如果信息之间的间隔是时变的或随机的，则称为非周期采样或随机采样。本章仅讨论周期采样。在这一假定下，如果系统中有几个采样器，则它们应该是同步等周期的。

　　在现代控制技术中，采样控制系统有许多实际的应用。以工业过程控制中的炉温采样控制系统为例，分析采样控制系统的特点。

　　图 6-1 所示为炉温采样控制系统原理图。其工作原理如下：

　　炉温的给定值，由给定电位器给出。当炉温 θ 偏离给定值时，测温电阻的阻值发生变化，使电桥失去平衡，这时检流器指针发生偏转，其偏角为 s。检流器是一个高灵敏度的元件，不允许在指针与电位器之间有摩擦力，故由一套专门的同步电动机通过减速器带动凸轮运转，使检流器指针周期性地上下运动，每隔 T 秒与电位器接触一次，每次接触时间为 τ。其中，T 称为采样周期，τ 称为采样持续时间。当炉温连续变化时，电位器的输出是一串宽度为 τ 的脉冲电压信号 $e_\tau^*(t)$，如图 6-2（a）所示。$e_\tau^*(t)$ 经放大器、电动机及减速器去控制阀门开度 φ，以改变加热气体的进气量，使炉温趋于给定值。

　　在炉温控制过程中，如果采用连续控制方式，则无法解决控制精度与动态性能之间的矛盾。因为炉温调节是一个大惯性过程，当加大开环增益以提高系统的控制精度时，由于系统的灵敏度相应提高，在炉温低于给定值的情况下，电动机将迅速增大阀门开度，给炉子供应

图 6-1　炉温采样控制系统原理图

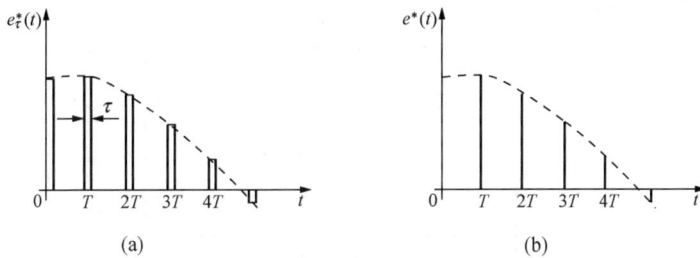

图 6-2　电位器的输出电压

更多的加热气体，但因炉温上升缓慢，在炉温升到给定值时，电动机已将阀门的开度开得更大了，从而炉温继续上升，结果造成反方向调节，引起炉温振荡性调节过程；而在炉温高于给定值的情况下，具有类似的调节过程。如果对炉温进行采样控制，只有当检流器的指针与电位器接触时，电动机才在采样信号作用下产生旋转运动，进行炉温调节；而在检流器与电位器脱开时，电动机就停止不动，保持一定的阀门开度，等待炉温缓慢变化。在采样控制的情况下，电动机时转时停，所以调节过程中超调现象大为减小，甚至在采用较大开环增益的情况下也是如此，不但能保证系统稳定，而且能使炉温调节过程无超调。

　　由上面的分析可知，在采样控制系统中不仅有模拟信号，还有脉冲信号。为了使两种信号在系统中能相互传递，在连续信号和脉冲信号之间要用采样器，而在脉冲信号和连续信号之间要用保持器，以实现两种信号的转换。

　　根据采样器在系统中所处的位置不同，可以构成各种采样系统。采样控制系统的典型结构如图 6-3 所示。图中，S 为理想采样开关，其采样瞬时的脉冲幅值，等于相应采样瞬时误差信号 $e(t)$ 的幅值，且采样持续时间趋于零，$e^*(t)$ 为 $e(t)$ 脉冲序列；$W_c(s)$ 为控制器的传递函数；$u^*(t)$ 为控制器的输出信号，亦为脉冲序列；$W_h(s)$ 为保持器的传递函数；$W_p(s)$ 为被控对象的传递函数；$H(s)$ 为测量变送反馈元件的传递函数。

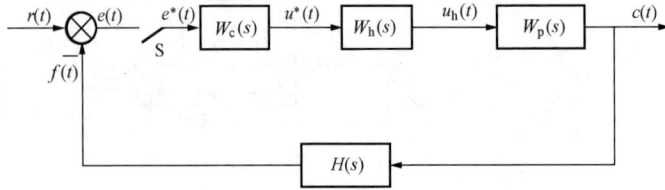

图 6-3 采样控制系统典型结构图

由图 6-3 可见，采样开关 S 输出 $e^*(t)$ 的幅值，与其输入 $e(t)$ 的幅值之间存在线性关系。当采样开关和系统其余部分的传递函数都具有线性特性时，这样的系统就称为线性采样系统。

二、数字控制系统

数字控制系统是一种以数字计算机为控制器去控制具有连续工作状态的被控对象的闭环控制系统。因此，该系统包括工作于离散状态下的数字计算机和工作于连续状态下的被控对象两大部分。数字控制系统具有一系列的优越性，在军事、航空及工业过程控制中，得到了广泛的应用。以电炉温度控制系统为例，分析数字控制系统的特点。

图 6-4 所示为炉温数字控制系统原理图。

图 6-4 炉温数字控制系统原理图

本系统采用微型计算机作为数字控制器，具有稳态精度高、快速响应好、抗扰能力强等特点。整个系统主要由控制计算机、被控对象和温度反馈三部分组成。系统的设定温度（离散的数字信号）可由计算机给出，电炉实际的温度由热电偶测量得到，是连续的模拟信号。由于计算机只能接受数字信号，所以必须利用 A/D 变换器，将它转化为数字量，送入计算机。在计算机中，计算出设定温度与检测出的实际温度的误差 $\bar{e}^*(t)$（离散的数字信号），通过合适的控制算法，产生控制信号 $\bar{u}^*(t)$（离散的数字信号），驱动整流器为电阻炉加热。由于实际的整流器为模拟器件，因此必须使用 D/A 变换器将控制信号转化为连续的模拟信号。

在本例中，计算机作为系统的控制器，其输入和输出只能是数字信号，即在时间上和幅值上都离散量化的信号，而系统中被控对象和测量元件的输入和输出都是连续信号，所以在计算机控制系统中，需要应用 A/D（模/数）和 D/A（数/模）转换器，以实现两种信号的转换。计算机控制系统的典型原理图如图 6-5 所示。

数字计算机在对系统进行实时控制时，每隔 T 秒进行一次控制修正，T 为采样周期。

图 6-5　计算机控制系统典型原理图

在每个采样周期中，控制器要完成对于连续信号的采样编码（即 A/D 过程）和按控制规律进行的数码运算，然后将计算结果转换成连续信号（即 D/A 过程）。因此，A/D 转换器和 D/A 转换器是计算机控制系统中的两个特殊环节。

　　A/D 转换器是把连续的模拟信号转换为离散数字信号的装置。若 A/D 转换器有足够的字长来表示数码，且量化单位 q 足够小，故由量化引起的幅值的断续性可以忽略。若认为采样编码过程瞬时完成，并用理想脉冲来等效代替数字信号，则数字信号可以看成脉冲信号，A/D 转换器就可以用一个采样周期为 T 的理想采样开关 S 来表示。

　　D/A 转换器是把离散的数字信号转换为连续模拟信号的装置，它可以把离散数字信号转换为离散的模拟信号，同时将离散的模拟信号再复现为连续的模拟信号，起到了信号保持器的作用。当采样频率足够高时，其输出的信号将趋近于连续信号。

　　由上面的分析可知，若将 A/D 转换器用采样周期 T 的理想开关 S 来代替，将 D/A 转换器用保持器取代，其传递函数为 $W_h(s)$；图 6-5 中数字控制器等效为一个传递函数为 $W_c(s)$ 的脉冲控制器与一个周期为 T 的理想采样开关相串联，采样开关每隔 T 秒输出的脉冲强度为 $u^*(t)$。如果再令被控对象的传递函数为 $W_p(s)$，测量元件的传递函数为 $H(s)$，则图 6-5 的等效采样系统结构图如图 6-6 所示。实际上，图 6-6 也是数字控制系统的常见典型结构图。

图 6-6　数字控制系统的常见典型结构图

第二节　信号的采样与保持

　　在控制系统中，常见的信号有模拟信号、离散模拟信号和数字信号。模拟信号是指在时间和幅值上都是连续的信号。在数学上用连续函数 $f(t)$ 表示；离散模拟信号是指在时间上是离散的，而在幅值上是连续的信号；数字信号表示在时间上是离散的，在幅值上也是离散的信号。

　　当控制系统中存在的信号不是单一信号时，可以通过采样器和保持器，实现各种信号间的转换。

一、信号的采样

采样是指将模拟信号利用采样开关，按照一定的时间间隔，重复开闭抽样，变成离散模拟信号的过程。采样开关重复开闭的时间间隔称为采样周期。实现采样功能的装置，称为采样器。

采样器是离散控制系统的一个基本元件。当采样的形式为等周期采样时，采样器的理想模型相当于每隔 T 秒闭合一次的开关，T 即为采样周期。采样持续的时间 τ 很短，一般 $\tau \leqslant 0.1T$。在采样时间 τ 内有信号传递，而在一个采样周期 T 中的其余 $T - \tau$ 时间内则无信号传递。而采样过程是指，将一个连续的输入信号，经过开关采样后转变为在采样开关闭合瞬间 0、T、$2T$、$\cdots$、nT 发生的一连串脉冲输出信号。

1. 实际采样器

实际采样器即一个模拟电子开关，将连续的输入量 $f(t)$ 变换为脉冲数值序列 $f(kT)$，也就是模拟离散量。采样器和信号的输入、输出关系如图 6-7 所示。

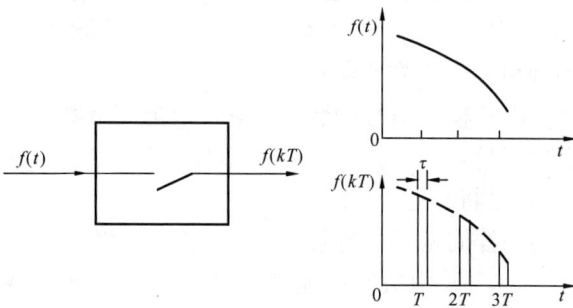

图 6-7 中，T 即采样周期，τ 为采样持续时间。这时采样开关的输出是由一系列的矩形波的离散量所组成，τ 决定了数值序列 $f(kT)$ 的宽度。可以采用一组二进制代码，用来逼近离散模拟信号的幅值并将其转化为数字信号，此过程称为量化。

图 6-7　实际采样器和采样数值序列

2. 脉冲采样器

在离散控制系统中，为了便于应用 z 变换、脉冲传递函数和差分方程等数学工具进行描述、分析和研究，引入理想脉冲器的概念。即在实际采样器的输出端增加一个理想脉冲调制器，当输入端信号为时间函数 $f(t)$ 时，则其输出将是一个脉冲序列 $f^*(t)$，其数学表达式为

$$f^*(t) = \sum_{k=0}^{\infty} f(kT)\delta(t - kT) \qquad (6-1)$$

式中　　$f^*(t)$——输出脉冲序列；

　　　　$f(kT)$——输出脉冲数值序列；

　　$\delta(t - kT)$——发生在 $t = kT$ 时刻的单位脉冲。

单位脉冲函数的定义为

$$\left.\begin{aligned} \delta(t - kT) &= \begin{cases} \infty & (t = kT) \\ 0 & (t \neq kT) \end{cases} \\ \int_{-\infty}^{+\infty} \delta(t - kT)\,\mathrm{d}t &= 1 \end{aligned}\right\} \qquad (6-2)$$

应该指出，具有无穷大幅值和持续时间为 0 的理想单位脉冲是数学上的假设，实际物理系统中不会发生。在实际应用中，只有计算面积或强度才有意义。另外，只有当采样持续时间 τ 远小于采样周期 T 及系统不可变部分的时间常数时，采样开关才可以近似视为理想单位脉冲发生器。

理想脉冲采样器结构及波形如图 6-8 所示。

下面分析一下 $f^*(t)$ 的物理意义：

在每个采样时刻，脉冲采样器输出一个脉冲，其高度为无限大，但强度为有限值 $f(kT)$。根据理想单位脉冲函数的定义，在采样开关闭合时，$f(kT)$ 与 $f(t)$ 的瞬时值相等，故式(6-1)还可描述为

$$f^*(t) = f(t) \sum_{k=0}^{\infty} \delta(t - kT) \qquad (6-3)$$

式（6-3）表明，离散控制系统的采样过程可以理解为脉冲调制过程，采样开关只起着理想脉冲发生器的作用，通过它将连续信号 $f(t)$ 调制成脉冲序列 $f^*(t)$。

二、采样定理

通过前面的分析可知，采样器的理想模型为一个采样开关，在一个采样周期内，信号只在极短的采样时间 τ 内传递，而在其余的（$T-\tau$）时间内无信号通过，在这段时间内控制系统处于断开状态。如果采样角频率 ω_s 太低或采样周期 T 太长，信号经过采样以后将过多地丢失输入信号中的某些信息；如果采样角频率 ω_s 太高或采样周期 T 太短，将导致数据采集量、存储量及运算量过多。因此合理选择采样角频率 ω_s 非常重要。

设有一连续时间信号 $f(t)$，其频带宽度是有限的，最高频率为 w_{max}，带宽为 $2w_{max}$，如图 6-9所示。

该信号若经过采样周期为 T 的采样开关采样，可得其离散信号 $f^*(t)$，其表达式为

$$f^*(t) = f(t)\delta_T(t) = \sum_{k=0}^{\infty} f(kT)\delta(t - kT)$$

$$(6-4)$$

图 6-8　理想脉冲采样器结构及波形
（a）脉冲采样器；（b）脉冲采样波形

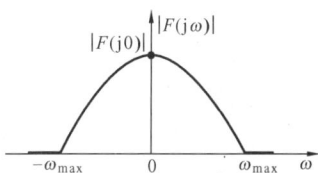

图 6-9　连续信号 $f(t)$ 的频谱

由于 $\delta_T(t) = \sum\limits_{k=0}^{\infty} \delta(t - kT)$ 是周期函数，可以展开为复数形式的傅氏级数

$$\delta_T(t) = \sum_{k=0}^{\infty} \delta(t - kT) = \sum_{n=-\infty}^{+\infty} C_n e^{jn\omega_s t} \qquad (6-5)$$

式中　ω_s——采样角频率，$\omega_s = \dfrac{2\pi}{T}$；

C_n——傅氏系数。

$$C_n = \frac{1}{T} \int_{-\frac{T}{2}}^{\frac{T}{2}} \delta_T(t) e^{-jn\omega_s t} dt = \frac{1}{T} \int_{0^-}^{0^+} \delta(t) e^{-jn\omega_s t} dt = \frac{1}{T} e^{-jn\omega_s t} \Big|_{t=0} = \frac{1}{T} \qquad (6-6)$$

将式 (6-6) 代入式 (6-5) 中，可知

$$\delta_T(t) = \frac{1}{T} \sum_{n=-\infty}^{+\infty} e^{jn\omega_s t} \qquad (6-7)$$

于是可知

$$f^*(t) = f(t)\delta_T(t) = f(t)\frac{1}{T} \sum_{n=-\infty}^{+\infty} e^{jn\omega_s t} = \frac{1}{T} \sum_{n=-\infty}^{+\infty} f(t) e^{jn\omega_s t} \qquad (6-8)$$

对式 (6-8) 两边取拉氏变换，可得

$$F^*(s) = \frac{1}{T} \sum_{n=-\infty}^{+\infty} L[f(t) e^{jn\omega_s t}]$$

利用拉氏变换的平移定理，上式可变为

$$F^*(s) = \frac{1}{T} \sum_{n=-\infty}^{+\infty} F(s - jn\omega_s) \qquad (6-9)$$

或 $F^*(s)$ 的极点均在 S 平面左半平面，可用 $j\omega$ 替代式 (6-9) 中的 s，便得到了离散信号 $f^*(t)$ 的傅氏变换

$$F^*(j\omega) = \frac{1}{T} \sum_{n=-\infty}^{+\infty} F[j(\omega - n\omega_s)] \qquad (6-10)$$

故采样信号 $f^*(t)$ 的频谱为

$$|F^*(j\omega)| = \frac{1}{T} \Big| \sum_{n=-\infty}^{+\infty} F[j(\omega - n\omega_s)] \Big| \qquad (6-11)$$

它是采样角频率 ω_s 的周期函数。当 $\omega_s > 2\omega_{max}$ 时，式 (6-11) 中和的模等于模的和，此时采样信号 $f^*(t)$ 的频谱 $|F^*(j\omega)|$ 可表示为

$$|F^*(j\omega)| = \frac{1}{T} \Big| \sum_{n=-\infty}^{+\infty} F[j(\omega - n\omega_s)] \Big| = \frac{1}{T} \sum_{n=-\infty}^{+\infty} |F[j(\omega - n\omega_s)]|$$

$$= \cdots + \frac{1}{T} \Big| F[j(\omega + \omega_s)] \Big| + \frac{1}{T} \Big| F(j\omega) \Big| + \frac{1}{T} \Big| F[j(\omega - \omega_s)] \Big| + \cdots \qquad (6-12)$$

其中 $n=0$ 时的频谱 $\frac{1}{T} |F(j\omega)|$ 与采样前连续信号 $f(t)$ 的频谱 $|F(j\omega)|$ 相同，只不过幅值为 $f(t)$ 的频谱的 $\frac{1}{T}$ 倍。其余 $n=\pm 1, \pm 2, \cdots$ 时的各个频谱，均为由于采样而产生的高频频谱，对系统起了相当于扰动信号的不良作用，应设法予以消除。此时的 $f^*(t)$ 的频谱如图 6-10 所示。

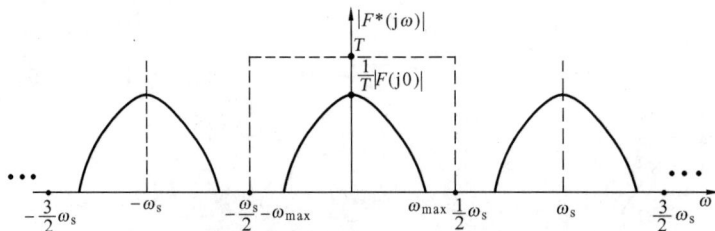

图 6-10 采样频率满足采样定理时离散信号的频谱

由图 6 - 10 可以发现，采样信号 $f^*(t)$ 的频谱中，各分量的频谱彼此分离，故可用理想的低通滤波器（其幅频特性为图 6 - 10 中的虚线矩形）滤去高频部分，获取出原信号的频谱 $|F(j\omega)|$，这样可不失真地恢复出采样器输入端的原信号。

当 $\omega_s < 2\omega_{max}$ 时，$n = 0$ 的部分将与 $n = 1$ 及 $n = -1$ 的频谱部分重叠，故使该部分的频谱特性不再与原信号相同，这种现象称为混叠。此时，无法使用低通滤波器从 $|F^*(j\omega)|$ 中恢复出 $|F(j\omega)|$，如图 6 - 11 所示。

总之，若想由离散信号 $f^*(t)$ 中无失真地恢复原信号 $f(t)$，必须使采样开关的角频率 $\omega_s = 2\pi/T$ 大于等于原信号最大频率 ω_{max} 的两倍。

图 6 - 11 采样频率不满足采样定理时离散信号的频谱

采样定理（又称香农定理）：对一个具有有限频谱的连续信号（$-\omega_{max} \leqslant \omega \leqslant \omega_{max}$）进行采样，若采样开关的角频率 $\omega_s \geqslant 2\omega_{max}$，即 $T \leqslant \dfrac{\pi}{\omega_{max}}$，就可以利用理想保持器由采样信号中无失真地恢复出原信号。

三、信号的恢复与保持

在离散控制系统中，为了不失真地复现采样器输入端的原信号，必须选择合适的采样周期（T 应满足采样定理），同时还应利用理想的低通滤波器来恢复相应的信号。这种信号的恢复过程又称信号的保持过程，所使用的低通滤波器又称为保持器。

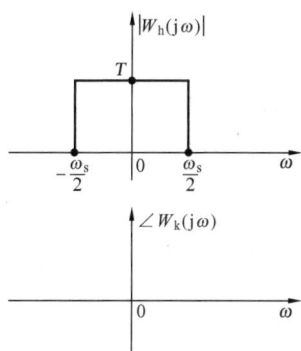

图 6 - 12 理想信号保持器的频率特性

保持器的作用有两方面：一是由于采样信号仅在采样开关闭合时才有输出，而在其余时间输出均为 0，故在两次采样开关闭合的间隔时间，应采取某种措施保持信号，即需解决两相邻采样时间的插值问题；二是保持器要对由于采样开关采样而产生的高频干扰分量进行滤波，以保证重构信号的准确性。

下面分析理想保持器和工程上常用的零阶保持器。

1. 理想信号保持器

由图 6 - 10 可知，若 $\omega_s \geqslant 2\omega_{max}$，则离散信号的频谱无重叠现象，故可用一个理想的低通滤波器完全恢复出原信号。该理想低通滤波器即为理想保持器，其频率特性如图 6 - 12 所示，具有锐截止的特点，其相频为零度。

显然，这种理想的信号保持器在工程上是无法实现的，只能得到类似于图 6 - 12 特性的信号保持器。零阶保持器就是其中的一种。

2. 零阶信号保持器

零阶保持器的数学定义为

$$f_h(kT + t') = \alpha_0 \quad (0 < t' < T)$$

零阶保持器是按常值规律将 k 个采样值外推到 $kT + t'$ 时间，只要确定出系数 α_0，则 $f_h(kT + t')$ 即被唯一确定。故零阶保持器的输出函数为

图 6 - 13 信号经采样保持后的变化

$$f_h(kT + t') = \alpha_0 = f(kT) \qquad (6-13)$$

即零阶保持器的输出值仅在每个采样时刻发生变化，而在两个相邻采样时刻之间的输出值是不变的。因而使离散信号恢复为一个阶梯状的连续信号，对应工作波形如图 6 - 13 所示。

若零阶保持器的输入信号 $r(t)$ 为单位脉冲 $\delta(t)$，则零阶保持器的输出 $f_h(t)$ 是幅值为 1，宽度为 T 的矩形，又称零阶保持器的脉冲过渡函数，其图形如图 6 - 14 所示。

为计算方便，可将脉冲过渡函数 $f_h(t)$ 分解为两个阶跃函数之和，即

$$f_h(t) = 1(t) - 1(t - T) \qquad (6-14)$$

式（6 - 14）中，$1(t)$ 是单位阶跃函数；$1(t - T)$ 是具有纯滞后的单位阶跃函数。式（6 - 14）的拉氏变换为 $F_h(s) = \dfrac{1}{s} - \dfrac{1}{s}e^{-Ts}$，输入信号 $R(s) = L[\delta(t)] = 1$。

由上面的分析可知，零阶保持器的传递函数为

$$W_h(s) = \frac{F_h(s)}{R(s)} = \frac{1 - e^{-Ts}}{s} \qquad (6-15)$$

零阶保持器的频率响应特性为

$$W_h(j\omega) = \frac{1 - e^{-j\omega T}}{j\omega} = T\frac{\sin\left(\dfrac{T\omega}{2}\right)}{\dfrac{T\omega}{2}}e^{-j\frac{T\omega}{2}} \qquad (6-16)$$

其相应的幅相频率特性分别为

$$\left.\begin{array}{l} |W_h(j\omega)| = \dfrac{|1 - e^{-j\omega T}|}{|j\omega|} = T\dfrac{\sin\left(\dfrac{\omega T}{2}\right)}{\dfrac{\omega T}{2}} \\[6mm] \angle W_h(j\omega) = -\dfrac{\omega T}{2} \end{array}\right\} \qquad (6-17)$$

式中 T——采样周期。

根据式（6 - 17）可绘制出其幅频和相频特性图，如图 6 - 15 所示。

由图 6 - 15 可知，它与理想信号保持器相比，在幅频上略有误差，而相频上略有延迟，但采样周期 T_s 取值越小，差别也就越小。此外，零阶保持器的相位延迟（滞后）会使离散系统的稳定性变差。需要指出，若输入信号为阶跃信号，则零阶保持器能无失真地恢复原信号。

3. 零阶信号保持器的实现

零阶保持器的传递函数为

$$W_h(s) = \frac{1 - e^{-Ts}}{s} = \frac{1}{s}\left(1 - \frac{1}{e^{Ts}}\right) \qquad (6-18)$$

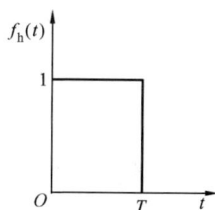

图 6 - 14　零阶信号保持器的脉冲过渡函数

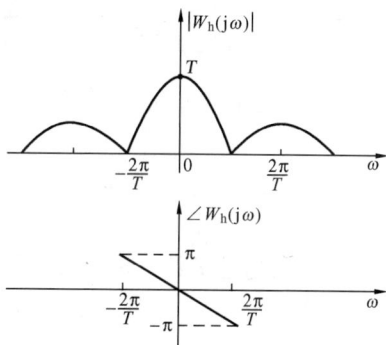

图 6 - 15　零阶信号保持器的频率特性

由于 $e^{Ts}=1+Ts+\dfrac{1}{2!}\,(Ts)^2+\cdots+\dfrac{1}{n!}\,(Ts)^n+\cdots$，当 T 很小时，可用该级数中的前两项来近似表示 e^{Ts}，故零阶保持器的传递函数可近似表示为

$$W_\mathrm{h}(s)=\frac{1}{s}\Big(1-\frac{1}{1+Ts}\Big)=\frac{T}{Ts+1} \qquad (6-19)$$

应由一放大环节和一个惯性环节组成，可用图 6 - 16 所示电路来实现。

$$W_\mathrm{h}(s)=\frac{U_0(s)}{U_1(s)}=-k_\mathrm{p}\frac{1}{Ts+1} \qquad (6-20)$$

其中，$k_\mathrm{p}=\dfrac{R_2}{R_1}$；$T=R_2C$。

图 6 - 16　零阶信号保持器的实现

第三节　z 变 换 理 论

在线性定常系统中，主要的数学工具是拉氏变换，而在线性定常离散系统中，主要的数学工具为 z 变换。

一、z 变换定义

z 变换可以理解为拉氏变换的一种变形，可以由拉氏变换引出。

设连续时间函数 $f(t)$ 满足拉氏变换的三个条件，对应的拉氏变换为 $F(s)$，则有

$$F(s)=\mathscr{L}\big[f(t)\big]=\int_0^\infty f(t)\mathrm{e}^{-st}\,\mathrm{d}t$$

$f(t)$ 经过采样周期为 T 的采样后，成为离散信号 $f^*(t)$

$$f^*(t)=f(t)\delta_\mathrm{T}(t)=\sum_{k=0}^\infty f(kT)\delta(t-kT)$$

其中，当 $k<0$ 时，$f(kt)=0$。

对离散信号 $f^*(t)$ 取拉氏变换

$$F^*(s)=\mathscr{L}[f^*(t)]=\int_0^\infty\sum_{k=0}^\infty f(kT)\delta(t-kT)\mathrm{e}^{-st}\,\mathrm{d}t$$

$$=\sum_{k=0}^\infty f(kT)\int_0^\infty\delta(f-kT)\mathrm{e}^{-st}\,\mathrm{d}t=\sum_{k=0}^\infty f(kT)\int_{kT^-}^{kT^+}\delta(t-kT)$$

$$= \sum_{k=0}^{\infty} f(kT) \mathrm{e}^{-kTs} \tag{6-21}$$

其中，e^{-kTs} 为超越函数，不便计算，故引入新的变量 z。令

$$z = \mathrm{e}^{Ts} \tag{6-22}$$

式中　s——拉氏变换的复变量；

　　　T——采样周期；

　　　z——s 的超越函数，也为复变量。

将 $z = \mathrm{e}^{Ts}$ 代入式（6-21）中，即可得到以复变量 z 为变量的函数 $F(z)$

$$F(z) = F^*(s) = \sum_{k=0}^{\infty} f(k) \mathrm{e}^{-kTs} \Big|_{z=\mathrm{e}^{Ts}} = \sum_{k=0}^{\infty} f(kT) z^{-k} \tag{6-23}$$

若式（6-23）的级数收敛，则称 $F(z)$ 为离散信号 $f^*(t)$ 的 z 变换，并记作

$$F(z) = Z[f^*(t)] = \sum_{k=0}^{\infty} f(kT) z^{-k}$$

在 z 变换的分析中，考虑的是 $f(t)$ 在各采样时刻的采样值 $f(kT)$，所以上式只能表示连续函数在各采样时刻的特性，故连续信号 $f(t)$ 与相应的离散信号 $f^*(t)$ 具有相同的 z 变换，记作

$$F(z) = F^*(s) = L[f^*(t)] = Z[f^*(t)] = Z[f(t)] = Z[f(kT)]$$

$$= \sum_{k=0}^{\infty} f(kT) z^{-k} \tag{6-24}$$

由 z 变换的推导过程可知，z 变换是拉氏变换的推广，也可称为采样拉氏变换或离散拉氏变换。

二、z 变换的求法

下面介绍离散信号 z 变换的求取方法。常用的方法有级数求和法和部分分式法两种。

1. 级数求和法

已知连续信号 $f(t)$ 或采样信号 $f^*(t)$，利用 z 变换定义（16-24）计算 $F(z)$。有

$$f^*(t) = \sum_{k=0}^{\infty} f(kT) \delta(t - kT)$$

$$= f(0)\delta(t) + f(0)\delta(t-T) + f(2T)\delta(t-2T) + \cdots + f(kT)\delta(t-kT) + \cdots$$

对上式各项分别取拉氏变换，得

$$F^*(s) = f(0) + f(T)\mathrm{e}^{-Ts} + f(kT)\mathrm{e}^{-2Ts} + \cdots + f(kT)\mathrm{e}^{-kTs} + \cdots$$

由于 $\mathrm{e}^{Ts} = z$，故可得

$$F(z) = F^*(s) = f(0) + f(0)z^{-1} + f(2)z^{-2} + \cdots + f(k)z^{-k} + \cdots \tag{6-25}$$

该式即为离散信号 $f^*(t)$ 的 z 变换 $f(z)$ 的级数展开式，当级数收敛时，可写成闭合形式。

【例 6-1】 求单位阶跃函数 $f(t) = 1(t)$ 的 z 变换。

解 单位阶跃函数在任何采样时刻的值均为 1，由 z 变换定义得

$$f(kT) = 1 \quad (k = 0, 1, 2, \cdots)$$

故

$$F(z) = 1 + z^{-1} + z^{-2} + \cdots + z^{-k} + \cdots$$

上式两端同乘以 z^{-1}，则有

$$z^{-1} F(z) = z^{-1} + z^{-2} + \cdots + z^{-(k+1)} + \cdots$$

上两式两边相减，得

$$(1-z^{-1})\ F\ (z)\ =1$$

故得

$$F\ (z)\ =\frac{1}{1-z^{-1}}=\frac{z}{z-1}$$

【例 6 - 2】　已知 $f(t)=\begin{cases}\mathrm{e}^{-at} & (t\geqslant 0)\\ 0 & (t<0)\end{cases}$，求 $f(t)$ 的 z 变换。

解　由 z 变换定义可得

$$F(z)=z[\mathrm{e}^{-at}]=\sum_{k=0}^{\infty}\mathrm{e}^{-akT}z^{-k}=1+\mathrm{e}^{-aT}z^{-1}+\mathrm{e}^{-2aT}z^{-2}+\cdots+\mathrm{e}^{-kaT}z^{-k}+\cdots$$

上式为等比数列，若 $|\ \mathrm{e}^{-aT}z^{-1}\ |<1$，则 $F(z)$ 可整理为闭合形式

$$F(z)=\frac{1}{1-\mathrm{e}^{-aT}z^{-1}}=\frac{z}{z-\mathrm{e}^{-aT}}$$

【例 6 - 3】　已知 $f(t)=\begin{cases}\sin(\omega t)(t\geqslant 0)\\ 0 \qquad\quad (t<0)\end{cases}$，求 $f(t)$ 的 z 变换。

解　由 z 变换定义可知

$$F(z)=Z[\sin(\omega t)]=Z\left[\frac{1}{2\mathrm{j}}(\mathrm{e}^{\mathrm{j}\omega t}-\mathrm{e}^{-\mathrm{j}\omega t})\right]$$

利用［例 6 - 2］题的结果，有

$$Z[\mathrm{e}^{\mathrm{j}\omega t}]=\frac{z}{z-\mathrm{e}^{\mathrm{j}\omega T}}$$

$$Z[\mathrm{e}^{-\mathrm{j}\omega t}]=\frac{z}{z-\mathrm{e}^{-\mathrm{j}\omega T}}$$

故可得

$$F(z)=\frac{1}{2\mathrm{j}}\left[\frac{z}{z-\mathrm{e}^{\mathrm{j}\omega T}}-\frac{z}{z-\mathrm{e}^{-\mathrm{j}\omega T}}\right]=\frac{1}{2\mathrm{j}}\ \frac{(\mathrm{e}^{\mathrm{j}\omega T}-\mathrm{e}^{-\mathrm{j}\omega T})z}{z^2-(\mathrm{e}^{\mathrm{j}\omega T}+\mathrm{e}^{-\mathrm{j}\omega T})z+1}$$

$$=\frac{z\sin(\omega T)}{z^2-2z\cos(\omega T)+1}$$

2. 部分分式法

设有连续函数 $f(t)$，求出其拉氏变换 $F(s)$ 及全部极点 $s_i(i=1,2,\cdots,n)$。将 $F(s)$ 展开成部分分式的形式为

$$F(s)=\sum_{i=1}^{n}A_i\ \frac{1}{s+s_i}$$

式中　A_i——各分式的系数，其后利用 z 变换表或利用拉氏反变换求各项对应的时间函数，再求 z 变换，最后对各式通分、化简、合并，求取 $F(z)$。

$F(z)$ 的表达式可为

$$F(z)=\sum_{i=1}^{n}A_i\ \frac{z}{z-\mathrm{e}^{-s_iT}} \qquad\qquad (6\text{-}26)$$

【例 6 - 4】　已知 $F(s)=L[f(t)]=\dfrac{1}{s(s+1)}$，求 $f(t)$ 的 z 变换 $F(z)$。

解　将上式用部分分式分解得

$$F(s) = \frac{1}{s(s+1)} = \frac{1}{s} - \frac{1}{s+1}$$

由 z 变换表可知

$$\frac{1}{s} \text{ 的 } z \text{ 变换为} \frac{z}{z-1}$$

$$\frac{1}{s+1} \text{ 的 } z \text{ 变换为} \frac{z}{z-\mathrm{e}^{-T}}$$

故　　　　　$$F(z) = \frac{z}{z-1} - \frac{z}{z-\mathrm{e}^{-T}} = \frac{z(1-\mathrm{e}^{-T})}{(z-1)(z-\mathrm{e}^{-T})}$$

【例 6 - 5】　已知 $F(s) = L[\cos(\omega t)] = \dfrac{s}{s^2+\omega^2}$ ，求 $F(z)$ 。

解　将上式部分分式展开，得

$$F(s) = \frac{s}{s^2+\omega^2} = \frac{s}{(s+\mathrm{j}\omega)(s-\mathrm{j}\omega)} = \frac{1}{2}\left(\frac{1}{s+\mathrm{j}\omega} + \frac{1}{s-\mathrm{j}\omega}\right)$$

由 z 变换表可知

$$\frac{1}{s\pm\mathrm{j}\omega} \text{ 的 } z \text{ 变换为} \frac{z}{z-\mathrm{e}^{\mp\mathrm{j}\omega T}}$$

故

$$F(z) = \frac{1}{2}\left[\frac{z}{z-\mathrm{e}^{\mathrm{j}\omega T}} + \frac{z}{z-\mathrm{e}^{-\mathrm{j}\omega T}}\right] = \frac{1}{2}\times\frac{z[2z-2\cos(\omega T)]}{z^2-2z\cos\omega T+1}$$

$$= \frac{z[z-\cos(\omega T)]}{z^2-2z\cos(\omega T)+1}$$

三、z 变换的基本定理

1. 线性定理

设函数 $f_1(t)$、$f_2(t)$ 的 z 变换分别为 $F_1(z)$，$F_2(z)$ ，a，b 为常数或与时间 t 及复变量 z 无关的变量，则有

$$Z[af_1(t)\pm bf_2(t)] = Z[af_1(t)]\pm Z[bf_2(t)] = aF_1(z)\pm bF_2(z) \qquad (6\text{-}27)$$

该定理可由 z 变换定义证明。

2. 滞后定理（负偏移定理）

若函数 $f(t)$ 的 z 变换为 $f(z)$ ，则有

$$Z[f(t-kT)] = z^{-k}\left[F(z) + \sum_{r=-k}^{-1} f(rT)z^{-r}\right] \qquad (6\text{-}28)$$

证明：

由 $Z[f(t-kT)] = \displaystyle\sum_{n=0}^{\infty} f(nT-kT)z^{-n}$ ，令 $n-k=r$ ，则有

$$\sum_{n=0}^{\infty} f[(n-k)T]z^{-n} = \sum_{i=-k}^{\infty} f(rT)z^{-(r+k)} = z^{-k}\sum_{r=-k}^{\infty} f(rT)z^{-r}$$

$$= z^{-k}\left[\sum_{r=0}^{\infty} f(rT)z^{-r} + \sum_{r=-k}^{-1} f(rT)z^{-r}\right]$$

$$= z^{-k}\left[F(z) + \sum_{r=-k}^{-1} f(rT)z^{-r}\right]$$

若 $t<0$ 时，$f(t)=0$ ，则 $f(-kT)=\cdots=f(-2T)=f(-T)=0$ ，则式(6-28)可改

写为

$$Z[f(t-kT)] = z^{-k}F(z) \tag{6-29}$$

式（6-29）为滞后定理的常用形式，它表示当连续时间函数 $f(t)$ 在时间上产生 n 个采样周期的滞后时，其相应的 z 变换需乘上 z^{-k}。

3. 超前定理（正偏移定理）

若函数 $f(t)$ 的 z 变换为 $F(z)$，则有

$$Z[f(t+kT)] = z^k\left[F(z) - \sum_{r=0}^{k-1} f(rT)z^{-r}\right] \tag{6-30}$$

证明：

$$Z[f(t+kT)] = \sum_{n=0}^{\infty} f(nT+kT)z^{-n} = \sum_{n=0}^{\infty} f[(n+R)T]z^{-n}$$

设 $n+k=r$，则 $n=r-k$。故有

$$\sum_{n=0}^{\infty} f[(n+k)T]z^{-n} = \sum_{r=k}^{\infty} f(rT)z^{-(r-k)} = z^k\left[\sum_{r=k}^{\infty} f(rT)z^{-r}\right]$$

$$= z^k\left[\sum_{r=0}^{\infty} f(rT)z^{-r} - \sum_{r=0}^{k-1} f(rT)z^{-r}\right]$$

$$= z^k\left[F(z) - \sum_{r=0}^{k-1} f(rT)z^{-r}\right]$$

滞后定理和超前定理统称为平移定理，常用于解差分方程。当 $k=1$ 时，有

$$\left.\begin{aligned} Z[f(t-T)] &= z^{-1}F(z) \\ Z[f(t+T)] &= zF(z) - zf(0) \end{aligned}\right\} \tag{6-31}$$

4. 复位移定理

若函数 $f(t)$ 的 z 变换为 $F(z)$，则有 $Z[e^{\mp at}f(t)] = F(ze^{\pm aT})$。

证明：由 z 变换定义

$$Z[e^{\mp at}f(t)] = \sum_{n=0}^{\infty} e^{\pm anT}f(nT)z^{-n}$$

$$= \sum_{n=0}^{\infty} e(nT)(ze^{\pm aT})^{-n}$$

令

$$z_1 = ze^{\pm aT}$$

则有

$$Z[e^{\mp at}f(t)] = \sum_{n=0}^{\infty} e(nT)z_1^{-n} = F(ze^{\pm aT})$$

复数位移定理的含义是函数 $f^*(t)$ 乘以指数序列 $e^{\mp anT}$ 的 z 变换，等于在 $f^*(t)$ 的 z 变换表达式 $F(z)$ 中，以 $ze^{\pm aT}$ 取代原算子 z。

5. 初值定理

若函数 $f(t)$ 的 z 变换为 $F(z)$，并且极限值 $\lim_{z\to\infty}F(z)$ 存在，则 $f(t)$ 的初值 $f(0)$ 为

$$f(0) = \lim_{t\to 0} f(t) = \lim_{z\to\infty} F(z) \tag{6-32}$$

其中，当 $t<0$ 时，$f(t)=0$。

证明：

因为

$$F(z) = \sum_{k=0}^{\infty} f(kT)z^{-k} = f(0) + f(T)z^{-1} + f(2T)z^{-2} + \cdots + f(kT)z^{-k} + \cdots$$

故

$$\lim_{z \to \infty} F(z) = f(0)$$

【例 6 - 6】 设 $F(z) = \dfrac{1}{1-z^{-1}}$，求 $f(t)$ 的初值。

解

$$f(0) = \lim_{t \to 0} f(t) = \lim_{z \to \infty} F(z) = \lim_{z \to \infty} \frac{1}{1-z^{-1}} = 1$$

6. 终值定理

若函数 $f(t)$ 的 z 变换为 $F(z)$ 且 $(z-1)F(z)$ 的极点全部位于 Z 平面以原点为圆心的单位圆内部，则 $f(t)$ 的终值为

$$\lim_{t \to \infty} f(t) = \lim_{k \to \infty} f(kT) = \lim_{z \to 1} [(z-1)F(z)] = \lim_{z \to 1} [(1-z^{-1})F(z)] \qquad (6-33)$$

该表达式常用于计算离散控制系统的稳态误差。

证明：

已知

$$Z[f(t+T)] = zF(z) - zf(0) = \sum_{k=0}^{\infty} f[(k+1)T]z^{-k}$$

故有

$$zF(z) - zf(0) - F(z) = \sum_{k=0}^{\infty} f[(k+1)T]z^{-k} \sum_{k=0}^{\infty} f(kT)z^{-k}$$

整理可得

$$(z-1)F(z) = zf(0) + \sum_{k=0}^{\infty} \{f[(k+1)T] - f(kT)\}z^{-k}$$

上式两侧同取 $z \to 1$ 的极限，可得

$$\lim_{z \to 1} [(z-1)F(z)] = f(0) + \sum_{k=0}^{\infty} \{f[(k+1)T] - f(kT)\}$$
$$= f(0) + f(\infty) - f(0) = \lim_{t \to \infty} f(t)$$

【例 6 - 7】 已知 $F(z) = \dfrac{z^2(z^2+z+1)}{(z^2-0.8z+0.5)(z^2+z+0.8)}$，求 $f(t)$ 的终值。

解

$$(z-1)F(z) = \frac{(z-1)z^2(z^2+z+1)}{(z^2-0.8z+0.5)(z^2+z+0.8)}$$

该表达式的 4 个极点分别为

$$z_1 = 0.4 + 0.5831j$$
$$z_2 = 0.4 - 0.5831j$$
$$z_3 = -0.5 + 0.7416j$$
$$z_4 = -0.5 - 0.7416j$$

其模分别为 0.7071，0.7071，0.8944，0.8944，均位于单位圆内，故由式（6 - 33）可得

$$f(\infty) = \lim_{z \to 1} (z-1)F(z) = \frac{(z-1)z^2(z^2+z+1)}{(z^2-0.8z+0.5)(z^2+z+0.8)}$$

$$= \lim_{z \to 1}(z-1)\frac{3}{1.3 \times 2.8} = 0$$

7. 复域微分定理

若函数 $f(t)$ 的 z 变换为 $F(z)$，则有

$$Z[tf(t)] = -Tz\frac{\mathrm{d}F(z)}{\mathrm{d}z} \tag{6-34}$$

证明：

$$Z[tf(t)] = \sum_{k=0}^{\infty}kTf(kT)z^{-k} = Tz\sum_{k=0}^{\infty}f(kT)kz^{-(k+1)} = -Tz\sum_{k=0}^{\infty}f(kT)\frac{\mathrm{d}(z^{-k})}{\mathrm{d}z}$$

$$= -Tz\sum_{k=0}^{\infty}\frac{\mathrm{d}}{\mathrm{d}z}[f(kT)z^{-k}] = -Tz\frac{\mathrm{d}F(z)}{\mathrm{d}z}$$

【例 6-8】 求 t （$t \geqslant 0$）的 z 变换。

解 $t = t \cdot 1(t)$，$Z[1(t)] = \dfrac{z}{z-1} = \dfrac{1}{1-z^{-1}}$

$$Z[t] = -Tz\frac{\mathrm{d}\left(\dfrac{1}{1-z^{-1}}\right)}{\mathrm{d}z} = -Tz\frac{-z^{-2}}{(1-z^{-1})^2} = \frac{Tz^{-1}}{(1-z^{-1})^2}$$

8. 复域积分定理

若函数 $f(t)$ 的 z 变换为 $F(z)$，则

$$Z\left[\frac{f(t)}{t}\right] = \int_{z}^{+\infty}\frac{F(z)}{Tz}\mathrm{d}z + \lim_{t \to 0}\frac{f(t)}{t} \tag{6-35}$$

证明略。

四、z 反变换

z 反变换是 z 变换的逆运算。通过 z 反变换可由函数 $F(z)$ 求出对应的原函数采样脉冲序列 $f^*(t)$ 或数值序列 $f(kT)$。通常用 $Z^{-1}[F(z)]$ 表示对 $F(z)$ 的反变换运算。

应当指出，z 变换对应的脉冲序列 $f^*(t)$ 和数值序列 $f(kT)$ 是唯一的，反之，它对应的连续函数 $f(t)$ 则不是唯一的，因为具有同样采样数值 $f(kT)$ 的时间函数 $f(t)$ 不是唯一的，即 z 反变换得到的是各采样时刻上连续函数 $f(t)$ 的数值序列 $f(kT)$，而得不到两个相邻采样时刻之间的连续函数信息。因此无法利用 z 反变换求解两个相邻采样时刻之间的函数特性。

求解 z 反变换常用部分分式法和幂级数展开法（长除法）。

1. 幂级数展开法（长除法）

幂级数展开法是将 $F(z)$ 直接利用除法求出按 z^{-1} 升幂排列的级数展开式，再经过 z 反变换，求出原函数 $f^*(t)$ 的脉冲序列。这种方法适用于比较复杂的表达式 $F(z)$ 的求解，或者要求结果直接以数值序列 $f(kT)$ 的形式给出。

$F(z)$ 的一般形式为

$$F(z) = \frac{b_0 + b_1z^{-1} + b_2z^{-2} + \cdots + b_{n-1}z^{-m+1} + b_mz^{-m}}{a_0 + a_1z^{-1} + a_2z^{-2} + \cdots + a_{n-1}z^{-n+1} + a_nz^{-n}}(n \geqslant m)$$

用分子除以分母，将商按 z^{-1} 的升幂排列，可得

$$F(z) = c_0 + c_1z^{-1} + c_2z^{-2} + \cdots + c_kz^{-k} + \cdots = \sum_{k=0}^{\infty}c_kz^{-k} \tag{6-36}$$

由 z 变换的定义可知

$$F(z) = \sum_{k=0}^{\infty} f(kT) z^{-k}$$

故可知式（6 - 36）中的 c_k 即为连续时间函数 $f(t)$ 在采样时刻的数值序列 $f(kT)$。

【例 6 - 9】　求 $F(z) = \dfrac{z^2 + z}{z^2 + 5z + 6}$ 的反变换。

解　首先按 z^{-1} 的升幂顺序排列出 $F(z)$ 的分子和分母，得

$$F(z) = \frac{1 + z^{-1}}{1 + 5z^{-1} + 6z^{-2}}$$

利用长除法将 $F(z)$ 展开

$$
\begin{array}{r}
1 - 4z^{-1} + 14z^{-2} - 46z^{-3} + \cdots \\
\hline
1 + 5z^{-1} + 6z^{-2} \overline{\smash{\big)}\, 1 + z^{-1}} \\
\underline{1 + 5z^{-1} + 6z^{-2}} \\
-4z^{-1} - 6z^{-2} \\
\underline{-4z^{-1} - 20z^{-2} - 24z^{-3}} \\
14z^{-2} + 24z^{-3} \\
\underline{14z^{-2} + 70z^{-3} + 84z^{-4}} \\
-46z^{-3} - 84z^{-4} \\
\underline{-46z^{-3} - 230z^{-4} - 276z^{-5}} \\
146z^{-4} + 276z^{-5}
\end{array}
$$

即　　　　　　　　　　$F(z) = 1 - 4z^{-1} + 14z^{-2} - 46z^{-3} + \cdots$

所以　　　　　　　$f(0) = 1,\ f(T) = -4,\ f(2T) = 14,\ f(3T) = -46;\cdots$

由此获得离散信号为

$$f^*(t) = Z^{-1}[F(z)] = \sum_{k=0}^{\infty} f(kT)\delta(t - kT)$$

2. 部分分式法

应用部分分式法将给定的 $F(z)$ 展开成几个单项之和而后由 z 变换表得到各个单项相应的 z 反变换公式。

由 z 变换表可知，所有的 z 变换函数 $F(z)$ 在分子上均含有因子 z，故先将 $F(z)$ 除以 z，再将 $F(z)/z$ 展开部分分式，最后将所得结果每一项均乘以 z，即可得 $F(z)$ 的部分分式展开式。

$F(z)$ 的 z 反变换，等于部分分式各个单项 z 反变换之和。

【例 6 - 10】　已知 $F(z) = \dfrac{2z}{(z-1)(z-2)}$，求 $f^*(t)$。

解　　　　　　$\dfrac{F(z)}{z} = \dfrac{2}{(z-1)(z-2)} = \dfrac{-2}{z-1} + \dfrac{2}{z-2}$

$$F(z) = \frac{2z}{z-2} - \frac{2z}{z-1}$$

由 z 变换表可知

$$\begin{cases} Z^{-1}\left[\dfrac{2z}{z-2}\right] = 2 \times 2^k \\ Z^{-1}\left[\dfrac{2z}{z-1}\right] = 2 \times (1)^k = 2 \end{cases}$$

故可得

$$f(kT) = 2^{k+1} - 2 \quad (k = 0,1,2,\cdots)$$

$$f^*(t) = \sum_{k=0}^{\infty} f(kT)\delta(t-kT) = \sum_{k=0}^{\infty} (2^{k+1}-2)\delta(t-kT)$$

【例 6-11】 已知 $F(z) = \dfrac{1}{(z-2)(z-4)}$ ，求 $f(kT)$ 。

解
$$\frac{F(z)}{z} = \frac{1}{z(z-2)(z-4)}$$

用部分分式法展开

$$\frac{F(z)}{z} = \frac{\dfrac{1}{8}}{z} + \frac{-\dfrac{1}{4}}{z-2} + \frac{\dfrac{1}{8}}{z-4}$$

$$F(z) = \frac{1}{8} - \frac{\dfrac{1}{4}z}{z-2} + \frac{\dfrac{1}{8}z}{z-4}$$

对上式中各项分别取 z 反变换，可得

$$f(kT) = \frac{1}{8}\delta(kT) - \frac{1}{4}(2)^k + \frac{1}{8}(4)^k \quad (k = 0,1,2,\cdots)$$

通过对 z 变换原理、z 反变换的分析方法进行的研究，可以发现 z 变换与拉氏变换在定义、性质和解决问题的方法上有许多共同之处。这是因为 z 变换实际上就是离散时间函数的拉氏变换。但是，z 变换与拉氏变换应用的对象却有本质的不同。z 变换是对连续时间函数 $f(t)$ 经过采样开关调制后的脉冲序列进行 z 变换，故只要两个连续时间函数的脉冲序列相同，其 z 变换就相同。由此可知，不同的原函数可能会具有相同的 z 变换。

第四节　线性离散控制系统的数学描述

要分析一个实际的物理系统，首先应该解决它的数学建模问题及分析方法，这需要采用合适的数学工具。在线性连续时间控制系统中，可使用常系数微分方程来描述其模型，利用拉氏变换来分析其动、静态性能。而在离散系统中，其数学描述可利用差分方程来实现，并利用 z 变换来求解，用脉冲传递函数分析其动、静态特性。下面我们来介绍一下相关的概念及数学原理。

一、离散系统的数学定义

在离散时间系统理论中，所涉及的数学信号点是以序列的形式出现。因此，可把离散系统抽象为如下数学定义：

将输入序列 $r(n)$ ，$n = 0, \pm 1, \pm 2, \cdots$，变换为输出序列 $c(n)$ 的一种变换关系，称为离散系统，记作

$$c(n) = F[r(n)]$$

其中，$r(n)$ 和 $c(n)$ 可理解为 $t=nT$ 时，系统的输入序列 $r(nT)$ 和输出序列 $c(nT)$，T 为采样周期。

若上式所示的变换关系是线性的，则称其为线性离散系统，反之，则称之为非线性离散系统。

对于输入与输出关系不随时间而改变的线性离散系统，称为线性定常离散系统。例如，当输入序列为 $r(n)$ 时，输出序列为 $c(n)$；若输入序列变为 $r(n-k)$，则相应的输出序列为 $c(n-k)$，其中 $k=0$，± 1，± 2，…，这样的系统即为线性定常离散系统。

本章所研究的离散系统均为线性定常离散系统，所涉及的差分方程均为线性常系数差分方程。

二、差分方程

1. 差分方程定义

设单输入、单输出线性离散控制系统如图 6-17 所示。图中，$r(kT)$ 为系统输入量的数值序列，$c(kT)$ 为系统输出量的数值序列，$k=0$，1，2，…。

图 6-17　线性离散控制系统

经分析可知，离散系统在某一采样时刻 kT 的输出值 $c(kT)$ 不仅取决于该采样时刻的输入值 $r(kT)$，也取决于过去时刻的采样输入值 $r[(k-1)T]$，$r[(k-2)T]$，…，$r[(k-m)T]$ 及采样输出值 $c[(k-1)T]$，$c[(k-2)T]$，…，$c[(k-n)T]$。故该系统的输入、输出关系的方程式可定义为线性常系数差分方程。为书写方便，将表示采样时刻的离散时间 kT 简写为 k，该差分方程表达式为

$$c(k) + a_1 c(k-1) + a_2 c(k-2) + \cdots + a_n c(k-n)$$
$$= b_0 r(k) + b_1 r(k-1) + b_2 r(k-2) + \cdots + b_m r(k-m)$$

上式也可表示为

$$c(k) = -\sum_{i=1}^{n} a_i c(k-i) + \sum_{j=1}^{m} b_j r(k-j) \qquad (6-37)$$

其中，$a_i(i=1,2,\cdots,n)$，$b_j(j=1,2,\cdots,m)$ 为常系数。

该式为一个 n 阶常系数差分方程，对应了一个离散控制系统的模型，很适合利用计算机编程求解。

2. 差分方程求法

求解差分方程的方法有两种，一种是基于计算机的迭代法，另一种是 z 变换法。

利用 z 变换解差分方程的步骤如下：

(1) 利用 z 变换中的基本原理，将差分方程变换为以 z 为变量的代数方程。

(2) 求出关于 $F(z)$ 的表达式。

(3) 利用 z 反变换解出相应的脉冲序列 $f^*(t)$ 或数值序列 $f(kT)$。

在使用 z 变换法将差分方程化为以 z 为变量的代数方程时，初始条件给定的数据已经自动地包含在代数表达式中。

【例 6-12】　用 z 变换解二阶差分方程

$$f[(k+2)T] + 5f[(k+1)T] + 6f(kT) = 1(kT)$$

初始条件为：$f(0)=0, f(T)=1$。

解　对该方程两端取 z 变换，可得

$$[z^2F(z)-z^2f(0)-zf(T)]+5[zF(z)-zf(0)]+6F(z)=\frac{z}{z-1}$$

将 $f(0)=0$，$f(T)=1$ 代入，可得

$$z^2F(z)-z+5zF(z)+6F(z)=\frac{z}{z-1}$$

$$z^2F(z)+5zF(z)+6F(z)=\frac{z}{z-1}+z=\frac{z^2}{z-1}$$

$$(z^2+5z+6)F(z)=\frac{z^2}{z-1}$$

$$F(z)=\frac{z^2}{(z-1)(z^2+5z+6)}=\frac{z^2}{(z-1)(z+2)(z+3)}$$

利用部分分式法求 $F(z)$ 的反变换

$$\frac{F(z)}{z}=\frac{z}{(z-1)(z+2)(z+3)}=\left(\frac{\frac{1}{12}}{z-1}+\frac{-\frac{2}{3}}{z+2}+\frac{-\frac{3}{4}}{z+3}\right)$$

$$F(z)=\frac{1}{12}\times\frac{z}{z-1}+\frac{2}{3}\times\frac{z}{z+2}-\frac{3}{4}\times\frac{z}{z+3}$$

查取 z 变换表，可得

$$f(kT)=\frac{1}{12}(1)^k+\frac{2}{3}(-2)^k-\frac{3}{4}(-3)^k \quad (k=0,1,2,\cdots)$$

相应的离散输出信号 $f^*(t)$ 为

$$f^*(t)=\sum_{k=0}^{\infty}f(kT)\delta(t-kT)=\sum_{k=0}^{\infty}\left[\frac{1}{12}+\frac{2}{3}\times(-2)^k-\frac{3}{4}\times(-3)^k\right]\delta(t-kT)$$

【例 6-13】 用 z 变换求解差分方程

$$f(kT)-f[(k-1)T]-f[(k-2)T]=0$$

初始条件：$f(1)=1;f(2)=1$。

解 对该方程两侧取 z 变换，可得

$$F(z)-[z^{-1}F(z)+f(-1)]-[z^{-2}F(z)+z^{-1}f(-1)+f(-2)]=0$$

上式中，$f(-1)$，$f(-2)$ 可由初始条件求出。

令原式中 $k=2$，代入初始条件，可得

$$f(2)-f(1)-f(0)=0$$
$$f(0)=f(2)-f(1)=0$$

令原式中 $k=1$，代入已知条件，可得

$$f(1)-f(0)-f(-1)=0$$
$$f(-1)=f(1)-f(0)=1$$

令原式中 $k=0$，代入已知条件，可得

$$f(0)-f(-1)-f(-2)=0$$
$$f(-2)=f(0)-f(-1)=0-1=-1$$

把相关结果代入式（6-37）并整理，可得

$$(1-z^{-1}-z^{-2})F(z)=z^{-1}$$

$$F(z)=\frac{z}{z^2-z-1}$$

用部分分式法分解

$$\frac{F(z)}{z} = \frac{1}{z^2 - z - 1} = \frac{1}{\sqrt{5}} \frac{1}{z - \frac{1+\sqrt{5}}{2}} - \frac{1}{\sqrt{5}} \frac{1}{z - \frac{1-\sqrt{5}}{2}}$$

$$F(z) = z\left(\frac{1}{\sqrt{5}} \frac{1}{z - \frac{1+\sqrt{5}}{2}} - \frac{1}{\sqrt{5}} \frac{1}{z - \frac{1-\sqrt{5}}{2}} \right)$$

查表可得

$$f(kT) = \frac{1}{\sqrt{5}}\left(\frac{1+\sqrt{5}}{2} \right)^k - \frac{1}{\sqrt{5}}\left(\frac{1-\sqrt{5}}{2} \right)^k \quad (k = 0,1,2,\cdots)$$

$$f^*(t) = \sum_{k=0}^{\infty} f(kT)\delta(t - kT)$$

上述主要阐述了线性离散控制系统差分方程模型的建立以及模型的分析。分析使用的工具主要是 z 变换。

三、脉冲传递函数

在分析线性定常离散系统时，可以使用 z 变换法求解系统的差分方程，从而分析系统；同时，利用 z 变换可导出线性离散系统的脉冲传递函数，给线性离散系统的分析和校正带来极大的方便。

1. 脉冲传递函数的定义

设有一线性定常离散系统，在零初始条件下，该系统的离散输出信号的 z 变换与离散输入信号的 z 变换之比，称为该系统的脉冲传递函数，用公式表示为

$$W(z) = \frac{C(z)}{R(z)} = \frac{Z[c^*(t)]}{Z[r^*(t)]}$$

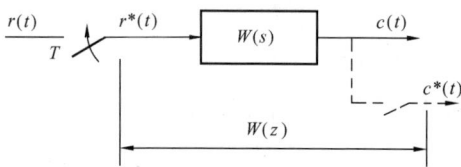

与传递函数类似，脉冲传递函数也仅取决于离散系统自身固有的结构参数，与离散输入信号的形式无关。

线性定常离散系统框图如图 6 - 18 所示。其中，$W(s)$ 为离散系统中连续部分的传递函数；其输入量为离散信号 $r^*(t)$；其输出量为连续信号 $c(t)$ 在输出端增加（或虚设）一个同步采样器，则离散输出信号为 $c^*(t)$。

图 6 - 18　线性定常离散系统框图

2. 脉冲传递函数的求法

根据系统的不同情况，求取的方法也不同。

（1）已知某系统的传递函数，则可由该传递函数直接求其脉冲传递函数。

若某系统传递函数 $W(s)$ 已知，则其脉冲传递函数可由以下步骤求取：

1）用拉氏变换求系统的脉冲过渡函数。

$$W(t) = \mathscr{L}^{-1}[W(s)]$$

2）将 $W(t)$ 按采样周期 T 离散化，求出 $W(kT)$。

3）使用定义求出脉冲传递函数，即

$$W(z) = \frac{C(z)}{R(z)} = \sum_{k=0}^{\infty} W(kT)z^{-k} \qquad (6 - 38)$$

上述过程，可简记作 $\qquad W(z) = Z[W(s)]$

在由 $W(s)$ 求 $W(z)$ 时，以上的方法有时比较烦琐，通常可将 $W(s)$ 用部分分式法分解，而后利用 z 变换表求取各个部分的 z 变换，再将结果求和，即得该系统对应的脉冲传递函数 $W(z)$。

【例 6 - 14】 求图 6 - 19 所示系统的脉冲传递函数。

解 首先求出离散系统连续部分的传递函数为

图 6 - 19　离散系统方框图

$$W(s) = \frac{1}{(s+1)(s+2)} = \left(\frac{1}{s+1} - \frac{1}{s+2} \right)$$

$$W(z) = Z[W(s)] = Z\left[\frac{1}{s+1} \right] - Z\left[\frac{1}{s+2} \right]$$

而后利用 z 变换表可查得

$$\frac{1}{s+1} \text{对应的 } z \text{ 变换为} \frac{z}{z - e^{-T}}$$

$$\frac{1}{s+2} \text{对应的 } z \text{ 变换为} \frac{z}{z - e^{-2T}}$$

再后将其结果代入 $W(z)$ 中，可得

$$W(z) = \frac{z}{z - e^{-T}} - \frac{z}{z - e^{-2T}} = \frac{z(e^{-T} - e^{-2T})}{(z - e^{-T})(z - e^{-2T})}$$

【例 6 - 15】 求图 6 - 20 所示系统的脉冲传递函数。

解 由该系统方框图求得其连续部分传递函数为

图 6 - 20　离散控制系统方框图

$$W(s) = \frac{1 - e^{-Ts}}{s^2(s+1)}$$

$$= (1 - e^{-Ts})\left(\frac{1}{s^2} - \frac{1}{s} + \frac{1}{s+1} \right)$$

则可得

$$W(z) = Z[W(s)] = Z\left[(1 - e^{-Ts})\left(\frac{1}{s^2} - \frac{1}{s} + \frac{1}{s+1} \right) \right]$$

$$= (1 - z^{-1})Z\left[\frac{1}{s^2} - \frac{1}{s} + \frac{1}{s+1} \right]$$

查表，可得

$$\frac{1}{s^2} \text{对应 } z \text{ 变换} \frac{Tz}{(z-1)^2}$$

$$\frac{1}{s} \text{对应 } z \text{ 变换} \frac{z}{z-1}$$

$$\frac{1}{s+1} \text{对应 } z \text{ 变换} \frac{z}{z - e^{-T}}$$

最后得

$$W(z) = (1 - z^{-1})\left[\frac{Tz}{(z-1)^2} - \frac{z}{z-1} + \frac{z}{z - e^{-T}} \right]$$

$$= \frac{T(z-\mathrm{e}^{-T})-(z-1)(z-\mathrm{e}^{-T})+(z-1)^2}{(z-1)(z-\mathrm{e}^{-T})}$$

(2) 已知该系统的差分方程，由差分方程取 z 变换求出该系统的脉冲传递函数。

设线性定常离散控制系统的差分方程模型表示为

$$c(k)+a_1c(k-1)+a_2c(k-2)+\cdots+a_nc(k-n)$$
$$=b_0r(k)+b_1r(k-1)+b_2r(k-2)+\cdots+b_mr(k-m)$$

在零初始条件下，对上式两端取 z 变换，可得

$$(1+a_1z^{-1}+a_2z^{-2}+\cdots+a_nz^{-n})c(z)=(b_0+b_1z^{-1}+b_2z^{-2}+\cdots+b_mz^{-m})R(z)$$

故得出该系统的脉冲传递函数为

$$W(z)=\frac{C(z)}{R(z)}=\frac{b_0+b_1z^{-1}+b_2z^{-2}+\cdots+b_mz^{-m}}{1+a_1z^{-1}+a_2z^{-2}+\cdots+a_nz^{-n}} \tag{6-39}$$

该方法的求取过程十分简捷。

【**例 6 - 16**】 已知某离散控制系统差分方程为

$$c(k)-5c(k-1)+6c(k-2)+7c(k-3)=r(k)$$

试求其对应的脉冲传递函数。

解 在零初始条件下对上式两侧取 z 变换得

$$(1-5z^{-1}+6z^{-2}+7z^{-3})C(z)=R(z)$$

则其对应的脉冲传函 $W(z)$ 应为

$$W(z)=\frac{C(z)}{R(z)}=\frac{1}{1-5z^{-1}+6z^{-2}+7z^{-3}}$$

(3) 已知该离散系统的结构图，则可由结构图的等效变换来求解系统的脉冲传递函数。

四、离散控制系统结构图的等效变换

离散控制系统结构图的简化与连续控制系统结构图的简化有相似之处，但由于脉冲传递函数对应的输入输出是脉冲序列，故同步采样开关在各环节之间的位置不同，所求得的脉冲传递函数也不同。

在进行离散系统方框图简化时，为方便分析，可假设同一系统的采样开关是同步的，且采样周期也相同。

1. 串联环节的等效脉冲传递函数

离散系统中环节串联的等效脉冲传递函数，因它们之间有无采样开关而不同。

(1) 串联环节之间无同步采样开关。其结构图如图 6 - 21 所示。

此时，由于两环节之间传递的是一个连续时间函数，故可由公式分析得出

$$C(s)=W_2(s)C_1(s)$$
$$C_1(s)=W_1(s)R(z)$$

故有
$$C(s)=W_2(s)W_1(s)R(z)$$

由 z 变换可得

$$C(z)=Z[C(s)]=Z[W_2(s)W_1(s)]R(z)$$

$$W(z)=\frac{C(z)}{R(z)}=Z[W_2(s)W_1(s)]=W_2W_1(z) \tag{6-40}$$

在式 (6-40) 中，用 $W_1W_2(z)$ 表示 $Z[W_1(s)W_2(s)]$ 的缩写，表明两串联环节传递函数 $W_1(s)$ 和 $W_2(s)$ 先相乘后，再求 z 变换的过程。

（2）串联环节之间有采样开关。其结构图如图 6 - 22 所示。

图 6 - 21　环节的串联结构图（二环节之
间无同步采样开关）

图 6 - 22　环节的串联结构图
（二环节之间有同步采样开关）

由分析可知，两环节之间传递的是一个离散时间函数，故有

$$C(s) = W_2(s)C_1(z)$$

$$C_1(s) = W_1(s)R(z)$$

$$C_1(z) = Z[W_1(s)R(z)] = Z[W_1(s)]R(z) = W_1(z)R(z)$$

$$C(z) = Z[W_2(s)C_1(z)] = Z[W_2(s)]C_1(z) = W_2(z)C_1(z)$$

由此可得

$$C(z) = W_2(z)W_1(z)R(z) = W_1(z)W_2(z)R(z)$$

$$W(z) = \frac{C(z)}{R(z)} = W_1(z)W_2(z) \tag{6 - 41}$$

以上分析表明，两个串联环节之间有同步采样开关时的等效脉冲传递函数等于各环节脉冲传递函数的乘积。该结论可推广到几个环节串联且每个环节之间均有同步采样开关的情况，整个串联环节的等效传递函数即为各个环节各自的脉冲传递函数乘积。

【例 6 - 17】　设两个环节传递函数分别为 $W_1(s) = \dfrac{1}{s+1}$，$W_2(s) = \dfrac{1}{s+2}$，试求 $W_1W_2(z)$ 及 $W_1(z)W_2(z)$。

解

$$W_1(z) = Z[W_1(s)] = Z\left[\frac{1}{s+1}\right] = \frac{z}{z - e^{-T}}$$

$$W_2(z) = Z[W_2(s)] = Z\left[\frac{1}{s+2}\right] = \frac{z}{z - e^{-2T}}$$

故有

$$W_1(z)W_2(z) = \frac{z^2}{(z - e^{-T})(z - e^{-2T})}$$

$$W_1(s)W_2(s) = \frac{1}{(s+1)(s+2)}$$

$$Z[W_1(s)W_2(s)] = Z\left[\frac{1}{(s+1)(s+2)}\right] = Z\left[\frac{1}{s+1} - \frac{1}{s+2}\right] = \frac{z}{z - e^{-T}} - \frac{z}{z - e^{-2T}}$$

$$= \frac{z(e^{-T} - e^{-2T})}{(z - e^{-T})(z - e^{-2T})}$$

本例表明，$W_1W_2(z) \neq W_1(z)W_2(z)$，这个结论非常重要。

2. 并联环节的等效脉冲传递函数

两个环节并联的离散系统，两个采样开关分别设在总的输入端和输出端，等效于在每个环节的输入端和输出端均加上了采样开关，如图 6 - 23 所示。

分析可知

$$C(s) = C_1(s) + C_2(s)$$

图 6 - 23　并联环节离散系统

$$C(z) = C_1(z) + C_2(z)$$

$$C_1(z) = Z[C_1(s)] = Z[W_1(s)R(z)]$$

$$= W_1(z)R(z)$$

$$C_2(z) = Z[C_2(s)] = Z[W_2(s)R(z)] = W_2(z)R(z)$$

由此可得

$$C(z) = W_1(z)R(z) + W_2(z) \cdot R(z) = [W_1(z) + W_2(z)]R(z)$$

$$W(z) = \frac{C(z)}{R(z)} = W_1(z) + W_2(z) \tag{6 - 42}$$

故可知，两个环节并联，其等效的脉冲传递函数即为其各自脉冲传递函数之和。该结论也可推广到几个环节并联且总输入端设有采样开关，总输出端也设有采样开关或虚拟采样开关的情况。

3. 离散系统闭环脉冲传递函数

若离散系统的参考输入信号为离散信号 $r^*(t)$，或偏差信号是离散信号 $e^*(t)$，则可求系统的闭环脉冲传递函数。

图 6 - 24　离散控制系统方框图

由于同步采样开关的位置不同，或系统环节较多，结构形式多变，所以其闭环脉冲传递函数的求取应根据针对实际情况分析解决。

设闭环离散系统方框图如图 6 - 24 所示，则其系统的脉冲传递函数可以分析为

$$C(s) = W(s)E(z)$$

$$E(s) = R(s) - F(s)$$

$$F(s) = H(s)W(s)E(z)$$

对以上三式取 z 变换可得

$$\left.\begin{array}{l} C(z) = W(z)E(z) \\ E(z) = R(z) - F(z) \\ F(z) = HW(z)E(z) \end{array}\right\} \tag{6 - 43}$$

由式（6 - 43）分析可知

$$E(z) = R(z) - HW(z)E(z)$$

故有

$$E(z) = \frac{R(z)}{1 + HW(z)}$$

$$C(z) = W(z)E(z) = \frac{W(z)}{1 + HW(z)}R(z)$$

系统闭环脉冲传函数为

$$W_{\mathrm{B}}(z) = \frac{C(z)}{R(z)} = \frac{W(z)}{1 + HW(z)} \qquad (6\text{-}44)$$

若对图 6-24 所示离散系统加以改动，在反馈通道增设采样开关，其方框图如图 6-25 所示。则该系统的脉冲传递函数为

$$C(s) = W(s)E(z)$$
$$E(s) = R(s) - F(s)$$
$$F(s) = H(s)C(z)$$

图 6-25　反馈通道含采样
开关的离散系统方框图

对以上三式取 z 变换得

$$\left.\begin{array}{l} C(z) = W(z)E(z) \\ E(z) = R(z) - F(z) \\ F(z) = H(z)C(z) \end{array}\right\} \qquad (6\text{-}45)$$

对式（6-46）整理可得

$$E(z) = R(z) - F(z) = R(z) - H(z)W(z)E(z)$$

$$E(z) = \frac{R(z)}{1 + H(z)W(z)}$$

$$C(z) = W(z)E(z) = \frac{W(z)}{1 + H(z)W(z)}R(z)$$

故可得系统闭环脉冲传递函数为

$$W_{\mathrm{B}}(z) = \frac{C(z)}{R(z)} = \frac{W(z)}{1 + H(z)W(z)} = \frac{W(z)}{1 + W(z)H(z)} \qquad (6\text{-}46)$$

经过以上的分析可知，当同步采样开关的位置变化时，离散系统的脉冲传递函数也会不同。使用类似的方法，读者可自行求出在其他输入作用下系统的脉冲传递函数或输出函数。

4. 离散控制系统的输出量

若已知离散控制系统的闭环脉冲传递函数 $W_{\mathrm{B}}(z)$ 及给定的输入信号的 z 变换 $R(z)$，则离散系统输出量的 z 变换 $C(z)$ 为

$$C(z) = W_{\mathrm{B}}(z)R(z) \qquad (6\text{-}47)$$

对式（6-47）求 z 反变换，可得离散系统输出量在各采样时刻的数值序列 $c(kT)$ 为

$$c(kT) = Z^{-1}[C(z)] = Z^{-1}[W_{\mathrm{B}}(z)R(z)] \quad (k = 0,1,2,\cdots) \qquad (6\text{-}48)$$

所以离散系统的输出信号 $c^*(t)$ 为

$$c^*(t) = \sum_{k=0}^{\infty} C(kT)\delta(t - kT) \qquad (6\text{-}49)$$

若在离散控制系统中不存在输入信号的离散信号 $r^*(t)$ 或偏差信号的离散信号 $e^*(t)$，则无法求取相应的 $R(z)$ 和 $E(z)$，也就无法求取系统闭环脉冲传递函数 $W_{\mathrm{B}}(z) = \dfrac{C(z)}{R(z)}$，但仍可求出系统的输出量。

设有如图 6-26 所示离散系统，试分析其输出量 $c^*(t)$。由于该系统中不存在 $r^*(t)$ 或 $e^*(t)$ 等离散信号，故无法求解系统的闭环脉冲传递函数。

由图 6 - 26 可知

$$C(s) = W_2(s)C_1(z)$$
$$C(z) = W_2(z)C_1(z)$$

取 z 变换得

$$C_1(s) = W_1(s)E(s)$$
$$= W_1(s)[R(s) - H(s)W_2(s)C_1(z)]$$

图 6 - 26　无离散输入量及偏差量的离散系统

故可得

$$C_1(z) = W_1R(z) - W_1W_2H(z)C_1(z)$$

$$C_1(z) = \frac{W_1R(z)}{1 + W_1W_2H(z)} \qquad (6-50)$$

由式 (6 - 50) 可得

$$C(z) = W_2(z)C_1(z) = \frac{W_2(z)W_1R(z)}{1 + W_1W_2H(z)} \qquad (6-51)$$

故可得该系统的离散输出信号 $C^*(t)$ 为

$$C(kT) = Z^{-1}[C(z)]$$

$$C^*(t) = \sum_{k=0}^{\infty} C(kT)\delta(t - kT) \qquad (6-52)$$

表 6 - 1 给出了一些离散控制系统的输出量 $C(z)$ 。

表 6 - 1　　　　一些离散控制系统的输出量

方　框　图	$C(z)$
	$C(z) = \dfrac{W(z)R(z)}{1 + W(z)H(z)}$ $\dfrac{C(z)}{R(z)} = \dfrac{W(z)}{1 + W(z)H(z)}$
	$C(z) = \dfrac{WR(z)}{1 + WH(z)}$
	$C(z) = \dfrac{W_2(z)W_1R(z)}{1 + W_2HW_1(z)}$
	$C(z) = \dfrac{W(z)R(z)}{1 + W(z) \cdot H(z)}$ $\dfrac{C(z)}{R(z)} = \dfrac{W(z)}{1 + W(z)H(z)}$

方　框　图	$C(z)$
（方框图：$R(s)$ 经比较器、$W_1(s)$、$W_2(s)$，采样输出 $C(z)$，反馈 $H(s)$）	$C(z) = \dfrac{W_1W_2(z) \cdot R(z)}{1 + W_1W_2H(z)}$ $\dfrac{C(z)}{R(z)} = \dfrac{W_1W_2(z)}{1 + W_1W_2H(z)}$
（方框图：$R(s)$、$W_1(s)$、$W_2(s)$，采样与反馈 $H(s)$）	$C(z) = \dfrac{W_1(z)W_2(z)R(z)}{1 + W_1(z)W_2(z) + W_2H(z)}$ $\dfrac{C(z)}{R(z)} = \dfrac{W_1(z)W_2(z)}{1 + W_1(z)W_2(z) + W_2H(z)}$
（方框图：$R(s)$、$W_1(s)$，反馈 $H_1(s)$、$H_2(s)$、$H_3(s)$）	$C(z) = \dfrac{W(z)R(z)}{1 + W(z)H_2H_3(z) + WH_1(z)}$ $\dfrac{C(z)}{R(z)} = \dfrac{W(z)}{1 + W(z)H_2H_3(z) + WH_1(z)}$

第五节　离散控制系统稳定性分析

与连续系统类似，在进行离散控制系统的分析与设计时，系统的稳定性是需要考虑的首要问题，只有在稳定条件下，分析系统动态性能和稳态误差才有意义。

对于线性定常连续系统，其稳定的充分必要条件是系统闭环特征根均具有负实部。在线性定常连续系统中，常使用劳斯判据、奈奎斯特判据以及根轨迹法等方法判定系统特征根是否分布在 S 复平面左半侧，其稳定边界即为 S 平面的 $j\omega$ 轴。由于研究连续系统所用的拉氏变换与用于研究离散系统的 z 变换之间有着内在的数学联系，故经过一定的变换，就可把连续系统稳定性的分析方法引入到离散系统中。

一、线性离散控制系统的稳定性条件

由 z 与 s 的关系式

$$z = e^{Ts}$$

可知，该式将 S 平面内特定的曲线映射到 z 平面内，式中 $s = \sigma + j\omega$，$T = 2\pi/\omega_s$，于是

$$z = e^{Ts} = e^{T(\sigma + j\omega)} = e^{T\sigma} e^{jT\omega} \tag{6-53}$$

由此可知

$$\left. \begin{aligned} |z| &= e^{T\sigma} \\ \angle z &= T\omega = \frac{2\pi}{\omega_s}\omega \end{aligned} \right\} \tag{6-54}$$

对于 S 平面的虚轴，其复变量 s 实部 $\sigma = 0$，其虚部当 ω 由 $-\infty$ 变化至 $+\infty$，映射到 z 平

面为

$$z = e^{jT\omega}$$
$$|z| = e^{T\sigma}\Big|_{\sigma=0} = 1$$
$$\angle z = \frac{2\pi}{\omega_s}\omega\Big|_{\omega=-\infty \sim +\infty}$$

(6 - 55)

当 ω 由 $-\frac{\omega_s}{2}$ 变化到 $+\frac{\omega_s}{2}$ 时，$\angle z$ 由 $-\pi$ 变到 $+\pi$，并且 ω 每多变化 ω_s，对应地在 z 平面上沿单位圆多转一圈。因此，当 ω 由 $-\infty$ 变化到 $+\infty$ 时，S 平面的虚轴映射到 z 平面为沿单位圆圆周逆时针转无穷多圈。

在 S 平面的左半平面，其 $\sigma < 0$，故有

$$|z| = e^{T\sigma}\Big|_{\sigma<0} < 1$$

(6 - 56)

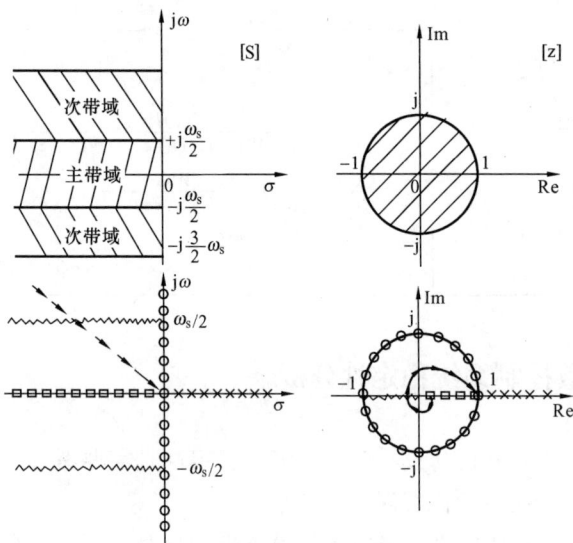

图 6 - 27　S 平面到 z 平面映射示意图

式（6 - 56）表明，S 平面的左半平面映射到 z 平面即为单位圆的内部区域。显然，S 平面的右半平面映射到 z 平面单位圆的外部区域。S 平面的左半平面区域，可分成宽度为 ω_s 的无数多条带域，其中 $-\frac{\omega_s}{2} \leqslant \omega \leqslant \frac{\omega_s}{2}$ 的带域称为主带域，其余为次带域。每一条宽度为 ω_s 的带域，均映射到 z 平面以圆点为圆心的单位圆的内部。采样函数 z 变换的这种周期性，也说明了函数离散化后的频谱会产生周期性的延拓。S 平面到 z 平面的映射情况如图 6 - 27 所示。

S 平面的左实轴，映射至 z 平面 $|z| < 1$，$\angle z = 0$ 处；

S 平面的右实轴，映射至 z 平面 $|z| > 1$，$\angle z = 0$ 处；

S 平面虚部为 $\pm n\frac{\omega_s}{2}$ 的点，映射至 z 平面 $|z| < 1$，$\angle z = (2k+1)\pi$ 处。

经过以上分析，可知离散控制系统稳定的充分必要条件是：离散系统的特征根（离散系统的闭环脉冲传递函数的全部极点）均分布于 z 平面以圆点为圆心的单位圆内。z 平面的这个单位圆即为稳定边界，若系统有特征根分布于 z 平面的单位圆上或单位圆外，则系统不稳定。

【例 6 - 18】　设某离散系统闭环特征方程为

$$z^3 + 1.75z^2 - 0.875z - 0.75 = 0$$

试判断该系统的稳定性。

解　由离散系统稳定性的充要条件可知，且仅当系统的闭环特征根均分布于以圆点为圆心的单位圆内时，系统稳定。对上式分析可得

$$(z+2)(z^2-0.25z-0.375)=0$$
$$(z+2)(z+0.5)(z-0.75)=0$$

三个特征根为

$$\left.\begin{array}{l} z_1=-2 \\ z_2=-0.5 \\ z_3=0.75 \end{array}\right\} \tag{6-57}$$

式（6-58）中 $|z_1|=2>1$，位于 z 平面单位圆外，所以系统不稳定。

二、w 平面的劳斯判据

对于简单的离散系统，可以直接解出其闭环特征根，进而分析其稳定性。对于高阶离散系统，在数学上求解其闭环特征根是相当困难的，因此在连续控制系统中，常用劳斯判据来分析系统的稳定性及系统参数变化对稳定性的影响。在离散控制系统中，仍然可以利用劳斯判据分析系统的稳定性。

连续系统中应用劳斯判据判断闭环特征根在 S 右半平面的个数来分析系统的稳定性。故在离散系统中，必须引入合适的坐标变换，才能利用劳斯判据。坐标变换表达式为

$$z=\frac{w+1}{w-1} \tag{6-58}$$

$$w=\frac{z+1}{z-1} \tag{6-59}$$

式（6-58）及式（6-59）被称为双线性变换。

通过式（6-58）的变换，可将 z 平面上单位圆内部映射到 w 平面的左半平面，单位圆周映射为 w 平面的虚轴，单位圆外部可映射为 w 平面的右半平面。经过这种变换后，离散系统的特征方程变为

$$B_nw^n+B_{n-1}w^{n-1}+\cdots+B_1w+B_0=0 \tag{6-60}$$

然后即可使用劳斯判据判断离散系统的稳定性。

z 平面经双线性变换映射到 w 平面的关系如图 6-28 所示。

【例 6-19】　设某离散系统闭环特征方程为

$$z^3+7z^2-3z+4=0$$

试判断系统的稳定性。

解　将式（6-58）代入特征方程式，可得

$$\left(\frac{w+1}{w-1}\right)^3+7\left(\frac{w+1}{w-1}\right)^2-3\left(\frac{w+1}{w-1}\right)+4=0$$

经整理可得

$$9w^3+w^2+11w-13=0$$

列出劳斯行列表

$$\begin{array}{ll} w^3 & 9 \quad 11 \\ w^2 & 1 \quad -13 \\ w^1 & 128 \\ w^0 & -13 \end{array}$$

图 6 - 28　z 平面与 w 平面的映射对应关系

图 6 - 29　离散控制系统

由于劳斯行列表中第一列有一次符号改变，故系统有一个闭环特征根位于 w 平面右半平面，亦即有一个离散系统特征根位于 z 平面的单位圆外，所以系统不稳定。

【例 6 - 20】　已知离散控制系统框图如图 6 - 29 所示。设采样周期 $T=1\mathrm{s}$，试分析使系统稳定的放大系数 K 的取值范围。

解
$$W_{\mathrm{B}}(z)=\frac{C(z)}{R(z)}=\frac{W(z)}{1+W(z)}$$

$$W(z)=Z\left[\frac{K}{s(s+1)}\right]=\frac{Kz(1-\mathrm{e}^{-T})}{(z-1)(z-\mathrm{e}^{-T})}$$

故系统的闭环特征方程为
$$z^2+\left[K(1-\mathrm{e}^{-T})-(1+\mathrm{e}^{-T})\right]z+\mathrm{e}^{-T}=0$$

代入 $z=\dfrac{w+1}{w-1}$，进行 w 变换，得

$$\left(\frac{w+1}{w-1}\right)^2+\left[K(1-\mathrm{e}^{-T})-(1+\mathrm{e}^{-T})\right]\left(\frac{w+1}{w-1}\right)+\mathrm{e}^{-T}=0$$

整理后为
$$K(1-\mathrm{e}^{-T})w^2+(2-2\mathrm{e}^{-T})w+2(1+\mathrm{e}^{-T})-K(1-\mathrm{e}^{-T})=0$$

列出劳斯行列表

$$\begin{array}{lll} w^2 & K(1-\mathrm{e}^{-T}) & 2(1+\mathrm{e}^{-T})-K(1-\mathrm{e}^{-T}) \\ w^1 & 2-2\mathrm{e}^{-T} & \\ w^0 & 2(1+\mathrm{e}^{-T})-K(1-\mathrm{e}^{-T}) & \end{array}$$

欲使系统稳定，须使
$$2\ (1+\mathrm{e}^{-T})\ -K\ (1-\mathrm{e}^{-T})\ >0$$

故应有
$$K<\frac{2\ (1+\mathrm{e}^{-T})}{1-\mathrm{e}^{-T}}$$

当 $T=1\mathrm{s}$ 时，可得
$$K<4.32$$

[例 6 - 20] 的分析结果表明，采样周期 T 的选择，对 K 的选取范围有很大影响。

比如若 $T=0.5\mathrm{s}$，则 K 的选择范围为
$$K<\frac{2(1+\mathrm{e}^{-0.5})}{1-\mathrm{e}^{-0.5}}$$

即

$$K < 8.17$$

若 $T = 2s$，则 K 的选择范围为

$$K < \frac{2(1 + e^{-2})}{1 - e^{-2}}$$

即

$$K < 2.63$$

由以上分析可知，当 T 增加时，系统所允许的最大 K 值减小；当 T 值减小时，K 的允许范围加大。

在实际中，应兼顾采样周期、系统的动态性能指标、抗干扰能力综合分析，选取一个合适的 T。

第六节 离散控制系统的稳态误差

离散控制系统与连续控制系统一样，其稳态误差与系统输入信号的种类、系统的结构参数有关。在研究系统的稳态误差时，必须首先检验系统的稳定性，只有稳定的系统才会存在稳态误差。

设单位负反馈离散控制系统结构如图 6-30 所示。

则其误差信号的 z 变换为

图 6-30 单位负反馈离散控制系统结构

$$W_k(z) = W(z)$$

$$E(z) = R(z) - C(z) = R(z) - E(z)W(z) = R(z) - E(z)W_k(z)$$

$$E(z) = \frac{R(z)}{1 + W_k(z)} = W_{BE}(z)R(z) \qquad (6\text{-}61)$$

对式 (6-61) 取 z 反变换，可得离散误差信号在各采样时刻 ($k = 1, 1, 2, \cdots$) 的采样值 $e(kT)$ 为

$$e(kT) = Z^{-1}[E(z)] = Z^{-1}\left[\frac{1}{1 + W_k(z)}R(z)\right] = Z^{-1}[W_{BE}(z)R(z)]$$

故系统的离散误差信号为

$$e^*(t) = \sum_{k=0}^{\infty} E(kT)\delta(t - kT) \qquad (6\text{-}62)$$

若离散系统稳定，且 $(z - 1)E(z)$ 满足终值定理应用的条件，则应用 z 变换终值定理，可求得离散系统的稳态误差

$$e(\infty) = \lim_{t \to \infty} e^*(t) = \lim_{k \to \infty} e(kT) = \lim_{z \to \infty} (z - 1)E(z)$$

$$= \lim_{z \to 1} (z - 1)\frac{R(z)}{1 + W_k(z)} \qquad (6\text{-}63)$$

可以看出，不同的输入信号，由式 (6-63) 可求出不同的稳态误差。系统的稳态精度常用典型输入信号作用下的稳态误差（或静态误差系数）的大小来衡量。

由于 z 平面上极点 $z = 1$ 与 S 平面上极点 $s = 0$ 相对应，因此离散控制系统可按开环脉冲传递函数 $W_k(z)$ 中有几个 $z = 1$ 的极点来确定其类型。

开环脉冲传递函数用它的零极点表示时，一般形式为

$$W_{\text{k}}(z)=\frac{k_{\text{g}}\prod\limits_{i=1}^{m}(z+z_i)}{(z-1)^V\prod\limits_{j=1}^{n-V}(z+p_j)}$$

式中　　$-z_i$，$-p_j$——开环脉冲传递函数的零点和极点；

$\quad\quad(z-1)^V$——在 $z=1$ 处有 V 个重极点；$V=0,1,2$ 时，分别表示为 0 型，Ⅰ型和Ⅱ型系统。

一、单位阶跃输入

$$r(t)=1(t)$$

$$R(z)=\frac{z}{z-1}$$

系统的稳态误差为

$$e(\infty)=\lim_{z\to1}\Big[(z-1)\frac{1}{1+W_{\text{k}}(z)}\Big(\frac{z}{z-1}\Big)\Big]=\frac{1}{1+W_{\text{k}}(1)}=\frac{1}{1+k_{\text{p}}}\tag{6-64}$$

其中

$$k_{\text{p}}=\lim_{z\to1}W_{\text{k}}(z)\tag{6-65}$$

式中　k_{p}——静态位置误差系数。

对于 0 型系统，$W_{\text{k}}(z)$ 中没有 $z=1$ 的极点，k_{p} 和 $e(\infty)$ 均为有限值，$k_{\text{p}}=W_{\text{k}}(1)$。

对于Ⅰ型或Ⅱ型以上的系统，$W_{\text{k}}(z)$ 中有一个或一个以上 $z=1$ 的极点，故有

$$k_{\text{p}}=\lim_{z\to1}W_{\text{k}}(z)=\infty\quad e(\infty)=0$$

二、单位斜坡输入

$$r(t)=t$$

$$R(z)=\frac{Tz}{(z-1)^2}$$

系统的稳态误差为

$$e(\infty)=\lim_{z\to1}\Big[(z-1)\frac{1}{1+W_{\text{k}}(z)}\frac{Tz}{(z-1)^2}\Big]=\lim_{z\to1}\frac{T}{(z-1)W_{\text{k}}(z)}=\frac{1}{k_{\text{v}}}$$

$$\tag{6-66}$$

式中　k_{v}——静态速度误差系数。

$$k_{\text{v}}=\frac{1}{T}\lim_{z\to1}(z-1)W_{\text{k}}(z)\tag{6-67}$$

对于 0 型系统　$k_{\text{v}}=0$，$e(\infty)=\frac{1}{k_{\text{v}}}=\infty$

对于Ⅰ型系统，令 $W_{\text{k}}(z)=\frac{1}{z-1}W_1(z)$，$W_1(z)$ 无 $z=1$ 极点，则

$$k_{\text{v}}=\frac{1}{T}W_1(1)，e(\infty)=\frac{T}{W_1(1)}$$

对于Ⅱ型以上的系统，$W_{\text{k}}(z)$ 中有两个或两个以上的 $z=1$ 的极点，故 $k_{\text{v}}=\infty$，$e(\infty)=0$。

三、单位抛物线函数输入

$$r(t)=\frac{1}{2}t^2$$

$$R(z) = \frac{T^2 z(z+1)}{z(z-1)^3}$$

系统的稳态误差为

$$e(\infty) = \lim_{z \to 1}\left[(z-1)\frac{1}{1+W_{\mathrm{k}}(z)}\frac{T^2 z(z+1)}{z(z-1)^3}\right] = T^2 \lim_{z \to 1}\frac{1}{(z-1)^2 W_{\mathrm{k}}(z)} = \frac{1}{k_{\mathrm{a}}} \qquad (6\text{-}68)$$

式中　k_{a}——静态加速度误差系数。

$$k_{\mathrm{a}} = \frac{1}{T^2}\lim_{z \to 1}(z-1)^2 W_{\mathrm{k}}(z) \qquad (6\text{-}69)$$

对于 0 型和 I 型系统　$k_{\mathrm{a}} = 0, e(\infty) = \frac{1}{k_{\mathrm{a}}} = \infty$

对于 II 型系统，令 $W_{\mathrm{k}}(z) = \frac{1}{(z-1)^2}W_2(z)$ ，$W_2(z)$ 无 $z=1$ 的极点，则

$$k_{\mathrm{a}} = \frac{1}{T^2}W_2(1), \quad e(\infty) = \frac{T^2}{W_2(1)}$$

对于 III 型及 III 型以上系统，$W_{\mathrm{k}}(z)$ 中有三个或三个以上 $z=1$ 的极点，则

$$k_{\mathrm{a}} = \infty, \quad e(\infty) = 0$$

前面的分析表明，离散系统的稳态误差除与系统结构有关，还与采样周期 T 有关，T 小，则稳态误差也小。为便于检查，现把三种典型输入信号作用下的稳态误差列于表 6-2。

表 6-2　　　　　　　　　　三种典型输入信号作用下的稳态误差

稳定系统的型别	位置误差，$r(t)=1(t)$	速度误差，$r(t)=t$	加速度误差，$r(t)=\frac{1}{2}t^2$
0　型	$\dfrac{1}{1+k_{\mathrm{p}}} = \dfrac{1}{1+W_{\mathrm{k}}(1)}$	∞	∞
I　型	0	$\dfrac{1}{k_{\mathrm{v}}} = \dfrac{T}{W_1(1)}$	∞
II　型	0	0	$\dfrac{1}{k_{\mathrm{a}}} = \dfrac{T^2}{W_2(1)}$

第七节　离散控制系统的动态性能分析

稳定的离散控制系统的动态性能，通常采用在单位阶跃参考输入下，系统输出响应采样值的峰值时间 t_{p}、超调量 $\delta\%$ 等动态性能指标来评价。

若已知单位阶跃输入作用下，离散控制系统的输出 $c(t)$ 的 z 变换 $C(z)$，则通过 z 反变换，可求出其动态响应 $c^*(t)$，计算出系统的 t_{p} 及 $\delta\%$，很容易分析系统的动态性能。但若要研究系统的结构和参数对动态性能的影响，则比较复杂。本节主要研究系统闭环脉冲传递函数的极点的位置与动态响应的关系。了解和熟悉这方面的内容，对系统的分析和设计都具有指导意义。

设离散控制系统的闭环脉冲传递函数为

$$W_{\mathrm{B}}(z) = \frac{C(z)}{R(z)} = \frac{KM(z)}{D(z)} = \frac{K\displaystyle\prod_{i=1}^{m}(z-z_i)}{\displaystyle\prod_{j=1}^{n}(z-p_j)} \qquad (n \geqslant m)$$

式中　z_i、p_j——闭环零极点。

对于稳定的离散系统，p_j 均位于 z 平面以原点为圆心的单位圆内部区域，即 $|p_j| < 1(j = 1, 2, \cdots, n)$。

设系统无重极点，在单位阶跃信号作用下的输出为

$$C(z) = W_B(z)R(z) = \frac{KM(z)}{D(z)}R(z) = \frac{z}{z-1} \frac{K\prod\limits_{i=1}^{m}(z-z_i)}{\prod\limits_{j=1}^{n}(z-p_j)} \qquad (6-70)$$

对式（6-70）分析，可知

$$C(z) = \frac{kM(1)}{D(1)}\frac{z}{z-1} + \sum_{j=1}^{n}\frac{A_j z}{z-p_j} \qquad (6-71)$$

式中

$$A_j = \frac{kM(z)}{\dot{D}(z)(z-1)}\Big|_{z=p_j}, \quad \dot{D}(z) = \frac{\mathrm{d}D(z)}{\mathrm{d}z}$$

对式（6-71）求 z 反变换，可得系统单位阶跃响应的采样值 $c(kT)$

$$c(kT) = Z^{-1}\left[\frac{KM(1)}{D(1)}\frac{z}{z-1}\right] + Z^{-1}\left(\sum_{j=1}^{n}\frac{A_j z}{z-p_j}\right) = k\frac{M(1)}{D(1)} + Z^{-1}\left(\sum_{j=1}^{n}\frac{A_j z}{z-p_j}\right)$$

$$= c_s(kT) + c_t(kT) \qquad (6-72)$$

上式右边第一项是系统单位阶跃响应采样值 $c(kT)$ 的稳态分量 $c_s(kT)$，第二项是 $c(kT)$ 的暂态分量 $c_t(kT)$，且 $c_t(kT)$ 的特点与极点 p_j 的类型（是实数还是共轭复数）有关。

一、闭环脉冲传递函数 $W_B(z)$ 的极点为单极点（p_j 为正实数）

由式（6-71）可知，与正实数极点 p_j 对应的系统暂态分量 $c_{tj}(kT)$ 为

$$c_{tj}(kT) = Z^{-1}\left(\frac{A_j z}{z-p_j}\right) = A_j p_j^k \qquad (6-73)$$

式中　T——采样周期。

式（6-73）表明，正实数极点 p_j 对应的暂态分量 $c_{tj}(kT)$ 是按指数规律变化的采样信号，其特点如下：

（1）$p_j > 1$，极点 p_j 分布于正实轴上且位于以原点为圆心的单位圆外，其暂态分量 $c_{tj}(kT)$ 为按指数规律变化的发散的脉冲序列。

（2）$p_j = 1$，极点 p_j 分布于正实轴且在以原点为圆心的单位圆上，其暂态分量 $c_{tj}(kT)$ 为等幅的脉冲序列。

（3）$0 < p_j < 1$，极点 p_j 分布于正实轴且在以原点为圆心的单位圆内，其暂态分量 $c_{tj}(kT)$ 为按指数规律变化收敛的脉冲序列，当 $k \to \infty$ 时，$c_{tj}(kT) \to 0$。极点 p_j 越靠近原点，其暂态分量衰减越快。

p_j 为正实数时，其暂态分量 $c_{tj}(kT)$ 如图 6-31 所示。

二、闭环脉冲传递函数 $W_B(z)$ 的极点为单极点（p_j 为负实数）

与负实数极点 p_j 对应的系统暂态分量 $c_{tj}(kT)$ 也可由

$$c_{tj}(kT) = Z^{-1}\left(\frac{A_j z}{z-p_j}\right) = A_j p_j^k \qquad (6-74)$$

描述，当 k 为奇数时，p_j^k 为负值；当 k 为偶数时，p_j^k 为正值。因此，负实数极点对应的系统暂态分量为一个交替变号的振荡函数。

图 6 - 31　闭环离散系统正实数极点对应的暂态分量

（1）$-1 < p_j < 0$，极点 p_j 位于负实轴且在以原点为圆心的单位圆内，由于 $|p_j| < 1$，所以其对应的暂态分量 $c_{tj}(kT)$ 为交替变号的衰减脉冲序列形式，当 $k \to \infty$ 时，$c_{tj}(kT) \to 0$，p_j 越接近原点，$c_{tj}(kT)$ 衰减越快。振荡周期为 $2T$，振荡角频率 $\omega = \pi/T$。

（2）$p_j = -1$，极点 p_j 位于负实轴且在以原点为圆心的单位圆上，其对应的暂态分量 $c_{tj}(kT)$ 为交替变号的等幅脉冲序列。

（3）$p_j < -1$，极点 p_j 位于负实轴且在以原点为圆心的单位圆外，由于 $|p_j| > 1$，所以其对应的暂态分量 $c_{tj}(kT)$ 为交替变号的发散脉冲序列。

p_j 为负实数时，其暂态分量 $c_{tj}(kT)$ 如图 6 - 32 所示。

图 6 - 32　闭环离散系统负实数极点对应的暂态分量

三、闭环传递函数 $W_B(z)$ 的极点为一对共轭复极点 p_j 和 p_{j+1}

$$p_{j,j+1} = |p_j| e^{\pm j\theta}$$

式中 $|p_j|$ 和 θ_j——极点 p_j 构成的极点向量 $\overrightarrow{op_j}$ 的模和幅角。

共轭复极点对应的系统暂态分量为

$$c_{tj,j+1}(kT) = Z^{-1}\left[\frac{A_j z}{z - p_j} + \frac{A_{j+1} z}{z - p_{j+1}}\right]$$

由于 $W_B(z)$ 的分子、分母多项式系数均为实系数，故 A_j，A_{j+1} 必为共轭复数

$$A_{j,j+1} = |A_j| e^{\pm j\phi_j}$$

故可知系统暂态分量为

$$c_{tj,j+1}(kT) = A_j p_j^k + A_{j+1} p_{j+1}^k = 2|A_j| \cdot |p_j|^k \cos(\omega kT + \phi_j) \qquad (6-75)$$

其中，$\omega = \theta_j/T\ (0 < \theta_j < \pi)$。

式（6-75）表明，$W_B(z)$ 的一对共轭复极点对应的暂态分量 $c_{tj,j+1}(kT)$ 按指数振荡规律变化，其振荡角频率 $\omega = \theta_j/T(0 < \theta_j < \pi)$。

（1）$|p_j| > 1$，极点 p_j 和 p_{j+1} 位于以原点为圆心的单位圆外，其暂态分量 $c_{tj,j+1}(kT)$ 为发散振荡函数。

（2）$|p_j| = 1$，极点 p_j 和 p_{j+1} 位于以原点为圆心的单位圆上，其暂态分量 $c_{tj,j+1}(kT)$ 为等幅振荡函数。

（3）$|p_j| < 1$，极点 p_j 和 p_{j+1} 位于以原点为圆心的单位圆内，其暂态分量 $c_{tj,j+1}(kT)$ 为衰减振荡函数，p_j，p_{j+1} 越靠近原点，$c_{tj,j+1}(kT)$ 衰减越快。

暂态分量的振荡角频率 $\omega = \dfrac{\theta_j}{T}(0 < \theta < \pi)$，故极点向量 $\overrightarrow{op_j}$ 的幅角 θ_j 越大，ω 越高。

p_j 和 p_{j+1} 为共轭复极点时，其暂态分量 $c_{tj,j+1}(kT)$ 如图 6-33 所示。

综上所述，有如下结论：

（1）离散控制系统的闭环极点若分布于以原点为圆心的单位圆内，则系统稳定。

（2）离散控制系统的闭环极点若在右半单位圆内靠近实轴和原点时，系统的动态性能好，系统的时间响应采样值 $c(kT)$ 振荡频率低，超调量小，但不能太靠近原点，以防系统参数变化，使闭环极点进入左半单位圆，产生振荡。

（3）离散控制系统的闭环极点应避免分布在左半圆内，尤其不要靠近实轴。负实轴上的极点对应的暂态分量为正负交替振荡，且振荡频率最高，动态性能最差。

小　　结

（1）在离散控制系统中，信号的变换过程基本如下：连续的输入信号，经过采样器采样后，转化为离散信号，再经过数字控制器处理后，变为离散的控制信号，进而使用保持器，恢复为连续的控制信号，去控制被控对象（受控装置），使其被控参数按预期的规律变化。

为了保证采样之后的离散信号可以包含原信号的全部信息，采样周期必须满足香农采样定理。

（2）用保持器可以由采样之后的离散信号中恢复出原信号的信息，它的作用有两方面：
①保持两相邻采样时刻之间的信号值；

图 6 - 33　闭环离散系统共轭复极点对应的暂态分量

②滤掉采样时产生的高频分量。

工程上，常采用零阶保持器。

（3）z 变换与 z 反变换是分析线性定常离散控制系统的有力工具，可以用其分析系统的差分方程，研究系统的动静态特性，也可用其求解系统的脉冲传递函数。

（4）脉冲传递函数是线性定常离散系统非常重要的数学模型，它反映了在采样时刻上离散的输出信号和输入信号之间的数学关系。它可以由差分方程进行 z 变换求出，也可以由系统的传递函数求出。利用它可以分析系统的时域及频域响应，了解系统的动静态特性，并设计系统。

离散系统若由结构图形式构成，则可利用结构图的变换求出系统的闭环脉冲传递函数或闭环输出。在变换时，应注意串联环节之间有无采样开关。

（5）线性离散系统的稳定性是系统正常工作的首要条件。它完全由系统的结构和参数决定。当且仅当其闭环特征根均分布于 z 平面内以原点为圆心的单位圆内，系统稳定。利用修正的劳斯判据，可以方便地判定系统的稳定性。

（6）离散控制系统的稳态误差是系统的重要性能指标，标志着系统可能达到的准确度。稳态误差既与系统的结构、参数有关，也与外作用的形式和大小有关。系统的类型与静态误差系数也是计算和评价稳态误差的简易方法。

（7）离散控制系统的闭环零极点分布对系统的动态性能有重要影响。当其极点位于单位圆内左半圆且靠近实轴和原点时，系统的动态性能最好。若极点位于负实轴上，则动态性能最差。

习　　题

6 - 1　求下列函数对应的 z 变换。

（1）$X(s) = \dfrac{1}{s(s+1)(s+2)(s+3)}$；

(2) $X(s) = \dfrac{s+6}{(s+1)^2(s+2)}$。

6 - 2 分别用部分分式法，幂级数展开法求出下列函数的 z 反变换。

(1) $X(z) = \dfrac{6z}{(z-1)(z-2)(z-3)}$;

(2) $X(z) = \dfrac{z(1-\mathrm{e}^{-aT})}{(z-1)(z-\mathrm{e}^{-aT})}$。

6 - 3 试确定下列函数的初值和终值。

(1) $X(z) = \dfrac{z^2(z^2+z+1)}{(z^2-0.8z+1)(z^2+z+0.8)}$;

(2) $X(z) = \dfrac{1+0.3z^{-1}+0.5z^{-2}}{1-4.2z^{-1}+5.6z^{-2}-2.4z^{-3}}$。

6 - 4 试用 z 变换法求解下列差分方程。

(1) $c(k+2)+3c(k+1)+2c(k)=0$：

   $c(0)=0, c(1)=1$;

(2) $c(t+2T)-3c(t+T)+2c(t)=r(t)$：

   $r(t)=\delta(t)$;

   $c(t)=0 \quad (t<0)$。

6 - 5 已知离散系统结构图如图 6 - 34 所示，试求系统的输出 $C(z)$。

(a)

(b)

(c)

图 6 - 34 习题 6 - 5 图

6 - 6 已知某离散系统如图 6 - 35 所示，采样周期 $T=0.5\mathrm{s}$，求系统闭环脉冲传递函数 $W_\mathrm{B}(z)$。

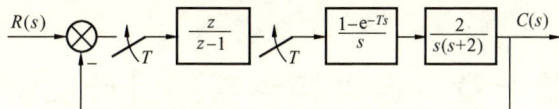

图 6 - 35 习题 6 - 6 图

6 - 7 试判断下列系统的稳定性。

（1）已知离散系统闭环传递函数特征方程

$$D(z) = (z + 1.2)(z + 2)(z - 0.3) = 0$$

（2）系统结构图如图 6 - 36 所示，试分析 $T = 0.2$ 及 $T = 0.1$ 时，使系统稳定的 K 值范围。

6 - 8 已知系统结构图如图 6 - 37 所示，采样周期 $T = 0.25\mathrm{s}$，ZOH 为零阶保持器，试求当 $r(t) = 1(t)$ 及 $r(t) = 5t(t \geqslant 0)$ 时，欲使系统的稳态误差小于 0.1 的 K 值。

图 6 - 36 习题 6 - 7 图

图 6 - 37 习题 6 - 8 图

6 - 9 已知系统结构图如图 6 - 38 所示，试求出 $T = 0.1$，0.5，1.0，2.0，$4.0\mathrm{s}$ 时的输出 $c(kT)$，并说明 T 对稳定性及动态性能的影响。

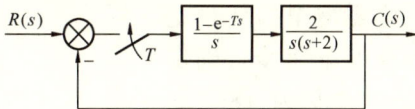

图 6 - 38 习题 6 - 9 图

第七章　自动控制系统设计实例

前面章节研究了自动控制系统设计中涉及的数学建模、时域分析法、频域分析法和系统综合校正等内容。本章以磁盘驱动控制系统为例，重点讨论如何利用上述原理分析并设计自动控制系统。

第一节　磁盘驱动控制系统

磁盘广泛用于各类计算机中，可以方便有效的储存信息。磁盘驱动器的结构如图 7-1 所示，激励电机带动支撑臂转动，进而使得支撑臂前端的磁头在磁道上滑动，读取磁道上的信息。

依据图 7-2 所示的自动控制系统设计流程，设计磁盘驱动自动控制系统。第一步，确定系统的控制目标。磁盘驱动控制系统的控制目标是将磁头准确定位在指定的磁道上，以便正确读取磁盘磁道上的信息。第二步，确定系统的控制变量。磁盘驱动控制系统要控制的变量是安装在滑动簧片上的磁头位置。第三步，确定系统的设计指标。磁盘旋转速度为 $1800 \sim 7200 \text{r/min}$，磁头要在磁盘上方小于 100nm 的间隙内"飞行"，定位的准确度指标为 1um，磁

图 7-1　磁盘驱动器结构示意图

图 7-2　自动控制系统设计流程

头从一个磁道转移到另一个磁道所花的时间不超过 10ms。第四步，选择系统的执行机构及传感器。系统通过电机驱动支撑臂转动，磁头的运动与支撑臂的运动一致，故执行机构为电机和支撑臂。安装在与支撑臂相连的簧片上的磁头，通过读取磁盘上预先录制的索引磁道，检测反馈信号。与给定的预期磁头位置作比较，产生了偏差信号，并将此信号提供给放大器。磁盘驱动控制系统的结构图如图 7-3 所示。第五步，建立系

统的数学模型，将在本章第二节详细介绍。第六步，分析系统的性能，将在本章第三节阐述。其余步骤，系统的控制器设计及优化过程，将在本章第四节讨论。

图 7-3　磁盘驱动控制系统结构图

第二节　系 统 的 数 学 模 型

执行机构的数学模型为他励直流电动机模型，其等效结构示意图如图 7-4 所示。列写微分方程，在零初始条件下进行拉氏变换，得到他励直流电动机的动态结构图如图 7-5 所示。根据电动机位移与速度的方程式

$$\frac{\mathrm{d}\theta(t)}{\mathrm{d}t} = n(t) \tag{7-1}$$

式中　　$\theta(t)$ ——电动机的位移。

得到电机和支撑臂的动态结构图如图 7-4 所示。

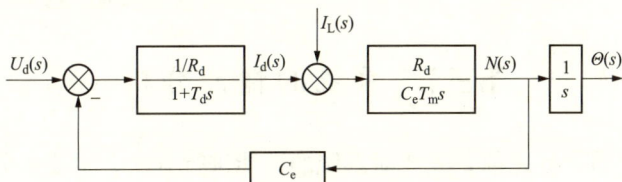

图 7-4　电机和支撑臂的结构图

假定簧片是完全刚性的，并且磁头足够精确，取传感器的传递函数 $H(s)=1$。放大环节的传递函数 $W_a(s)=K_a$。磁盘驱动控制系统的结构图如图 7-5 所示。

图 7-5　磁盘驱动控制系统的结构图

磁盘驱动控制系统的典型参数如表 7-1 所示。由表 7-1 可得电机和支撑臂的传递函数为

$$W_d(s) = \frac{0.25}{s(5 \times 10^{-5}s^2 + 5 \times 10^{-2}s + 1)} \tag{7-2}$$

由于系数 $5 \times 10^{-5} \ll 5 \times 10^{-2}$，可以省略掉高次项的系数，可得

$$W_d(s) \approx \frac{0.25}{s(0.05s+1)} \tag{7-3}$$

利用式（7 - 3），可以得到磁盘驱动控制系统的开环传递函数

$$W_k(s) = \frac{0.25K_a}{s(0.05s+1)} \tag{7-4}$$

系统的闭环传递函数

$$W(s) = \frac{K_a G_d(s)}{1 + K_a G_d(s)H(s)} = \frac{5K_a}{s^2 + 20s + 5K_a} \tag{7-5}$$

若取 $K_a = 40$，则系统的开环传递函数

$$W_k(s) = \frac{200}{s(s+20)} \tag{7-6}$$

系统的闭环传递函数

$$W(s) = \frac{200}{s^2 + 20s + 200} \tag{7-7}$$

表 7 - 1　　　　　　　　　　磁盘驱动控制系统典型参数

参　　数	符　号	典 型 值	参　　数	符　号	典 型 值
放大器系数	K_a	10～1000	机电时间常数	T_m	0.05S
电枢电阻	R_d	1Ω	电动势常数	C_e	4V·s/r
电枢电感	L_d	1mH			

第三节　系统的性能分析

在进行系统控制器设计之前，先要对系统的性能进行分析。主要的分析方法有时域分析法和频域分析法。分析的系统性能主要涉及系统的稳定性、快速性和准确性。

一、稳定性分析

时域分析法的基本原理在第三章进行了介绍。借助 MATLAB 软件，利用基本原理对系统的性能进行分析。

1. 时域分析法

系统稳定性主要由系统的特征根决定，直接的方法是求解出系统的特征根，若系统的特征根都具有负实部，则系统是稳定的。

磁盘驱动控制系统的特征方程

$$D(s) = s^2 + 20s + 200 \tag{7-8}$$

列写劳斯表

$$
\begin{array}{lll}
s^2 & 1 & 200 \\
s^1 & 20 & \\
s^0 & 200 &
\end{array}
$$

劳斯表的第一列元素都为正，由劳斯判据可知，系统是稳定的。

利用 MATLAB 求解特征根的语句如下：

```
> > den= [1 20 200];
> > p= roots(den)
```

运行的结果为

```
p =
- 10.0000 + 10.0000i
- 10.0000 - 10.0000i
```

两个特征根的实部均为－10，都是负数，系统是稳定的。

2. 频域分析法

系统的开环传递函数为式（7-6），则其开环频率特性为

$$W_k(j\omega) = \frac{200}{j\omega(j\omega + 20)} = -\frac{200}{400 + \omega^2} - \frac{4000}{\omega(400 + \omega^2)}j \qquad (7-9)$$

绘制系统的开环幅相频率特性，系统为 I 型，当 ω 趋于零时，由图 4-26（a）可知，渐近线为一条平行于虚轴的直线，其横坐标

$$V_x = \lim_{\omega \to 0} Re[W_k(j\omega)] = \lim_{\omega \to 0}(-\frac{200}{400 + \omega^2}) = -0.5$$

当 ω 趋于无穷时，$n - m = 2$，由图 4-26（b）可知，开环幅相特性曲线由负实轴方向趋于原点，但不确定是在负实轴上面还是下面。假设其从负实轴上面趋于原点，则必与负实轴相交，其虚部必为零，由式（7-9）可知，虚部不存在为零的情况，所以，开环幅相特性曲线从负实轴下面趋于原点。绘制出的开环幅相特性曲线如图 7-6 所示。

绘制系统开环幅相频率特性的 MATLAB 语句

```
> > num= 200;
> > den= [1 20 0];
> > nyquist(num,den)
```

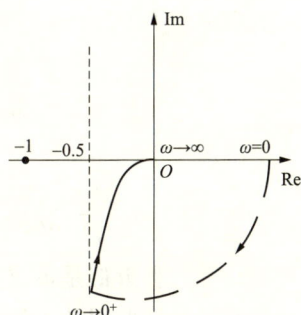

图 7-6　手工绘制的磁盘驱动控制系统开环幅相频率特性图

MATLAB 的绘制的结果如图 7-7 所示。

根据劳斯判据，对系统的稳定性进行分析，由于开环不稳定根的个数 $P = 0$，系统的开环幅相频率特性曲线不包围（－1,j0）点，可见系统是稳定的。

绘制系统的开环对数频率特性，先将系统的开环传递函数转换为

$$W_k(j\omega) = \frac{10}{j\omega(\frac{1}{20}j\omega + 1)} \qquad (7-10)$$

则幅值频率特性 $A(\omega)$ 为

$$A(\omega) = \begin{cases} \dfrac{10}{\omega} & \omega < 20 \\ \dfrac{200}{\omega^2} & \omega > 20 \end{cases}$$

当 $A(\omega) = 1$ 时，解得

$$\begin{cases} \omega = 10 & \omega < 20 \\ \omega = 14.14 & \omega > 20 \end{cases}$$

幅相频率特性图

图 7 - 7   MATLAB 绘制的磁盘驱动控制系统开环幅相频率特性图

可知，第二种近似是不成立的，则幅值穿越频率 $\omega_c = 10$ 。

对数幅频特性曲线的低频段以 -20dB/dec 斜率穿过 （1，20log10) 点，一直到第一个转折频率 20rad/s 处，频率增加 -20dB/dec，变为 -40dB/dec。

相角频率特性 $\varphi(\omega)$ 为

$$\varphi(\omega) = -90° - \arctan\left(\frac{\omega}{20}\right)$$

初始相角为 $-90°$，终止相角为 $-180°$。手工绘制系统的开环对数频率特性曲线如图 7 - 8 所示。

求取相角裕量，将 $\omega_c = 10$ 代入式 （4 - 57)，得

$$\gamma = 180° + \left[-90° - \arctan\left(\frac{10}{20}\right)\right] = 180° + (-90° - 26.57°) = 63.43°$$

由于 $\gamma > 0$，可知系统是稳定的。

绘制系统对数频率特性的 MATLAB 语句为

```
> >  num= 200;
> >  den= [1 20 0];
> >  bode(num,den)
```

绘制的结果如图 7-9 所示，图 7-9 与图 7-7 所示系统的相位裕量一致 $\gamma = 65.5°$。MATLAB 绘制的图中标注结果与手工绘制有几度的偏差，原因是手工绘制时幅值穿越频率采用了近似方法计算。

二、快速性分析

根据磁盘驱动控制系统的传递函数式（7-7），可知系统是二阶系统，对照二阶系统的标准数学模型式（3-18），求得系统的自然振荡频率 $\omega_n = 14.14$，阻尼比 $\zeta = 0.707$。由于 $0 < \zeta < 1$，系统为二阶欠阻尼系统，对于单位阶跃信号，即 $r(t) = 1$，经济利用式（3-31）～式（3-34），求得系统的各项动态性能指标

图 7-8　手工绘制的磁盘驱动控制系统对数频率特性

对数频率特性图

图 7-9　磁盘驱动控制系统的开环对数频率特性图

$$t_p = \frac{\pi}{\omega_n \sqrt{1-\zeta^2}} = 0.314s$$

$$\delta\% = e^{-\frac{\zeta\pi}{\sqrt{1-\zeta^2}}} \times 100\% = 4.33\%$$

$$t_s(5\%) = \frac{3}{\zeta\omega_n} = 0.3s$$

$$t_s(2\%) = \frac{4}{\zeta\omega_n} = 0.4s$$

利用 MATLAB 求解系统的动态响应语句如下

```
> > num= 200;
> > den= [1 20 200];
> > step(num,den)
```

运行的结果如图 7 - 10 所示。

图 7 - 10 磁盘驱动控制系统的单位阶跃响应图

由图 7 - 10 中可知，磁盘驱动控制系统的上升时间 $t_r = 0.152$s，峰值时间 $t_p = 0.313$s，超调量 $\delta\% = 4.32\%$，调节时间 $t_s = 0.442$s，与手工计算结果非常接近。对照控制指标要求，系统不能满足控制要求。

三、准确性分析

系统的开环传递函数式（7 - 6）可写为

$$W_k(s) = \frac{10}{s(0.05s + 1)} \tag{7 - 11}$$

由式（7 - 11）可知，系统是 I 型系统，由表 3 - 1 系统的类型、静态误差系数及输入信号之间的关系可知，单位阶跃输入时的稳态误差为 0，单位斜波输入时的稳态误差为 $\frac{1}{K_K}$（$K_k = 10$），单位抛物线输入时的稳态误差为 ∞。

利用 MATLAB 进行计算的程序如下：

```
t= 0:0.1:5;
num= 200;
den= [1 20 200];
y1= step(num,den,t);
den1= [1 20 200 0];
y2= step(num,den1,t);
den2= [1 20 200 0 0];
```

```
y3= step(num,den2,t);
y3t= 0.5.* t.^2;
subplot(3,1,1);plot(t,y1,t,ones(length(t),1),'- - ');
title('单位阶跃响应');
legend('响应值','输入值');
subplot(3,1,2);plot(t,y2,t,t,'- - ');ylabel('响应幅值')
title('单位斜波响应');
legend('响应值','输入值');
subplot(3,1,3);plot(t,y1,t,y3t,'- - ');
title('单位抛物线响应');
xlabel('时间(s)');
legend('响应值','输入值');
er1= y1(length(t))- 1
er2= y2(length(t))- t(length(t))
er3= y3(length(t))- 0.5* t(length(t))^2
```

运行的结果如图 7 - 11 所示,计算出系统的稳态误差为

er1 =

  2.2204e- 16

er2 =

  - 0.1000

er3 =

  - 0.4950

图 7 - 11　磁盘驱动控制系统的单位阶跃、单位斜坡和单位抛物线响应

MATLAB仿真结果与理论计算结果一致。

第四节　系统的控制器设计

经过上述分析可知，磁盘驱动控制系统是稳定的。由于系统定位的准确度指标为1um，磁头从一个磁道转移到另一个磁道所花的时间不超过10ms，可见系统对于阶跃输入的调节时间指标达不到设计要求。需要设计控制器提高系统的性能。

未校正的磁盘驱动控制系统是典型二阶系统，性能指标中超调量 $\delta\% = 4.32\%$ ，调节时间 $t_s = 0.442s$ ，而现在的设计要求是 $t_s < 0.01s$ 。在保证阻尼比 $\zeta = 0.707$ 情况下，根据式（3-33）或式（3-44），计算得出校正后系统的自然振荡角频率为 $\omega'_n > 424.3$ 或 $\omega'_n > 565.8$ 。为了便于计算，选择校正后系统的自然振荡角频率为 $\omega'_n = 600$ ，则校正后的系统开环传递函数

$$W'_k(s) = \frac{360000}{s(s+848.4)} \tag{7-12}$$

此时，系统的理想控制器传递函数

$$W'_c(s) = \frac{W'_k(s)}{W_k(s)} = \frac{\frac{360000}{s(s+848.4)}}{\frac{200}{s(s+20)}} = \frac{1800(s+20)}{s+848.4} \tag{7-13}$$

控制器具有超前特性，对照串联超前校正装置图5-3，可知 $\alpha' = 0.0236$ ， $T = 0.05$ ，若选择 $R_1 = 100\Omega$ ，则 $C = 0.5mF$ ， $R'_2 = 2.42\Omega$ 。为了便于实现，可取 $R_2 = 2\Omega$ ，此时超前校正装置的 $\alpha = 0.0196$ ， T 不变。实际控制器的传递函数

$$W_c(s) = \frac{29(0.05s+1)}{0.00098s+1} \tag{7-14}$$

使用MATLAB验证是否达到设计指标要求，程序如下

```
numk0= [200];
denk0= [1 20 0];
Gk0= tf(numk0,denk0)
Gcnum= [29* 0.05 29];
Gcden= [0.00098 1];
Gc= tf(Gcnum,Gcden)
[numk denk]= series(numk0,denk0,Gcnum,Gcden);
Gk= tf(numk,denk)
figure(1);
bode(Gk)
[num,den]= feedback(Gk,1,- 1);
G= tf(num,den)
figure(2);
step(G)
```

程序运行结果如图7-12和图7-13所示，从图可见，达到控制系统的设计指标。

对数频率特性图

相角裕量(deg):74.7
频率(rad/s):280
闭环系统稳定

图 7 - 12 磁盘驱动控制系统校正后的系统开环对数频率特性

单位阶跃响应图

调节时间(seconds):0.00942

系统终值:1

图 7 - 13 磁盘驱动控制系统校正后的系统单位阶跃响应

小　　结

（1）控制系统的设计是设计系统的控制器，使系统具有良好的性能，满足给定技术指标的要求。

（2）在设计过程中，既要理论指导，又要重视实践经验，做到局部与整体的配合。

（3）由系统控制的控制要求首先确定系统的执行机构及传感器，其次建立系统的数学模型，然后分析系统的稳定性、快速性和准确性，最后设计并优化系统的控制器。

（4）设计的控制器要便于物理实现、经济性好和可靠性高。

习　　题

7-1　数控六角车床的精确控制是一个典型的控制问题，其系统框图见图 7-14，其中系统的参数见表 7-2。为了使车床的实际准确度达到 5×10^{-4} in（1in＝2.54cm），试设计一个控制器串联在硅控整流器前面，使系统的阻尼比为 0.7，超调量小于 5％，斜坡响应的稳态误差为 0.025。

图 7-14　六角车床控制系统

表 7-2　　　　　　　　　　　　　　六角车床控制系统参数

参　　数	典 型 值	参　　数	典 型 值
整流器放大系数	5	机电时间常数	0.05s
整流器时间常数	0.1s	电动势常数	4V·s/r
电枢电阻	1Ω	齿轮组比	0.1
电枢电感	1mH		

附　　录

附录Ⅰ　自动控制系统仿真

自动控制系统仿真，就是利用计算机来求解描述系统的数学方程，并分析系统的性能。从事控制系统分析和设计的技术人员，常会为进行系统分析和设计时的巨大、繁杂的计算工作量而苦恼，而利用计算机强大的计算和绘图功能，这一问题可轻易解决，从而提高系统分析和设计的效率。

本附录主要是介绍如何利用计算机仿真软件 MATLAB 来分析系统的时域响应及频域响应。

第一节　自动控制系统数学模型的 MATLAB 表示

一、连续控制系统数学模型的 MATLAB 表示

连续控制系统的数学模型有两种常见的描述方法，分别是常微分方程及传递函数。

1. 常微分方程描述下系统数学模型的 MATLAB 表示

系统的常系数微分方程模型可表示为

$$a_n \frac{\mathrm{d}^n c}{\mathrm{d}t^n} + a_{n-1} \frac{\mathrm{d}^{n-1} c}{\mathrm{d}t^{n-1}} + \cdots + a_1 \frac{\mathrm{d}c}{\mathrm{d}t} + a_0 c = b_m \frac{\mathrm{d}^m r}{\mathrm{d}t^m} + b_{m-1} \frac{\mathrm{d}^{m-1} r}{\mathrm{d}t^{m-1}} + \cdots + b_0 r \quad （附 - 1）$$

式中　　　　　　　　　　　　　　　　　　n——系统的阶次；

$a_i (i = 0, 1, 2, \cdots n)$，$b_j (j = 0, 1, 2, \cdots, m)$ ——已知常数。

式（附 - 1）又可简写为

$$a_n c^{(n)} + a_{n-1} c^{(n-1)} + \cdots + a_1 c = b_m r^{(m)} + b_{m-1} r^{(m-1)} + \cdots + b_0 r \quad （附 - 2）$$

在 MATLAB 中可以求解常系数微分方程的解析解和数值解。不同解对应着不同的微分方程描述形式。

（1）求解解析解时的描述形式。描述微分方程时使用 D 表示微分运算，如 Dny 表示变量 y 的 n 阶导运算，默认的自变量为时间变量 t。

式（附 - 2）可描述为

$$a_n * Dnc + a_{n-1} * D(n-1)c + \cdots + a_0 * c$$
$$= b_m * Dmr + b_{m-1} * D(m-1)r + \cdots + b_0 * r \quad （附 - 3）$$

例如，微分方程 $c^{(2)} + 4c^{(1)} + 3c = 4r^{(1)} + 2r$ 可描述为 $D2c + 4 * Dc + 3 * c = 4 * Dr + 2 * r$

（2）求解数值解时的描述形式。把高阶微分方程分解为若干个一阶微分方程，描述为 ODE 函数文件，求解时作为输入参数使用。

在控制系统中，微分方程中的输入信号多数情况下是已知的，式（附 - 3）等号右边为常值，则微分方程为

$$a_n * Dnc + a_{n-1} * D(n-1)c + \cdots + a_0 * c = b \quad （附 - 4）$$

式（附 - 4）中，令 $c_1 = c$，$c_2 = c^{(1)}$，$\cdots$，$c_n = c^{(n-1)}$，由此把 n 阶微分方程分解为 n 个一

阶微分方程

$$\dot{c}_1 = c_2$$
$$\dot{c}_2 = c_3$$
$$\vdots$$
$$\dot{c}_{n-1} = c_n$$
$$\dot{c}_n = \frac{1}{a_n}(-a_0 c_1 - a_1 c_2 - \cdots - a_{n-1} c_n + b)$$

(附 - 5)

编写相应的 ODE 函数文件:

令
$$C = \begin{bmatrix} c_1 \\ c_2 \\ \vdots \\ c_n \end{bmatrix}$$

$$c_1 = C(1)$$

则有
$$c_2 = C(2)$$
$$\vdots$$
$$c_n = C(n)$$

原方程的问题转化为 $\dot{c} := F(t,c)$。

ODE 函数文件描述为:

Function dc = F(t,c)

dc＝[表达式 1;表达式 2;…;表达式 n]

其中,F 为文件名;表达式 1 为 $\dot{c}_1$ 的表达式;表达式 2 为 $\dot{c}_2$ 的表达式;……表达式 n 为 $\dot{c}_n$ 的表达式。

【附例 - 1】 求出常微分方程 $c^{(2)} + 4c^{(1)} + 3c = 2$ 的 ODE 函数文件。

解 利用代换法,令 $c_1 = c$,$c_2 = c^{(1)}$,则原方程等同于两个一阶微分方程

$$\dot{c}_1 = c_2$$
$$\dot{c}_2 = -3c_1 - 4c_2 + 2$$

(附 - 6)

将式(附 - 6)描述为函数文件,如下:

function dc＝dlfun (t, c)

dc = [c(2); -3 * c(1) - 4 * c(2) + 2]

函数文件名字为 dlfun,保存为 dlfun. m。

2. 传递函数描述下系统数学模型的 MATLAB 描述

(1) 系统传递函数模型形如

$$W(s) = \frac{b_m s^m + b_{m-1} s^{m-1} + \cdots + b_1 s + b_0}{a_n s^n + a_{n-1} s^{n-1} + \cdots + a_1 s + a_0}$$

(附 - 7)

式中 n—— 系统阶次;

$a_i (i = 0,1,2,\cdots,n)$、$b_j (j = 0,1,2,\cdots,m)$—— 均为实数,$n \geq m$。

可用下面方法建立其 MATLAB 模型表示为

$$\begin{aligned} \text{num} &= [b_m, b_{m-1}, \cdots, b_0] \\ \text{den} &= [a_n, a_{n-1}, \cdots, a_0] \\ W &= \text{tf(num,den)} \end{aligned}$$

(附 - 8)

式中　num——分子多项式的 MATLAB 表示；

　　　 den——分母多项式的 MATLAB 表示；

　　　 tf——MATLAB 命令，表示建立分子多项式/分母多项式形式的传递函数；

　　　 W——建立的 MATLAB 下的系统传递函数模型。

【附例 - 2】　已知 $W(s) = \dfrac{s+10}{s^4+2s^3+3s^2+4s+5}$，写出其 MATLAB 表示。

解　程序为

```
> > num= [1,10];
> > den= [1,2,3,4,5];
> > W= tf(num,den)
```
运行结果为
```
W =

         s+ 10
  -----------------------------
    s^4+ 2s^3+ 3s^2+ 4s+ 5


Continuous-time transfer function.
```

【附例 - 3】　已知 $W(s) = \dfrac{6(s+5)}{(s^2+3s+1)^2(s+6)(s^3+6s^2+5s+3)}$，写出其 MATLAB 表示。

解　程序为

```
> > num= 6* [1,5];
> > den= conv(conv(conv([1,3,1],[1,3,1]),[1,6]),[1,6,5,3]);
> > W= tf(num,den)
```
运行结果为
```
W =

                          6 s + 30
  ---------------------------------------------------------------
    s^8 + 18 s^7 + 124 s^6 + 417 s^5 + 740 s^4 + 729 s^3 + 437 s^2 + 141 s + 18


Continuous-time transfer function.
```

（2）系统传递函数模型形如

$$W(s) = \frac{K_k\prod\limits_{i=1}^{m}(s-z_i)}{\prod\limits_{j=1}^{n}(s-p_j)} \tag{附-9}$$

式中　　　　　　　　K_k——传递函数用零极点表示时的放大系数；

$z_i\ (i=1, 2, 3, \cdots, m)$——分子多项式根，称为传递函数零点；

$p_j\ (j=1, 2, 3, \cdots, n)$——分母多项式根，称为传递函数极点。

可用下面方法建立其 MATLAB 模型表示

$$\left.\begin{array}{l}K = K_k \\ z = [z_1;z_2;\cdots;z_m] \\ p = [p_1;p_2;\cdots;p_n] \\ W_{zpk} = zpk(z,p,K)\end{array}\right\} \qquad (附-10)$$

式中　K_k——放大系数；

　　　z——零点向量；

　　　p——极点向量；

　　zpk——MATLAB 命令，表示建立零极点形式的传递函数；

　　W_{zpk}——建立的 MATLAB 下零极点形式的传递函数模型。

【附例-4】　已知 $W(s) = \dfrac{2(s+1)(s+2)}{(s+3)(s+4)(s+5)}$，求其 MATLAB 下零极点形式表示。

解　程序为

```
>> K= 2;
>> z= [- 1;- 2];
>> p= [- 3;- 4;- 5];
>> Wzpk= zpk(z,p,K)
```

运行结果为

```
Wzpk =

     2 (s+ 1) (s+ 2)
  ---------------------
   (s+ 3) (s+ 4) (s+ 5)


Continuous-time zero/pole/gain model.
```

二、离散控制系统数学模型的 MATLAB 表示

离散控制系统的数学模型也有三种常见的描述方法，分别是常系数差分方程、脉冲传递函数及离散状态空间表达式。

离散控制系统模型的 MATLAB 表示与连续控制系统的非常类似，现仅以脉冲传递函数为例，分析其表示方法。

1. 若系统脉冲传递函数形如

$$W(z) = \frac{b_m + b_{m-1}z^{-1} + \cdots + b_1 z^{-m+1} + b_0 z^{-m}}{a_n + a_{n-1}z^{-1} + \cdots + a_1 z^{-n+1} + a_0 z^{-n}} \qquad (附-11)$$

式中　　　　　　　　　　　　n——系统阶次；

$a_i(i=0,1,2,\cdots,n)$、$b_j(j=0,1,2,\cdots,m)$——均为实数，$n \geqslant m$。

可用下面方法建立其 MATLAB 表示

$$\left.\begin{array}{l}z = tf('z') \\ num = [b_m,b_{m-1},\cdots,b_1,b_0] \\ den = [a_n,a_{n-1},\cdots,a_1,a_0] \\ W = tf(num,den,z)\end{array}\right\} \qquad (附-12)$$

式中　num——分子多项式的 MATLAB 表示；

　　　　den——分母多项式的 MATLAB 表示；

z＝tf($'z'$)——建立以 z 为自变量的函数；

　　　　tf——MATLAB 命令，表示建立分子多项式/分母多项式形式的离散脉冲传递函数；

　　　　W——建立的 MATLAB 下的系统脉冲传递函数模型。

【附例 - 5】　已知 $W(z) = \dfrac{z+3}{z^2+4z+5}$，求其 MATLAB 表示。

解　程序为

```
>> K= 2;
>> z= tf('z');
>> num= [1,3];
>> den= [1,4,5];
>> W= tf(num,den,z)
```

运行结果为

```
W =


    z + 3
 -------------
  z^2 + 4 z + 5


Sample time: unspecified
Discrete-time transfer function.
Sampling time: unspecified
```

2. 若系统脉冲传递函数形如

$$W(z) = \frac{K_k \prod\limits_{i=1}^{m}(z-z_i)}{\prod\limits_{j=1}^{n}(z-p_j)} \qquad (\text{附} - 13)$$

式中　　　　　　　　　K_k——脉冲传递函数用零极点表示时的放大系数；

$z_i\ (i=1,\ 2,\ 3,\ \cdots,\ m)$——分子多项式根，称为脉冲传递函数零点；

$p_j\ (j=1,\ 2,\ 3,\ \cdots,\ n)$——分母多项式根，称为脉冲传递函数极点。

可用下面方法建立其 MATLAB 表示

$$\left.\begin{array}{l} z = tf('z') \\ K = K_k \\ zz = [z_1;z_2;\cdots;z_m] \\ pz = [p_1;p_2;\cdots;p_n] \\ W_{zpk} = zpk(zz,pz,K,z) \end{array}\right\} \qquad (\text{附} - 14)$$

【附例 - 6】　已知 $W(z) = \dfrac{3\ (z+3)\ (z+4)}{(z+5)\ (z+6)\ (z+7)}$，求其 MATLAB 表示。

解　程序为

```
>> z= tf('z');
>> K= 3;
>> zz= [- 3;- 4];
>> pz= [- 5;- 6;- 7];
>> Wzpk= zpk(zz,pz,K,z)
```

运行结果为

```
Wzpk =


    3 (z+ 3) (z+ 4)
  -----------------
  (z+ 5) (z+ 6) (z+ 7)


Sample time: unspecified
Discrete-time zero/pole/gain model.
```

由以上的分析可知，只要模型表达式的结构相同，就可以用同样的方法表达。因此，常系数差分方程模型的 MATLAB 表示及离散状态空间表达式模型的 MATLAB 表示，可参照微分方程模型和状态空间表达式模型的 MATLAB 表示。

第二节　线性系统时域分析

一、连续系统时域分析

连续系统的时域响应分析，根据其模型建立的方式不同，分析的方法也不同。

1. 系统模型为常系数微分方程模型

（1）求解解析解。对常系数微分方程使用命令 dsolve()，即得其解析解。

dsolve()命令的语法结构为：

dsolve('微分方程表达式'，['初始条件'])

说明：微分方程表达式如式（附 - 3），初始条件可以省略。

【附例 - 7】　已知微分方程 $c^{(2)} + 4c^{(1)} + 3c = 4r^{(1)} + 2r$，求解微分方程的解析解。

解　程序为

```
>> dsolve('D2c+4*Dc+3*c=4*Dr+2*r')
```

运行结果为

```
ans =

exp(-t/2)*((exp(t/2)*diff(c(t), t))/4 +(7*exp(t/2)*c(t))/8 +int((5*exp(t/2)*c(t))/
16, t, IgnoreAnalyticConstraints)) +C2*exp(- t/2)
```

利用化简指令

```
>> simple(ans)
```

运行结果为

```
simplify:
```

```
(7*c(t))/8+diff(c(t),t)/4+C2*exp(-t/2)+(5*exp(-t/2)*int(exp(t/2)*c(t),t))/16
```

【附例 - 8】 对于 [附例 - 7] 中的微分方程，当 $r = 1(t)$，初始条件为 $c_{(0)} = 0, \dot{c}_{(0)} = 1$ 时，求解微分方程的解析解。

解 微分方程为 $c^{(2)} + 4c^{(1)} + 3c = 2$，利用 desolve 命令

```
>> dsolve('D2c+4*Dc+3*c=2','Dc(0)=1','c(0)=0')
```
运行结果为
```
ans =

2/3-exp(-3*t)/6-exp(-t)/2
```

（2）求解数值解。对一阶微分方程使用 solve() 命令，即得到其数值解。

solve() 命令的语法结构为：

[t,c]＝solve('F',tspan,co)

说明：

solve 为命令 ode45，ode23，ode113，ode15s，ode23s，ode23t，ode23tb 之一，各有其特点，常使用 ode45（基于 Runge-Kutta 的四、五阶算法）；F 为微分方程的 ODE 函数文件名字；tspan 为一行向量，描述运算的起止时间，如 [0 20] 即表示起始时间为 0，终止时间为 20；co 为一列向量，描述初始状态值，如 [0; 1] 即表示 $c_{(0)} = 0, \dot{c}_{(0)} = 1$。

【附例 - 9】 对于 [附例 - 7] 中的微分方程，当 $r = 1(t)$，初始条件为 $c_{(0)} = 0, \dot{c}_{(0)} = 1$ 时，求解微分方程的数值解，并绘制其输出量的波形。

解 首先编写该微分方程的 ODE 函数文件

当 $r = 1(t)$ 时，微分方程为 [附例 - 8] 中的微分方程，其微分方程的 ODE 函数文件如 [附例 - 1] 所描述。

然后利用 ode45 命令，使用初始条件，求取 0 - 20s 时间内的输出量，并绘制图形，程序如下：

```
>> clear all;
>> c0= [0;1];
>> [t,c]= ode45('dlfun',[0,20],c0);
>> plot(t,c(:,1));
>> xlabel('t');
>> ylabel('c');
```

微分方程输出量波形如附图 1 所示。

2. 系统模型为传递函数模型

若系统模型为传递函数表示，则可利用 MATLAB 相关函数求解其时域响应。

（1）求系统的阶跃响应。

相关函数为 step( )

附图 1 微分方程输出量波形

格式:

$$[c,t] = step(W)$$
$$c = step(W,t)$$
$$c = step(num,den,t)$$

说明:

W 为系统数学模型的 MATLAB 表示;num,den 分别为系统传递函数的分子多项式和分母多项式的 MATLAB 表示;step (W, t) 和 step (num, den, t) 表示利用用户指定的时间向量 t 来绘制系统的单位阶跃响应曲线。

当 step ( ) 函数含有返回变量时,可以得到系统阶跃响应的输出数据,不直接绘制曲线。当 step ( ) 函数没有返回变量时,则可绘制系统的单位阶跃响应曲线。

【附例 - 10】 已知系统模型为

$$W(s) = \frac{2s+42}{s^2+5s+49}$$

求其阶跃响应。

解 程序为

```
> > num= [2,42];
> > den= [1,5,49];
> > step(num,den)
```

程序执行后得到其单位阶跃响应曲线如附图 2 所示,由图便可计算出 t_s,$\delta\%$,t_r 等动态性能指标。

附图 2 系统的单位阶跃响应曲线

(2) 系统的任意输入响应。

相关函数 lsim ( )

格式:

$$c = lsim(num,den,u,t)$$
$$c = lsim(W,u,t)$$

说明：

lsim 函数可对任意输入的连续线性系统仿真。

W 为系统数学模型的 MATLAB 表示。

num，den 分别为系统传递函数的分子多项式和分母多项式的 MATLAB 表示。

u 为输入的时间序列。

t 为指定的仿真的时间向量。

当 lsim（　）函数含有返有变量时，可以得到系统响应的数据，而不直接绘制曲线。当 lsim（　）函数没有返回变量时，则可绘制系统的响应曲线。

【附例 - 11】　已知二阶系统的传递函数为

$$W(s) = \frac{1}{s^2 + 2s + 2}$$

若输入为正弦信号 $r = \sin(t)$，仿真时间 50s，求其输出。

解　程序为

```
> > num= [1];
> > den= [1,2,2];
> >  t= 0:0.1:50;
> >  r= sin(t);
> >  c= lsim(num,den,r,t);
> > plot(t,c)
> > title('Sine Response');
> > xlabel('Time(seconds)');
> > ylabel('Amplitude');
```

程序执行后波形如附图 3 所示。

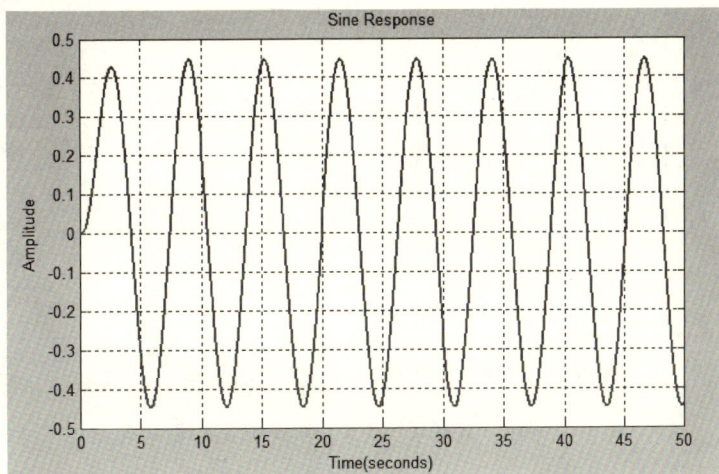

附图 3　系统的正弦波输入响应曲线

二、离散系统时域分析

线性离散系统的数学模型可用脉冲传递函数来描述。利用 MATLAB 仿真，可轻易地求出其单位阶跃响应和任意输入响应。

1. 线性离散系统的单位阶跃响应

相关函数 dstep（　）

格式：

$$c = \text{dstep}(\text{num},\text{den})$$
$$c = \text{dstep}(\text{num},\text{den},n)$$

说明：

num，den 分别为系统脉冲传递函数的分子多项式和分母多项式的 MATLAB 表示。

当 dstep（　）函数中不含变量 n，表示取样点数自动选取；否则，由 n 值指明仿真取样点数。当 dstep（　）函数中含有返回变量，可以得到系统响应的输出数据。当 dstep（　）函数中没有返回变量，则可直接绘制输出曲线。

【**附例 - 12**】　已知某二阶系统脉冲传递函数

$$W(z) = \frac{z + 0.8}{z^2 + z + 0.21}$$

求其阶跃响应。

　解　程序为

```
> > num= [1,0.8];
> > den= [1,1,0.21];
> > dstep(num,den);
```

程序执行后，阶跃响应如附图 4 所示。

附图 4　离散系统的单位阶跃响应曲线

2. 线性离散系统的任意输入响应

相关函数 dlsim（　）

格式：

$$c = \text{dlsim}(\text{num},\text{den},u)$$

说明：

num，den 分别为系统脉冲传递函数的分子多项式和分母多项式的 MATLAB 表示。

u 为输入的时间序列。

当 dlsim（　）函数含有返回变量时，可以得到系统响应的数据。当 dlsim（　）函数没有返回变量时，则可直接绘制系统的响应曲线。

【附例 - 13】　已知系统脉冲传递函数

$$W(z) = \frac{2z^2 - 3z + 1.5}{z^2 - 1.6z + 0.9}$$

求系统对 100 点随机噪声的响应曲线。

解　程序为

```
> > num= [2,- 3,1.5];
> > den= [1,- 1.6,0.9];
> > u= rand(100,1);
> > dlsim(num,den,u);
```

程序执行后，系统的噪声响应曲线如附图 5 所示。

附图 5　离散系统的随机噪声响应曲线

第三节　线性系统频域分析

频域分析是应用频率特性研究线性控制系统的一种经典方法。这种方法比较简单，物理概念比较明确，可以直观地表示出系统的频率特性，判断出某个环节或参数对系统性能的影响，并可指明改进的方向。

频率分析中，Bode（波德）图（幅频/相频特性曲线）、Nyquist 曲线是应用最多的两种方法。

一、Bode 图

设已知系统的传递函数模型

$$W(s) = \frac{b_m s^m + b_{m-1} s^{m+} + \cdots + b_0}{a_n s^n + a_{n-1} s^{n-1} + \cdots + a_0} \qquad (n \geqslant m)$$

则系统的频率响应可描述为

$$W(\mathrm{j}\omega) = \frac{b_m(\mathrm{j}\omega)^m + b_{m-1}(\mathrm{j}\omega)^{m-1} + \cdots + b_m}{a_n(\mathrm{j}\omega)^n + a_{n-1}(\mathrm{j}\omega)^{n-1} + \cdots + a_n} \qquad (n \geqslant m)$$

系统的 Bode 图即利用 $W(\mathrm{j}\omega)$ 的幅值和相位对 ω 绘图，因此 Bode 图亦称为幅频和相频特性曲线。

在 MATLAB 中，利用 bode（ ）和 dbode（ ）绘制连续和离散系统的 Bode 图。

相关函数 Bode（ ）

格式：

$$[\mathrm{mag},\ \mathrm{phase}] = \mathrm{bode}\ (\mathrm{num},\ \mathrm{den},\ \omega)$$
$$[\mathrm{mag},\ \mathrm{phase}] = \mathrm{bode}\ (W_{\mathrm{tf}},\ \omega)$$
$$[\mathrm{mag},\ \mathrm{phase},\ \omega] = \mathrm{bode}\ (\mathrm{num},\ \mathrm{den})$$
$$[\mathrm{mag},\ \mathrm{phase},\ \omega] = \mathrm{bode}\ (W_{\mathrm{tf}})$$

说明：

W_{tf} 为系统数学模型的 MATLAB 表示。

num，den 分别为系统传递函数的分子多项式和分母多项式的 MATLAB 表示。

mag 为连续 LTI 系统的幅值向量。

phase 为连续 LTI 系统的相位向量。

bode（W_{tf}，ω）及 bode（num，den，ω）表示利用指定的频率向量绘制系统的 bode 图。

当 bode（ ）函数含有返回变量时，可以得到 Bode 图对应的幅值、相位及频率向量。其对应关系如下

$$\mathrm{mag}(\omega) = |W_{\mathrm{tf}}(\mathrm{j}\omega)|$$
$$\mathrm{phase}(\omega) = \angle W_{\mathrm{tf}}(\mathrm{j}\omega)$$

相位以（°）为单位，幅值可转化为以 dB 为单位，即

$$\mathrm{mag\ db} = 20 * \log10(\mathrm{mag})$$

当 bode（ ）函数没有返回变量时，可绘制系统的 Bode 图。

【附例 - 14】 已知系统传递函数为

$$W(s) = \frac{1}{s(s+1)(s+2)}$$

求其 Bode 图。

解 程序为

```
>> num= [1];
>> den= [conv([1,1],[1,2]),0];
>> bode(num,den);
```

程序执行后，系统 Bode 图如附图 6 所示。

二、Nyquist 曲线

若已知系统的传递函数为 $W(s)$，则系统的频率特性应为 $W(\mathrm{j}\omega)$，$W(\mathrm{j}\omega) = P(\omega) + \mathrm{j}Q(\omega)$，$P(\omega)$ 为系统的实部频率特性，$Q(\omega)$ 为系统的虚部频率特性，当 ω 由 0 变化至 $+\infty$ 时，由 $P(\omega)$ 和 $Q(\omega)$ 构成的二维曲线即为 Nyquist 曲线。

Nyquist 曲线起始于 $W(0)$，终止于 $W(\mathrm{j}\infty)$，若系统严格正则，将终止于原点。

附图 6　系统的 Bode 图

由 Nyquist 曲线可以判断出单位负反馈系统的稳定性。给定开环系统传递函数 $W_k(s)$ 的 Nyquist 曲线，若 Nyquist 曲线按逆时针方向包围 $(-1, j0)$ 点 P 次（P 为开环传递函数不稳定极点数），则闭环系统

$$W_B(s) = \frac{W_k(s)}{1 + W_k(s)}$$

是稳定的。

Nyquist 曲线的绘制如下。

相关函数 Nyquist（　）

格式：

$$[Re，Im] = nyquist（num，den，\omega）$$
$$[Re，Im] = nyquist（W_{tf}，\omega）$$
$$[Re，Im，\omega] = nyquist（num，den）$$
$$[Re，Im，\omega] = nyquist（W_{tf}）$$

说明：

W_{tf} 为系统数学模型的 MATLAB 表示。

num，den 分别为系统传递函数的分子多项式和分母多项式的 MATLAB 表示。

Re 为连续 LTI 系统的实部向量。

Im 为连续 LTI 系统的虚部向量。

nyquist（W_{tf}，ω）和 nyquist（num，den，ω）表示利用指定的频率向量绘制系统的 nyquist 曲线。

当 nyquist（　）函数含有返回变量时，可以得到系统 Nyquist 曲线的数据。当 nyquist（　）函数没有返回变量时，则绘制系统的 nyquist 曲线。

【附例 - 15】　设二阶系统开环传递函数为

$$W_k(s) = \frac{2s^2 + 5s + 1}{s^2 + 2s + 3}$$

求其 Nyquist 曲线。

解 程序为

```
>> num= [2,5,1];
>> den= [1,2,3];
>> nyquist(num,den);
```

程序执行后 Nyquist 曲线如附图 7 所示，由于曲线没有包围（-1，j0）点且 $P=0$，故由 $W_k(s)$ 构成的单位负反馈闭环系统稳定。

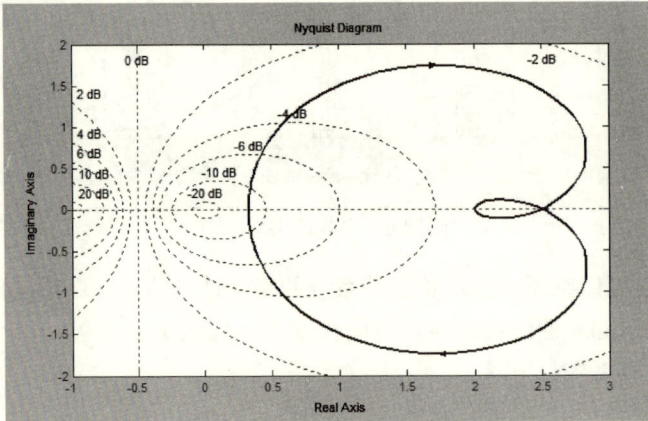

附图 7　系统的 Nyquist 曲线

三、系统的稳定裕量

控制系统必须稳定，这是它赖以正常工作的必要条件。系统的稳定性可以由其 Nyquist 曲线分析得出，除此之外，还有一个稳定程度的问题。

对于开环传递函数中无虚轴右侧极点的系统，若开环幅相频率特性 $W_k(j\omega)$ 对（-1，j0）点的转角为零，则闭环系统稳定，且 $W_k(j\omega)$ 曲线与（-1，j0）点的远近，反映了闭环系统稳定的程度，$W_k(j\omega)$ 离（-1，j0）点越远，稳定程度越高；反之，稳定程度越低。

为了表征稳定程度的高低，引入相位裕量和增益裕量，由 Nyquist 曲线和 Bode 图可以分析出两者的特点。

1. 增益稳定裕量 GM

Nyquist 在频率 $\omega=\omega_{cg}$ 时与负实轴相应，对应的 $\dfrac{1}{A(\omega_{cg})}=GM$，即为增益稳定裕量，其特点如下：

若 $GM<1$，则闭环系统不稳定。

若 Nyquist 曲线不与负实轴相交，则 GM 为无穷大。若 Nyquist 曲线与（-1，j0）及（0，j0）点之间有若干交点，则以距（-1，j0）点最近的交点对应的增益稳定裕量为准。

2. 相位稳定裕量 $\gamma(\omega)$

Nyquist 曲线在 $\omega=\omega_{cp}$ 时与单位圆相交，此时的相角为 $\phi(\omega_{cp})$ 则 $\gamma=[\phi(\omega_{cp})-(-180°)]=180°+\phi(\omega_{cp})$。其特点如下：

若 $\gamma<0$，则闭环系统不稳定。

若 Nyquist 曲线不与单位圆相交，则相位稳定裕量为无穷大。若 Nyquist 曲线在第三象限与单位圆有若干个交点，则以距负实轴最近的点对应的相位稳定裕量为准。

3. 相关的 MATLAB 函数：margin （　　）

格式：

$$[Gm，Pm，\omega_{cg}，\omega_{cp}] = margin（num，den）$$

$$[Gm，Pm，\omega_{cg}，\omega_{cp}] = margin（W_{tf}）$$

$$[Gm，Pm，\omega_{cg}，\omega_{cp}] = margin（mag，phase，\omega）$$

说明：

W_{tf} 为系统数学模型的 MATLAB 表示。

num，den 为系统传递函数的分子多项式和分母多项式的 MATLAB 表示。

Gm，ω_{cg} 为系统的增益裕量值及其频率。

Pm，ω_{cp} 为系统的相位裕量值及其频率。

Mag 为系统频率响应的增益向量。

phase 为系统频率响应的相位向量。

ω 为用户指定的频率向量。

【附例 - 16】　已知系统开环传递函数

$$W_k(s) = \frac{3.6}{s^3 + 2s^2 + 3s + 2}$$

试分析其增益裕量和相位裕量。

解　程序为

```
>> Wk= tf(3.6,[1,2,3,2]);
>> [Gm,Pm,wcg,wcp]= margin(Wk)
```

运行结果为

```
Gm =

    1.1115


Pm =

    5.5650


wcg =

    1.7323


wcp =

1.6707
```

可知,相位裕量为 $5.565°$。

附录 Ⅱ 常用函数的拉氏变换与 z 变换对照表

序 号	拉氏变换 $F(s)$	时间函数 $f(t)$ 或 $f(k)$	z 变换 $F(z)$
1	e^{-kTs}	$\delta(t-kT)$	z^{-k}
2	1	$\delta(t)$	1
3	$\dfrac{1}{s}$	$1(t)$	$\dfrac{z}{z-1}$
4	$\dfrac{1}{s^2}$	t	$\dfrac{Tz}{(z-1)^2}$
5	$\dfrac{1}{s^3}$	$\dfrac{t^2}{2!}$	$\dfrac{T^2 z(z+1)}{2(z-1)^3}$
6	$\dfrac{1}{s^4}$	$\dfrac{t^3}{3!}$	$\dfrac{T^3(z^2+4z+1)}{6(z-1)^4}$
7	$\dfrac{1}{s-(1/T)\ln a}$	$a^{t/T}$	$\dfrac{z}{z-a}$
8	$\dfrac{1}{s+a}$	e^{-at}	$\dfrac{z}{z-e^{-aT}}$
9	$\dfrac{1}{(s+a)^2}$	te^{-at}	$\dfrac{Tze^{aT}}{(z-e^{-aT})^2}$
10	$\dfrac{1}{(s+a)^3}$	$\dfrac{1}{2}t^2 e^{-at}$	$\dfrac{T^2 ze^{-aT}}{2(z-e^{-aT})^2}+\dfrac{T^2 ze^{-2aT}}{2(z-e^{-aT})^3}$
11	$\dfrac{a}{s(s+a)}$	$1-e^{-at}$	$\dfrac{(1-e^{-aT})z}{(z-1)(z-e^{-aT})}$
12	$\dfrac{a}{s^2(s+a)}$	$t-\dfrac{1}{a}(1-e^{-at})$	$\dfrac{Tz}{(z-1)^2}-\dfrac{(1-e^{-aT})z}{a(z-1)(z-e^{-aT})}$
13	$\dfrac{1}{(s+a)(s+b)(s+c)}$	$\dfrac{e^{-at}}{(b-a)(c-a)}$ $+\dfrac{e^{-bt}}{(a-b)(c-b)}$ $+\dfrac{e^{-ct}}{(a-c)(b-c)}$	$\dfrac{z}{(b-a)(c-a)(z-e^{-aT})}$ $+\dfrac{z}{(a-b)(c-b)(z-e^{-bT})}$ $+\dfrac{z}{(a-c)(b-c)(z-e^{-cT})}$
14	$\dfrac{s+d}{(s+a)(s+b)(s+c)}$	$\dfrac{(d-a)}{(b-a)(c-a)}e^{-at}$ $+\dfrac{(d-b)}{(a-b)(c-b)}e^{-bt}$ $+\dfrac{(d-c)}{(a-c)(b-c)}e^{-ct}$	$\dfrac{(d-a)z}{(b-a)(c-a)(z-e^{-aT})}$ $+\dfrac{(d-b)z}{(a-b)(c-b)(z-e^{-bT})}$ $+\dfrac{(d-c)z}{(a-c)(b-c)(z-e^{-cT})}$
15	$\dfrac{abc}{s(s+a)(s+b)(s+c)}$	$1-\dfrac{bc}{(b-a)(c-a)}e^{-at}$ $-\dfrac{ca}{(c-b)(a-b)}e^{-bt}$ $-\dfrac{ab}{(a-c)(b-c)}e^{-ct}$	$\dfrac{z}{z-1}-\dfrac{bcz}{(b-a)(c-a)(z-e^{-aT})}$ $-\dfrac{caz}{(c-b)(a-b)(z-e^{-bT})}$ $-\dfrac{abz}{(a-c)(b-c)(z-e^{-cT})}$

序　号	拉氏变换 $F(s)$	时间函数 $f(t)$ 或 $f(k)$	z 变换 $F(z)$
16	$\dfrac{\omega}{s^2+\omega^2}$	$\sin\omega t$	$\dfrac{z\sin\omega T}{z^2-2z\cos\omega T+1}$
17	$\dfrac{s}{s^2+\omega^2}$	$\cos\omega t$	$\dfrac{z(z-\cos\omega T)}{z^2-2z\cos\omega T+1}$
18	$\dfrac{\omega}{s^2-\omega^2}$	$\sinh\omega t$	$\dfrac{z\sinh\omega T}{z^2-2z\cosh\omega T+1}$
19	$\dfrac{s}{s^2-\omega^2}$	$\cosh\omega t$	$\dfrac{z(z-\cosh\omega T)}{z^2-2z\cosh\omega T+1}$
20	$\dfrac{\omega^2}{s(s^2+\omega^2)}$	$1-\cos\omega t$	$\dfrac{z}{z-1}-\dfrac{z(z-\cos\omega T)}{z^2-2z\cos\omega T+1}$
21	$\dfrac{\omega}{(s+a)^2+\omega^2}$	$e^{-at}\sin\omega t$	$\dfrac{ze^{-aT}\sin\omega T}{z^2-2ze^{-aT}\cos\omega T+e^{-2aT}}$
22	$\dfrac{s+a}{(s+a)^2+\omega^2}$	$e^{-at}\cos\omega t$	$\dfrac{z^2-ze^{-aT}\cos\omega T}{z^2-2ze^{-aT}\cos\omega T+e^{-2aT}}$
23	$\dfrac{b-a}{(s+a)(s+b)}$	$e^{-at}-e^{-bt}$	$\dfrac{z}{z-e^{-aT}}-\dfrac{z}{z-e^{-bT}}$
24	$\dfrac{a^2b^2}{s^2(s+a)(s+b)}$	$abt-(a+b)-\dfrac{b^2}{a-b}e^{-at}+\dfrac{a^2}{a-b}e^{-bt}$	$\dfrac{abTz}{(z-1)^2}-\dfrac{(a+b)z}{z-1}$ $-\dfrac{b^2z}{(a-b)(z-e^{-aT})}$ $+\dfrac{a^2z}{(a-b)(z-e^{-bT})}$
25	—	k	$\dfrac{z}{(z-1)^2}$
26	—	k^2	$\dfrac{z(z+1)}{(z-1)^3}$
27	—	k^3	$\dfrac{z(z^2+4z+1)}{(z-1)^4}$
28	—	a^k	$\dfrac{z}{z-a}$
29	—	ka^k	$\dfrac{az}{(z-a)^2}$
30	—	k^2a^k	$\dfrac{az(z+a)}{(z-a)^3}$
31	—	$(k+1)a^k$	$\dfrac{z^2}{(z-a)^2}$
32	—	$a^k\cos k\pi$	$\dfrac{z}{z+a}$
33	—	$\dfrac{k(k-1)}{2!}$	$\dfrac{z}{(z-1)^3}$

附录Ⅲ 部分习题参考答案

第二章 习题答案

2-1 (a) 微分方程：$R_1 R_2 C \dfrac{\mathrm{d}u_{\mathrm{o}}(t)}{\mathrm{d}t} + (R_1 + R_2)u_{\mathrm{o}}(t) = R_1 R_2 C \dfrac{\mathrm{d}u_{\mathrm{i}}(t)}{\mathrm{d}t} + R_2 u_{\mathrm{i}}(t)$

传递函数：$W(s) = \dfrac{U_{\mathrm{o}}(s)}{U_{\mathrm{i}}(s)} = \dfrac{R_1 R_2 Cs + R_2}{R_1 R_2 Cs + R_1 + R_2}$

(b) 微分方程：$(C_1 + C_2)\dfrac{\mathrm{d}u_{\mathrm{o}}(t)}{\mathrm{d}t} + \dfrac{u_{\mathrm{o}}(t)}{R} = C_1 \dfrac{\mathrm{d}u_{\mathrm{i}}(t)}{\mathrm{d}t}$

传递函数：$W(s) = \dfrac{U_{\mathrm{o}}(s)}{U_{\mathrm{i}}(s)} = \dfrac{RC_1 s}{R(C_1 + C_2)s + 1}$

(c) 微分方程：$(R_1 + R_2)C_1 C_2 \dfrac{\mathrm{d}u_{\mathrm{o}}(t)}{\mathrm{d}t} + (C_1 + C_2)u_{\mathrm{o}}(t) = R_1 C_1 C_2 \dfrac{\mathrm{d}u_{\mathrm{i}}(t)}{\mathrm{d}t} + C_1 u_{\mathrm{i}}(t)$

传递函数：$W(s) = \dfrac{U_{\mathrm{o}}(s)}{U_{\mathrm{i}}(s)} = \dfrac{R_1 C_1 C_2 s + C_1}{(R_1 + R_2)C_1 C_2 s + C_1 + C_2}$

2-2 (a) 微分方程：$R_0 C_1 \dfrac{\mathrm{d}u_2(t)}{\mathrm{d}t} = -(R_1 + \mathrm{Rp})\dfrac{\mathrm{d}u_1(t)}{\mathrm{d}t} + u_1(t)$

传递函数：$W(s) = \dfrac{U_2(s)}{U_1(s)} = -\dfrac{(R_1 + \mathrm{Rp})s + 1}{R_0 C_1 s}$

(b) 微分方程：$R_0 (R_1 + R_2)C_1 \dfrac{\mathrm{d}u_2(t)}{\mathrm{d}t} = -R_1 R_2 C_1 \dfrac{\mathrm{d}u_1(t)}{\mathrm{d}t} + (R_1 + R_2)u_1(t)$

传递函数：$W(s) = \dfrac{U_2(s)}{U_1(s)} = -\dfrac{R_1 R_2 C_1 s + R_1 + R_2}{R_0 (R_1 + R_2)C_1 s}$

2-3 传递函数：$W(s) = \dfrac{C(s)}{R(s)} = -\dfrac{1}{s+2}$

2-4 $c(t) = \dfrac{K}{T}t + Ke^{-Tt} - \dfrac{K}{T}te^{-Tt}$ 传递函数：$W(s) = \dfrac{C(s)}{R(s)} = \dfrac{K}{Ts^2}(1 - e^{-Ts}) + Ke^{-Ts}$

2-5 (a) 传递函数：$W(s) = \dfrac{U_2(s)}{U_1(s)} = \dfrac{R_1 R_2 Cs + R_2}{R_1 R_2 Cs + R_1 + R_2}$

(b) 方程：

$$\begin{cases} I_1(s) = \dfrac{U_1(s) - U(s)}{R_1} \\[2mm] I_1(s) = I_2(s) + I_3(s) \\[2mm] I_2(s) = C_2 s U(s) \\[2mm] I_3(s) = \dfrac{U(s) - U_2(s)}{R_2} \\[2mm] I_3(s) = C_1 s [U_{\mathrm{c}}(s) - U_1(s)] \end{cases}$$

变换得：

$$
\begin{cases}
I_1(s) = \dfrac{U_1(s)}{R} - \dfrac{U(s)}{R} \\[2mm]
I_2(s) = I_1(s) - I_3(s) \\[2mm]
U(s) = \dfrac{1}{C_2 s} I_2(s) \\[2mm]
I_3(s) = \dfrac{U(s)}{R} - \dfrac{U_c(s)}{R} \\[2mm]
U_c(s) = U_r(s) + \dfrac{1}{C_1 s} I_3(s)
\end{cases}
$$

传递函数：$W(s) = \dfrac{U_2(s)}{U_1(s)} = -\dfrac{R_1 R_2 C_1 C_2 s^2 + (R_1 + R_2) C_1 s + 1}{R_1 R_2 C_1 C_2 s^2 + (R_1 C_1 + R_1 C_2 + R_2 C_1)s + 1}$

2-6　$\dfrac{C(s)}{R(s)} = \dfrac{W_1(s)W_2(s)W_3(s)W_4(s)}{1 + W_2(s)W_3(s)W_6(s) + W_3(s)W_4(s)W_5(s) + W_1(s)W_2(s)W_3(s)W_4(s)W_7(s) - W_1(s)W_2(s)W_3(s)W_4(s)W_8(s)}$

2-7（a）传递函数：$\dfrac{C(s)}{R(s)} = \dfrac{[W_1(s) + W_3(s)]W_2(s)}{1 + W_2(s)H_1(s) - W_1(s)W_2(s)H_2(s)}$

（b）有两条前向通路 $T_1 = W_1(s)W_2(s)$，$T_2 = W_3(s)W_2(s)$

特征式　$\Delta = 1 - [W_1(s)W_4(s)H(s) - W_1(s)W_2(s)H(s)]$

$\qquad \Delta_1 = 1,\ \Delta_2 = 1 - W_1(s)W_4(s)H(s)$

传递函数：$\dfrac{C(s)}{R(s)} = \dfrac{W_1(s)W_2(s) + W_2(s)W_3(s) - W_1(s)W_2(s)W_3(s)W_4(s)H(s)}{1 + W_1(s)W_2(s)H(s) - W_1(s)W_4(s)H(s)}$

（c）传递函数：$\dfrac{C(s)}{R(s)} = \dfrac{W_1(s)W_2(s)W_3(s)}{1 + W_1(s)H_1(s) + W_3(s)H_2(s) + W_2(s)H_3(s)}$

（d）传递函数：

$\dfrac{C(s)}{R(s)} = \dfrac{W_1(s)W_2(s)W_3(s)W_4(s)}{1 + W_2(s)W_3(s)H_1(s) + W_3(s)W_4(s)H_2(s) + W_1(s)W_2(s)W_3(s)W_4(s)H_3(s)}$

2-8　（a）传递函数：$\dfrac{C(s)}{R(s)} = \dfrac{W_1(s)W_2(s)}{1 + W_1(s)W_2(s) + W_1(s)W_2(s)H(s)}$

$\dfrac{C(s)}{N(s)} = \dfrac{W_3(s)W_2(s) - 1 - W_1(s)W_2(s)H(s)}{1 + W_1(s)W_2(s) + W_1(s)W_2(s)H(s)}$

（b）传递函数：$\dfrac{C(s)}{R(s)} = \dfrac{W_1(s)W_2(s)}{1 - W_2(s)H_2(s) + W_1(s)W_2(s)H_3(s)}$

$\dfrac{C(s)}{N(s)} = \dfrac{W_2(s) - W_1(s)W_2(s)H_1(s)}{1 - W_2(s)H_2(s) + W_1(s)W_2(s)H_3(s)}$

2-9　传递函数：$\dfrac{C(s)}{R(s)} = \dfrac{K_2 K_3 K_4 \tau s + K_1 K_2 K_3 K_4}{T s^2 + (1 + K_3 T + K_2 K_3 K_4)s + K_3 + K_3 K_4 K_5 + K_1 K_2 K_3 K_4}$

2-10　传递函数：$W(s) = \dfrac{U_o(s)}{U_i(s)} = \dfrac{R_1 R_3}{R_1 R_2 R_3 R_6 C_1 C_2 s^2 + R_2 R_3 R_6 C_2 s + R_1 R_4}$

第三章　习题答案

3-1　一阶系统单位阶跃响应：$h(t) = 1 - e^{-\frac{t}{T}}$　（$t \geqslant 0$）

$\qquad$一阶系统单位斜坡响应：$c(t) = t - T + T e^{-\frac{t}{T}}$　（$t \geqslant 0$）

3-2　$0.98 = 1 - e^{-\frac{15}{T}}$，时间常数 $T = 3.8$

开环传递函数 $W_k(s) = \dfrac{1}{3.8s}$

3 - 3 $\omega_n = 1(\text{rad/s})$，$\zeta = \dfrac{1}{2}$

$\delta\% = e^{-\frac{\zeta\pi}{\sqrt{1-\zeta^2}}} \times 100\% = 16.53\%$，$t_r = \dfrac{\pi-\beta}{\omega_d} = 2.47(\text{s})$

$t_s(5\%) = \dfrac{3}{\zeta\omega_n} = 6(\text{s})$，$N = 0.83$

3 - 4 $W_B(s) = \dfrac{C(s)}{R(s)} \doteq \dfrac{36}{s^2 + 13s + 36}$

$\omega_n = 6(\text{rad/s})$，$\zeta = \dfrac{13}{12}$

3 - 5 $\omega_n = 3.34(\text{rad/s})$，$\zeta = 0.34$

开环传递函数：$W_k(s) = \dfrac{11.16}{s(s+2.27)}$

3 - 6   (1) $\omega_n = 1(\text{rad/s})$，$\zeta = 0.1$

$\delta\% = e^{-\frac{\zeta\pi}{\sqrt{1-\zeta^2}}} \times 100\% = 72.82\%$

$t_s(5\%) = \dfrac{3}{\zeta\omega_n} = 30(\text{s})$

(2) $\omega_n = 1(\text{rad/s})$，$\zeta = 0.5$

$\delta\% = e^{-\frac{\zeta\pi}{\sqrt{1-\zeta^2}}} \times 100\% = 16.3\%$

$t_s(5\%) = \dfrac{3}{\zeta\omega_n} = 6(\text{s})$

3 - 7 $T=1$，$K=1$

3 - 8 $\omega_n = 4(\text{rad/s})$，$\zeta = 0.5$

$T_d = 3$，$K = 16$

$t_r = \dfrac{\pi-\beta}{\omega_d} = 0.62(\text{s})$，$t_s(5\%) = \dfrac{3}{\zeta\omega_n} = 1.5(\text{s})$

3 - 9 $\omega_n = 4(\text{rad/s})$，$\tau = 3.1$

3 - 10   (1) 稳定；(2) 不稳定；(3) 不稳定；(4) 不稳定；(5) 稳定

3 - 11 $0 < K < 1.72$

3 - 12 $\tau > -0.1$

3 - 13   (1) 属于 0 型系统，因此

当 $r(t) = 1(t)$ 时，$e_{ss1} = \dfrac{1}{11}$

当 $r(t) = 1(t)+t$ 时，$e_{ss2} = \infty$

当 $r(t) = 2+4t+\dfrac{1}{2}t^2$ 时，$e_{ss3} = \infty$

(2) 属于 I 型系统，因此

当 $r(t) = 1(t)$ 时，$e_{ss1} = 0$

当 $r(t) = 1(t)+t$ 时，$e_{ss2} = \dfrac{8}{7}$

当 $r(t) = 2 + 4t + \dfrac{1}{2}t^2$ 时，$e_{ss3} = \infty$

（3）属于Ⅱ型系统，因此

当 $r(t) = 1(t)$ 时，$e_{ss1} = 0$

当 $r(t) = 1(t) + t$ 时，$e_{ss2} = 0$

当 $r(t) = 2 + 4t + \dfrac{1}{2}t^2$ 时，$e_{ss3} = \dfrac{1}{8}$

3 - 14　（1）$\omega_n = 3.62(\text{rad/s})$，$\zeta = 0.46$

$K = 13.1$，$\tau = 0.07$

（2）$k_p = \infty$，$k_v = 14.28$，$k_a = 0$

属于Ⅰ型系统，因此

当 $r(t) = 1(t)$ 时，$e_{ss1} = 0$

当 $r(t) = t$ 时，$e_{ss2} = 0.07$

当 $r(t) = \dfrac{1}{2}t^2$ 时，$e_{ss3} = \infty$

3 - 15　$W_B(s) = \dfrac{C(s)}{R(s)} = \dfrac{100K(\tau s + 1)}{\tau s^3 + 10\tau s^2 + 100K\tau s + 100K}$ 求得：$K = 0.2, \tau = 0.1$

3 - 16　$W_k(s) = \dfrac{\dfrac{K}{1 + K\tau}}{s\left(\dfrac{1}{1 + K\tau}s + 1\right)}$ 求得：$K = 31.36, \tau = 0.22$

3 - 17　$e_{ss1} = -0.1$；　　$e_{ss2} = 0$；　　$e_{ss} = -0.1$

3 - 18　$e_{ss} = -\dfrac{AK_1}{K_2 + 1}$

3 - 19　$W_c(s) = \dfrac{1}{10}s(s + 1)$

3 - 20　（1）$\beta \geqslant 0$，系统稳定

（2）β 增加，$\delta\%$ 减小，t_s 减小

（3）β 增加，e_{ss} 增大

第四章　习题答案

4 - 1　（1）$c(t) = 0.9\sin(t + 25°)$

（2）$c(t) = 1.79\cos(2t - 55°)$

（3）$c(t) = 0.9\sin(t + 25°) - 1.79\cos(2t - 55°)$

4 - 2　（1）　　　　　　　　　　　　　　　　（2）

(3)

(4)

4-3　$W(s) = \dfrac{4}{0.01s+1}$

$W(s) = \dfrac{4(0.5s+1)}{s}$

$W(s) = \dfrac{10(2s+1)}{s(20s+1)(10s+1)}$

$W(s) = \dfrac{50}{s(2s+1)(0.125s+1)}$

当 $\omega \leqslant \omega_1$ 时，$\dfrac{K}{\omega_1} = 100$

当 $\omega \leqslant \omega_2$ 时，$\dfrac{K\omega_1}{\omega_2^2} = 0.4$

$\dfrac{K\omega_1}{5^2} = 1$

解出 $\omega_1 = 0.5$（rad/s），$\omega_2 = 8$（rad/s），$K = 50$

4-4　(a) 稳定；(b) 不稳定；(c) 稳定；(d) 稳定；(e) 不稳定；(f) 不稳定；
　　　(g) 稳定；(h) 不稳定；(i) 稳定；(j) 不稳定

4-5　(1) $L(\omega)(dB)$

(2) $L(\omega)(dB)$

(3) $L(\omega)(dB)$

4-6　(1) 0.01；(2) 0；(3) 0

4-7　$I_m(\omega) = 0$，解出 $\omega = \sqrt{\dfrac{10}{K_n}}$

　　　$R_e(\omega) = -1$，解出 $K_n = 9.1$

4-8　$\gamma = 180° + \varphi(\omega_c) = 45°$，解出 $a\omega_c = 1$

　　　$A(\omega_c) = 1$，解出 $a = \sqrt[4]{2}$

4 - 9　$\varphi(\omega_g) = -180°$，解出 $\omega_g = 10$

　　　　$GM = -20\lg A(\omega_g) = 20$，解出 $K = 10$，$K = 0.1$

4 - 10　(1) $W_k(s) = \dfrac{2(5s+1)}{s(10s+1)(0.2s+1)}$

　　　　(2) $\gamma = 71°$，系统稳定

　　　　(3) ω_c 增加，快速性变好，稳定性下降

4 - 11　$T_1 = 0.023$，$M_r = 1.6$

　　　　$t_s = 0.14s$，$\delta = 33\%$

4 - 12　$W_k(s) = \dfrac{1}{(0.1s+1)(0.05s+1)(0.01s+10)}$

第五章　习题答案

5 - 1　(1) 校正的目的是已知被控对象，设计合适的控制器来满足对系统的性能指标的要求。调节开环增益是一把双刃剑，较大的开环增益使系统稳态性能提高，但却使动态性能恶化；较小的开环增益使动态性能提高，即降低了稳态性能。

　　　　(2) 适用于系统稳态准确度满足要求，动态性能不满足要求。串联超前校正环节主要靠其超前的中频段相角提高系统的相角裕度，还可以使穿越频率增加，以此改善系统的动态指标。

　　　　(3) 适用于系统动态性能满足要求，稳态准确度需要提高的系统。串联滞后校正环节靠高频段幅值衰减使系统的中频段幅值下降，进而使相角裕度增加，提高系统的稳定性；提高低频增益，从而减小系统的稳态误差。

　　　　(4) 为了减少校正装置的输出功率，降低系统功率损耗和成本，串联校正装置一般装设在前向通道综合放大器之前，偏差信号之后的位置。

5 - 2　$W_c(s) = \dfrac{0.032s+1}{0.0081s+1}$

5 - 3　$W_c(s) = \dfrac{0.306s+1}{0.022s+1}$

5 - 4　$W_c(s) = \dfrac{5s+1}{83.33s+1}$

5 - 5　$W_c(s) = \dfrac{0.125(0.5s+1)(0.2s+1)}{s}$

5 - 6　$W_c(s) = \dfrac{0.045s+1}{0.011s+1}$

5 - 7　$W_c(s) = s^2 + K_1K_2s$

5 - 8　$K_t = 0.097$

5 - 9　$W_c(s) = \dfrac{10s+1}{100s+1}$

5 - 10　$W_c(s) = \dfrac{(6.67s+1)(4.3s+1)}{(66.7s+1)(0.143s+1)}$

5 - 11　$W_c(s) = 0.2s+1$

第六章 习题答案

6-1 (1) $X(z) = \dfrac{1}{6} \cdot \dfrac{z}{z-1} - \dfrac{1}{2} \cdot \dfrac{z}{z-\mathrm{e}^{-T}} + \dfrac{1}{2} \cdot \dfrac{z}{z-\mathrm{e}^{-2T}} - \dfrac{1}{6} \cdot \dfrac{z}{z-\mathrm{e}^{-3T}}$

(2) $X(z) = 4 \cdot \dfrac{z}{z-\mathrm{e}^{-2T}} - 4 \cdot \dfrac{z}{z-\mathrm{e}^{-T}} + 5 \cdot \dfrac{T z \mathrm{e}^{-T}}{(z-\mathrm{e}^{-T})^2}$

6-2 (1) $x^*(t) = \displaystyle\sum_{k=0}^{\infty} x(kT)\delta(t-kT) = \sum_{k=0}^{\infty}(3-2^k+3^{k+1})\delta(t-kT)$

(2) $x^*(t) = \displaystyle\sum_{k=0}^{\infty} x(kT)\delta(t-kT) = \sum_{k=0}^{\infty}(1-\mathrm{e}^{-akT})\delta(t-kT)$

6-3 (1) $x(0)=1\quad x(\infty)=0$

(2) $x(0)=1\quad x(\infty)=\infty$

6-4 (1) $c(k)=(-1)^k+(-2)^k\quad (k=0,1,2,\cdots)$

(2) $c(k)=-1+2^{k-1}\quad (k=1,2,3,\cdots)$

6-5 (a) $C(z) = \dfrac{W(z)}{1+WH_1(z)+WH_2(z)}R(z)$

(b) $C(z) = \dfrac{W_4 W_2 R(z)+W_4 W_3 W_\mathrm{h}(z)W_1 R(z)}{1+W_\mathrm{h}W_3 W_4 H(z)}$

(c) $\dot{C}(z) = \dfrac{D(z)W_2 W_1 W_\mathrm{h}(z)+D_1(z)W_2 W_1 W_\mathrm{h}(z)}{1+D_1(z)H_1 H_2 W_2 W_1 W_\mathrm{h}(z)}R(z)$

6-6 $W_\mathrm{B}(z) = \dfrac{0.19z^2+0.13z}{z^3-2.18z^2+1.87z-0.37}$

6-7 (1) 系统的特征根为 $z_1=-1.2$, $z_2=-2$, $z_3=0.3$, $|z_1|$ 和 $|z_2|$ 大于 1,系统不稳定

(2) $T=0.2\mathrm{s}$ 时,$0<K<20.27$; $T=0.1\mathrm{s}$ 时,$0<K<40.13$

6-8 $r(t)=1(t)$ 时,$e(\infty)=0$,任意的正数 K 均满足要求

$r(t)=5t$ 时,$e(\infty)=\dfrac{5}{K}$,则 $K>50$

6-9 $c(kT)=(T-1.5-0.5\mathrm{e}^{-2T})c[(k-1)T]+(0.5-T\mathrm{e}^{-2T}+0.5\mathrm{e}^{-2T})c[(k-2)T]+$
$(T-0.5+0.5\mathrm{e}^{-2T})r[(k-1)T]+[(0.5-\mathrm{e}^{-2T}(T+0.5)]r[(k-2)T]$

$T=0.1\mathrm{s}$ 时,$W_\mathrm{B}(z)=\dfrac{0.009\,4z+0.008\,8}{z^2-1.809\,4z+0.827\,5}$

$z_1=0.904\,7+0.095\,1\mathrm{j}$, $z_2=0.904\,7-0.095\,1\mathrm{j}$

$T=0.5\mathrm{s}$ 时,$W_\mathrm{B}(z)=\dfrac{0.183\,9z+0.132\,1}{z^2-1.183\,9z+0.5}$

$z_1=0.592+0.386\,7\mathrm{j}$, $z_2=0.592-0.386\,7\mathrm{j}$

$T=1.0\mathrm{s}$ 时,$W_\mathrm{B}(z)=\dfrac{0.567\,7z+0.297}{z^2-0.567\,7z+0.432\,3}$

$z_1=0.283\,8+0.593\,1\mathrm{j}$, $z_2=0.283\,8-0.593\,1\mathrm{j}$

$T=2.0\mathrm{s}$ 时,$W_\mathrm{B}(z)=\dfrac{1.509\,2z+0.454\,2}{z^2-0.490\,8z+0.472\,5}$

$z_1=-0.245\,4+0.642\,1\mathrm{j}$, $z_2=-0.245\,4-0.642\,1\mathrm{j}$

$$T = 4.0\text{s 时}, W_{\text{B}}(z) = \frac{3.500\ 2z + 0.498\ 5}{z^2 + 2.499\ 8z + 0.498\ 8}$$

$$z_1 = -2.281\ 2, \quad z_2 = -0.218\ 7$$

随着 T 的增加，系统稳定性变差：当为 4 时，系统不稳定；动态性能也随之变差：当为 2 时，系统就出现交替震荡；当达到 4 时，振荡频率最高，动态性能最差。

第七章　习题答案

7 - 1　$G_{\text{c}}(s) == \dfrac{0.8\ (s + 10)^2}{s + 28}$

参 考 文 献

[1] 胡寿松. 自动控制原理 [M]. 6 版. 北京：科学出版社，2018.

[2] 王划一. 自动控制原理 [M]. 2 版. 北京：国防工业出版社，2012.

[3] 田玉平. 自动控制原理 [M]. 2 版. 北京：科学出版社，2018.

[4] 鄢景华. 自动控制原理 [M]. 修订版. 哈尔滨：哈尔滨工业大学出版社，2006.

[5] 王万良. 自动控制原理 [M]. 2 版. 北京：高等教育出版社，2008.

[6] 张彬. 自动控制原理 [M]. 2 版. 北京：北京邮电大学出版社，2009.

[7] 胡寿松. 自动控制原理习题解析 [M]. 3 版. 北京：科学出版社，1990.

[8] 涂植英，陈今润. 自动控制原理 [M]. 3 版. 重庆：重庆大学出版社，2011.

[9] 王建辉，顾树生. 自动控制原理 [M]. 2 版. 北京：清华大学出版社，2014.

[10] 黄坚. 自动控制原理及其应用. 3 版. 北京：高等教育出版社，2016.

[11] [美] 陈启宗. 线性系统理论与设计. 王纪文，译. 北京：科学出版社，1988.

[12] 李友善. 自动控制原理 [M]. 3 版. 北京：国防工业出版社，2005.

[13] 王正林，王胜开，等. MATLAB/Simulink 与控制系统仿真 [M]. 3 版. 北京：电子工业出版社，2012.

[14] Katsuhiko Ogata. 控制理论 MATLAB 教程 [M]. 英文版. 北京：电子工业出版社，2013.

[15] 薛定宇，陈阳泉. 控制数学问题的 MATLAB 求解 [M]. 北京：清华大学出版社，2007.

[16] 赵广元. MATLAB 与控制系统仿真实践 [M]. 3 版. 北京：北京航空航天大学出版社，2016.

[17] 李国勇. 计算机仿真技术与 CAD——基于 MATLAB 的控制系统 [M]. 4 版. 北京：电子工业出版社，2016.

[18] Katsuhiko Ogata. 现代控制工程 [M]. 5 版. 北京：电子工业出版社，2017.

[19] Richard C. Dorf，Robert H. Bishop. 现代控制系统 [M]. 12 版. 北京：电子工业出版社，2015.

[20] 李华，侯清. 计算机控制系统 [M]. 北京：机械工业出版社，2016.

[21] 刘建昌，关守平，等. 计算机控制系统 [M]. 2 版. 北京：科学出版社，2018.

[22] Charles L. Phillips，John M. Parr. Feedback Control Systems [M]. 5th Edition Prentice Hall，2010.

[23] Gene F. Franklin，J. David Powell，Abbas Emami-Naeini. Feedback Control of Dynamic Systems [M]. 8th Edition. Pearsor，2018.